二级建造师继续教育系列教材

# 安装工程新技术

**主　　编**　张　青　何　芹
**副 主 编**　张瑞军　刘　杰　张　昊
**参编人员**　杨　哲　乔　帅　曹顺心

**中国矿业大学出版社**

## 内 容 提 要

本书依据中华人民共和国住房和城乡建设部《建筑业10项新技术(2017版)》,结合机电工程实际,借助最新工程案例,分析安装工程各项新技术的核心内容、研究和应用现状,典型案例新技术的实施方案、具体措施,以及基于新技术的工程管理。

本书可供二级建造师继续教育使用,也可供大中专院校师生参考使用。


**图书在版编目(CIP)数据**

安装工程新技术 / 张青,何芹主编. —徐州:中国矿业大学出版社, 2019.9

ISBN 978-7-5646-0940-5

Ⅰ. ①安… Ⅱ. ①张… ②何… Ⅲ. ①建筑安装—工程施工—职业教育—教材 Ⅳ. ①TU758

中国版本图书馆CIP数据核字(2019)第192709号

**书　　名** 安装工程新技术
**主　　编** 张 青 何 芹
**责任编辑** 陈 慧
**出版发行** 中国矿业大学出版社有限责任公司
(江苏省徐州市解放南路 邮编221008)
**营销热线** (0516)83884103 83885105
**出版服务** (0516)83995789 83884920
**网　　址** http://www.cumtp.com **E-mail**:cumtpvip@cumtp.com
**印　　刷** 日照报业印刷有限公司
**开　　本** 787 mm×1092 mm 1/16 **印张** 13.5 **字数** 337千字
**版次印次** 2019年9月第1版 2019年9月第1次印刷
**定　　价** 77.00元

# 出版说明

为了加强建设工程项目管理，提高工程项目总承包及施工管理专业技术人员素质，规范施工管理行为，保证工程质量和施工安全，根据《中华人民共和国建筑法》《建设工程质量管理条例》《建设工程安全生产管理条例》和国家有关执业资格考试制度的规定，2002年中华人民共和国人事部和建设部联合颁发了《建造师执业资格制度暂行规定》(人发〔2002〕111号)，对从事建设工程项目总承包及施工管理的专业技术人员实行建造师执业资格制度。

注册建造师是以专业技术为依托、以工程项目管理为主业的注册执业人士。依据中华人民共和国住房和城乡建设部令第32号修订的《注册建造师管理规定》(自2016年10月20日起施行)，按规定参加继续教育是注册建造师应履行的义务，也是申请延续注册的必要条件。注册建造师应通过继续教育，掌握工程建设相关法律法规、标准规范，增强职业道德和诚信守法意识，熟悉工程建设项目管理新方法、新技术，总结工作中的经验教训，不断提高综合素质和执业能力。

根据《山东省二级建造师继续教育管理暂行办法》，受山东省建设执业资格注册中心委托，本编委会组织具有较高理论水平和丰富实践经验的专家、学者，编写了"二级建造师继续教育系列教材"。在编纂过程中，我们坚持"以提高综合素质和执业能力为基础，以工程实例内容为主导"的编写原则，突出系统性、针对性、实践性和前瞻性，体现建设行业发展的新常态、新法规、新技术、新工艺、新材料等内容。本套教材共15册，分别为《建设工程新法律法规与案例分析》《建设工程质量管理》《建设工程信息化技术实务》《建筑工程新技术概论》《建设工程项目管理理论与实务》《工程建设标准强制性条文选编》《装配式建筑技术与管理》《城市轨道交通建造技术与案例》《城市桥梁建造技术与案例》《城市管道工程》《城市道路工程施工质量与安全管理》《安装工程新技术》《建筑机电工程新技术及应用》《智慧工地与绿色施工技术》《信息化技术在建筑电气施工中的应用》。本套教材既可作为二级注册建造师继续教育用书，也可作为建设单位、施工单位和建设类大中专院校的教学及参考用书。

本套教材的编写得到了山东省住房和城乡建设厅、清华大学、中国海洋大学、山东大学、山东建筑大学、青岛理工大学、山东交通学院、山东中英国际工程图书有限公司、山东中英国际建筑工程技术有限公司、中国矿业大学出版社等单位的大力支持，在此表示衷心的感谢。

本套教材虽经反复推敲，仍难免有疏漏之处，恳请广大读者提出宝贵意见。

**二级建造师继续教育系列教材编委会**

2019年8月

# 前 言

机电工程是指按照一定的工艺和方法，将不同规格、型号、性能、材质的设备、管路、线路等有机组合起来，满足使用功能要求或生产出合格产品的工程。机电工程专业是我国建造师制度中二级建造师的六个专业之一。

对于建造师而言，机电工程其内容的实质是安装工程，安装的对象包括设备、管路、线路等。机电工程分为建筑安装和工业安装两大类。建筑安装的对象是依赖于建筑物土建部分及与其相关部分的设备和设施，施工完成后达到的目标是满足建筑空间内温度适宜、空气质量好及通信、娱乐、办公等功能的要求；工业安装的对象是各行业工厂新建、改建、扩建项目中在厂区（包括车间内和露天产地上）的设备和设施，施工完成后达到的目标是能生产出合格的工业产品。需要指出的是，市政工程建设项目中的设备设施安装归属于市政工程专业，水利水电工程建设项目中的设备设施安装归属于水利工程专业，公路工程建设项目中的设备设施安装归属于公路工程专业，矿业工程领域的矿井巷道建造中的设备安装归属于矿业工程专业，但所有设备和设施安装的施工工艺大同小异，依托的技术是相通的。

本书依据中华人民共和国住房和城乡建设部《建筑业 10 项新技术（2017 版）》，结合机电工程实际，借助最新工程案例，分析安装工程各项新技术的核心内容、研究和应用现状，典型案例新技术的实施方案、具体措施，以及基于新技术的工程管理。

全书共六章，其中第一、三、五、六章由张青编写，第二、四章由何芹编写，全书由张青统稿。本书编写过程中张瑞军教授给予了建设性的意见和指导，参加编写的人员还有刘杰、张昊、杨哲、乔帅、曹顺心等。

由于编者水平有限，书中不妥之处在所难免，敬请广大读者给予批评指正，提出宝贵意见。

**编者**

2019 年 7 月于泉城

# 目 录

# 第一章　建造师机电工程技术分析

## 第一节　机电工程与安装工程

机电工程是指按照一定的工艺和方法，将不同规格、型号、性能、材质的设备、管路、线路等有机组合起来，满足使用功能要求或生产出合格产品的工程。机电工程专业是我国建造师制度中二级建造师的六个专业之一。

设备是指各类机械设备、静置设备、电气设备、自动化控制仪表和智能化设备等；管路是指按等级使用要求，将各类不同压力、温度、材质、介质、型号、规格的管道与管件、附件组合形成的系统；线路是指按等级使用要求，将各类不同型号、规格、材质的电线电缆与组件、附件组合形成的系统。

对于建造师而言，机电工程就其内容实质来说就是安装工程，安装的对象包括设备、管路、线路等。安装是按照一定的程序、要求把设备或构件固定在预定的空间位置上，以发挥其自身作用的一种施工工艺活动。安装包含安和装两层意义，即：安者，放、定位也；装者，固定、连接也。这一施工活动从采购开始，经安装、调试、试运行、竣工验收各个阶段，直到满足使用功能的需要或生产出合格产品为止。

在《现代汉语词典》（第7版）中，“机电”解释为“机械和电力、电子设备的合称”；“机械”解释为“利用力学原理组成的各种装置。杠杆、滑轮、机器以及枪炮等都是机械”；“电力”解释为“电所产生的做功能力，通常指做动力用的电”；“电子”解释为“构成原子的粒子之一，质量极小，带负电，在原子中围绕原子核旋转”；“设备”解释为“进行某项工作或供应某种需要所必需的成套建筑或器物，如厂房设备、机器设备和自来水设备”。机电的这一解释与我国高等教育人才培养的机电工程学科（或专业）中的机电有较大差异，而与我国建造师制度中机电工程专业中的机电比较相符。

建造师是从事建设工程项目总承包和施工管理关键岗位的专业技术人员。2002年12月9日，人事部、建设部联合印发了《建造师执业资格制度暂行规定》（人发〔2002〕111号），标志着我国建造师执业资格制度的正式建立。该规定明确给出了我国建造师的上述描述。

2013年11月26日，建设部发布的《关于建造师专业划分有关问题的通知》（建市〔2003〕232号）中划分的建造师专业为：一级建造师的专业分为房屋建筑工程、公路工程、铁路工程、民航机场工程、港口与航道工程、水利水电工程、电力工程、矿山工程、冶炼工程、石油化工工程、市政公用工程、通信与广电工程、机电安装工程、装饰装修工程等14个；二级建造师的专业分为房屋建筑工程、公路工程、港口与航道工程、水利水电工程、电力工程、矿山工程、冶炼工程、石油化工工程、市政公用工程、通信与广电工程、机电安装工程、装饰装修工程等12个。

2006年12月12日，人事部办公厅、建设部办公厅联合印发的《关于建造师资格考试相关科目专业类别调整有关问题的通知》（国人厅发〔2006〕213号）将专业进行了调整。

一级建造师专业调整中合并的专业类别有：将原“房屋建筑、装饰装修”合并为“建筑工程”；将原“矿山、冶炼（土木部分内容）”合并为“矿业工程”；将原“电力、石油化工、机电安装、冶炼（机电部分内容）”合并为“机电工程”。保留的专业类别有7个：公路、铁路、民航机场、港口与航道、水利水电、市政公用、通信与广电。调整后的专业类别为10个：建筑工程、公路工程、铁路工程、民航机场工程、港口与航道工程、水利水电工程、市政公用工程、通信与广电工程、矿业工程、机电工程。二级建造师专业调整中合并的专业类别与一级建造师专业类别相同，取消了港口与航道工程、通信与广电工程2个专业类别。调整后二级建造师设置6个专业类别：建筑工程、公路工程、水利水电工程、市政公用工程、矿业工程、机电工程。

从专业的调整来看，名称上“机电安装工程”改为“机电工程”，但就实质内容来讲仍然是机电安装，只是范围有所扩展，囊括了冶炼工程、电力工程和石油化工工程（在建造师的背景下不可能有各相关工程的工艺、控制的内容）中的机电设备安装的内容。

机电安装即机电设备安装，是指将生产厂生产出的设备主体（一个整体或主要组成部分）和附属部件运输到施工地点，经过一系列必要的施工过程，安装到正确的工艺位置上，并通过调试、试运转，最后达到投产使用条件。

《注册建造师执业管理办法（试行）》（建市〔2008〕48号）规定，机电工程专业建造师执业工程范围包括：机电、石油化工、电力、冶炼、钢结构、电梯安装、消防设施、防腐保温、起重设备安装、机电设备安装、建筑智能化、环保、电子、仪表安装、火电设备安装、送变电、核工业、炉窑、冶炼机电设备安装、化工石油设备、管道安装、管道、无损检测、海洋石油、体育场地设施、净化、旅游设施、特种专业。

机电工程中，机电设备安装、石油化工、电力、冶炼各专业工程范围又分别包括以下工程：

① 机电设备安装工程包括：一般工业、民用、公用机电安装工程，净化工程，动力站安装工程，起重设备安装工程，消防工程，工业炉窑安装工程，电子工程，环保工程，体育场馆工程，轻纺工业建设工程，机械汽车工业建设工程，森林工业建设工程等。

② 石油化工工程包括：石油天然气建设（油田、气田地面建设）工程，海洋石油工程，石油天然气建设工程，石油天然气原油、成品油储库工程，天然气储库、地下储气库工程，石油炼制工程，石油深加工、有机化工、无机化工、化工医药工程，化纤工程。

③ 冶炼工程包括：烧结球团工程、焦化工程、冶金工程、制氧工程、煤气工程、建材工程。

④ 电力工程包括：火电工程（含燃气发电机组）、送变电工程、核电工程、风电工程。

安装工程包括建筑安装工程、工业安装工程和钢结构安装工程，所涉及的设备对应为建筑设备和工业设备，如给排水设备、暖通设备是典型的建筑设备，核电设备、石油冶炼设备是典型的工业设备。

安装是一个大安装的概念，其“大”主要体现在下面三个方面：

① 跨多个行业。机电工程包括机械、汽车、电子、电力、冶金、矿业、建筑、建材、石油、化工、石化、轻纺、环保、农林、军工等各类工业和民用、公用建设项目的机电工程。

② 专业面广、学科跨度大、跨多学科专业。专业内容包含了机电工程、热能工程、环境工程、信电工程、计算机工程等一级学科的内容，同时涉及土木工程、管理工程、建筑学等学科的内容。

③ 安装对象众多。社会发展到现在，各行各业都涌现了大量的设备，部分行业还出现了许多少则数百吨多则数千吨的设备，同时安装的对象还包括管路和线路等。

机电工程是任何建设工程不可或缺的一部分，任何一个建设工程项目都可以认为是由机电工程与建筑工程两部分内容构成。机电工程和建筑工程的关系如图 1-1 所示。

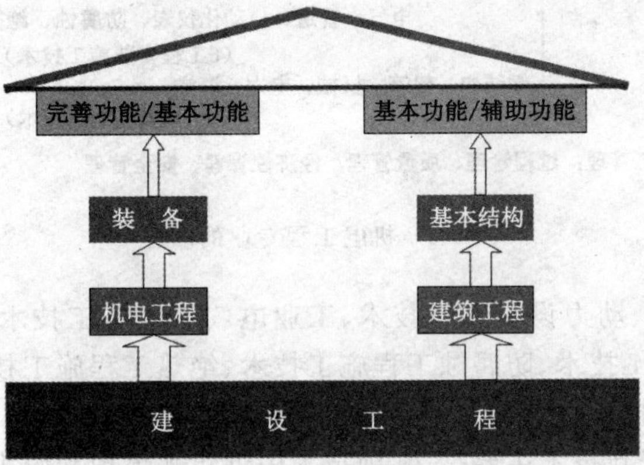


图 1-1　机电工程和建筑工程的关系

## 第二节　机电工程技术分析

### 一、机电工程专业的知识体系

建造师的机电工程专业以技术为支撑，以法律为灵魂，以管理为基础，以经济为中心，应用建设工程法规及相关知识，建设工程项目管理、建设工程经济的基础理论，在结合专业工程施工技术和相关法规知识的基础上，实施工程项目管理。机电工程专业知识内容体系如图 1-2 所示。

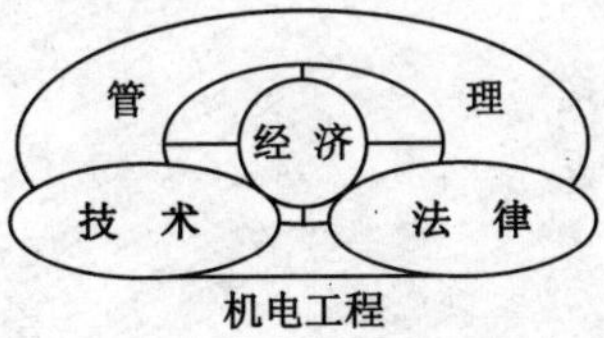


图 1-2　机电工程专业知识内容体系

### 二、机电工程专业的技术内容

机电工程专业的内容可以归纳为技术和管理两个方面，组成如图 1-3 所示。

机电工程专业的技术内容包括专业技术和施工技术两部分，施工技术又分建筑安装、工业安装和钢结构三种，因此机电工程专业的技术内容由 20 项组成：材料技术、测量技术、起重技术、焊接技术；建筑管道工程施工技术、建筑电气工程施工技术、建筑通风空调工程施工技术、建筑智能化工程施工技术、消防工程施工技术、电梯工程施工技术；机械设备安装技

- 技术
  - 专业技术：材料、测量、起重、焊接
  - 施工技术
    - 建筑安装：管道、电气、通风空调、建筑智能化、消防、电梯（6工程安装技术）
    - 工业安装：机械、静置、动力（3设备安装技术）
      - 电气、管道、自动化仪表、防腐蚀、绝热、炉窑砌筑（6工程安装施工技术）
    - 钢结构：建筑、机械、电力、海洋（1工程安装施工技术）
- 管理→施工管理：过程管理、质量管理、经济性管理、安全管理

图 1-3　机电工程专业的内容

术、静置设备安装技术、动力设备安装技术、工业电气工程施工技术、工业管道工程施工技术、自动化仪表工程施工技术、防腐蚀工程施工技术、绝热工程施工技术、炉窑砌筑工程施工技术；钢结构工程施工技术。

本书所述安装工程新技术主要是 20 项技术中近年来出现和应用的共性的最新技术，依据住房和城乡建设部《建筑业 10 项新技术(2017 版)》，结合机电工程实际，借助最新工程案例，分析安装工程各项新技术的核心内容、研究和应用现状，典型案例新技术的实施方案、具体措施，以及基于新技术的工程管理。

# 第二章 机电工程新技术综述

## 第一节 基于BIM的管线综合技术

### 一、技术内容

（一）技术特点

随着BIM(建筑信息模型)技术的普及,其在机电管线综合技术应用方面的优势比较突出。丰富的模型信息库,与多种软件方便的数据交换接口,成熟、便捷的可视化应用软件等,比传统的管线综合技术有了较大的提升。

（二）深化设计及设计优化

机电工程施工中,许多工程的设计图纸由于诸多原因,设计深度往往满足不了施工的需要,施工前尚需进行深化设计。机电系统各种管线错综复杂,管路走向密集交错,若在施工中发生碰撞情况,则会出现拆除返工现象,甚至会导致设计方案的重新修改,不仅浪费材料、延误工期,还会增加项目成本。基于BIM技术的管线综合技术可将建筑、结构、机电等专业模型整合,可很方便地进行深化设计,再根据建筑专业要求及净高要求将综合模型导入相关软件进行机电专业和建筑、结构专业的碰撞检查,根据碰撞报告结果对管线进行调整,避让建筑结构。机电专业的碰撞检测,是在根据“机电管线排布方案”建模的基础上对设备和管线进行综合布置并调整,从而在工程开始施工前发现问题,通过深化设计及设计优化,使问题在施工前得以解决。

（三）多专业施工工序协调

暖通、给排水、消防、强弱电等各专业由于受施工现场、专业协调、技术差异等因素的影响,不可避免地存在很多局部的、隐性的专业交叉问题,各专业在建筑某些平面、立面位置上产生交叉、重叠,无法按施工图作业或施工顺序倒置,造成返工,这些问题有些是无法通过经验判断来及时发现并解决的。通过BIM技术的可视化、参数化、智能化特性,进行多专业碰撞检查、净高控制检查和精确预留预埋,或者利用基于BIM技术的4D施工管理,对施工工序过程进行模拟,对各专业进行事先协调,可以很容易地发现和解决碰撞点,减少因不同专业沟通不畅而产生技术错误,大大减少返工,节约施工成本。

（四）施工模拟

利用BIM施工模拟技术,使得复杂的机电施工过程变得简单、可视、易懂。BIM 4D虚拟建造形象直观、动态模拟施工阶段过程和重要环节施工工艺,将多种施工及工艺方案的可实施性进行比较,为最终方案优选决策提供支持。根据动态跟踪可视化施工组织设计(4D虚拟建造)的实施情况,对于设备、材料到货情况进行预警,同时通过进度管理,将现场实际进度完成情况反馈回“BIM信息模型管理系统”中,与计划进行对比、分析及纠偏,实现施工进度控制管理。

形象直观、动态模拟施工阶段过程和重要环节施工工艺，将多种施工及工艺方案的可实施性进行比较，为最终方案优选决策提供支持。基于 BIM 技术对施工进度可实现精确计划、跟踪和控制，动态地分配各种施工资源和场地，实时跟踪工程项目的实际进度，并通过计划进度与实际进度进行比较，及时分析偏差对工期的影响程度以及产生的原因，采取有效措施，实现对项目进度的控制。

（五）BIM 综合管线的实施流程

设计交底及图纸会审→了解合同技术要求、征询业主意见→确定 BIM 深化设计内容及深度→制定 BIM 出图细则和出图标准、各专业管线优化原则→制定 BIM 详细的深化设计图纸送审及出图计划→机电初步 BIM 深化设计图提交→机电初步 BIM 深化设计图总包审核、协调、修改→图纸送监理、业主审核→机电综合管线平剖面图、机电预留预埋图、设备基础图、吊顶综合平面图绘制→图纸送监理、业主审核→BIM 深化设计交底→现场施工→竣工图制作。

### 二、技术指标

综合管线布置与施工技术应符合现行国家和行业标准《建筑给水排水设计规范（2009 年版）》（GB 50015—2003）、《工业建筑供暖通风与空气调节设计规范》（GB 50019—2015）、《民用建筑电气设计规范》（JGJ 16—2008）、《建筑通风和排烟系统用防火阀门》（GB 15930—2007）、《自动喷水灭火系统设计规范》（GB 50084—2017）、《建筑给水排水及采暖工程施工质量验收规范》（GB 50242—2002）、《通风与空调工程施工质量验收规范》（GB 50243—2016）、《电气装置安装工程 低压电器施工及验收规范》（GB 50254—2014）、《给水排水管道工程施工及验收规范》（GB 50268—2008）、《智能建筑工程施工规范》（GB 50606—2010）、《消防给水及消火栓系统技术规范》（GB 50974—2014）、《综合布线系统工程设计规范》（GB 50311—2016）等的规定。

### 三、适用范围

适用于工业与民用建筑工程、城市轨道交通工程、电站等所有在建及扩建项目。

### 四、工程案例

深圳湾科技生态园 1、4、5 栋，广州地铁 6 号线如意坊站，深圳地铁 9 号线银湖站等的机电安装工程。

## 第二节　导线连接器应用技术

### 一、技术内容

（一）技术特点

通过螺纹、弹簧片以及螺旋钢丝等机械方式，对导线施加稳定可靠的接触力。按结构分为：螺纹型连接器、无螺纹型连接器（包括：通用型和推线式两种结构）和扭接式连接器，其工艺特点见表 2-1，能确保导线连接所必需的电气连续、机械强度、保护措施以及检测维护 4 项基本要求。

**表 2-1　符合 GB 13140 系列标准的导线连接器产品特点说明**

| 比较项目 | 无螺纹型 | | 扭接式 | 螺纹型 |
|---|---|---|---|---|
| | 通用型 | 推线式 | | |
| 连接原理图例 | 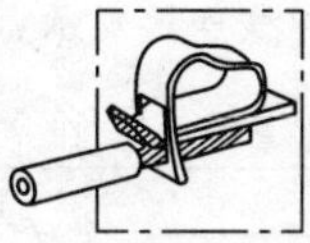 | 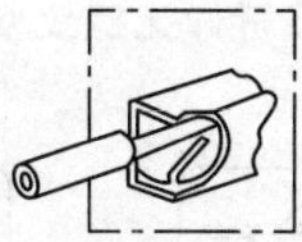 |  | 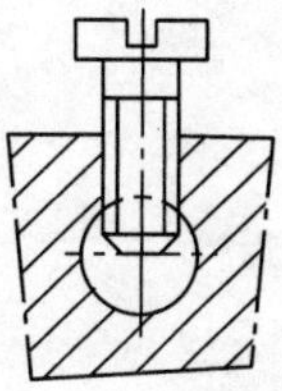 |
| 制造标准代号 | GB 13140.3 | | GB 13140.5 | GB 13140.2 |
| 连接硬导线(实心或绞合) | 适用 | | 适用 | 适用 |
| 连接未经处理的软导线 | 适用 | 不适用 | 适用 | 适用 |
| 连接焊锡处理的软导线 | 适用 | 适用 | 适用 | 不适用 |
| 连接器是否参与导电 | 参与 | | 不参与 | 参与/不参与 |
| IP 防护等级 | IP20 | | IP20 或 IP55 | IP20 |
| 安装工具 | 徒手或使用辅助工具 | | 徒手或使用辅助工具 | 普通螺丝刀 |
| 是否重复使用 | 是 | | 是 | 是 |

(二) 施工工艺

工艺特点：

(1) 安全可靠：应该是很成熟的，长期实践已证明此工艺的安全性与可靠性。

(2) 高效：由于不借助特殊工具、可完全徒手操作，使安装过程快捷，平均每个电气连接耗时仅 10 s，为传统焊锡工艺的 1/30，节省人工和安装费用。

(3) 可完全代替传统锡焊工艺，不再使用焊锡、焊料、加热设备，消除了虚焊与假焊，导线绝缘层不再受焊接高温影响，避免了高举熔融焊锡操作的危险，接点质量一致性好，没有焊接烟气造成的工作场所环境污染问题。

主要施工方法：

(1) 根据被连接导线的截面积、导线根数、软硬程度，选择正确的导线连接器型号。

(2) 根据连接器型号所要求的剥线长度，剥除导线绝缘层。

(3) 按图 2-1 所示，安装或拆卸无螺纹型导线连接器。

(4) 按图 2-2 所示，安装或拆卸扭接式导线连接器。

## 二、技术指标

《建筑电气工程施工质量验收规范》(GB 50303—2015)、《建筑电气细导线连接器应用技术规程》(CECS 421—2015)、《低压电气装置 第 5～52 部分：电气设备的选择和安装 布线系统》(GB/T 16895.6—2014)、《家用及类似用途低压电路用的连接器件》(GB 13140—2008)。

（a）推线式连接器的导线安装或拆卸　　（b）通用型连接器的导线安装或拆卸

图 2-1　安装或拆卸无螺纹型导线连接器示意图

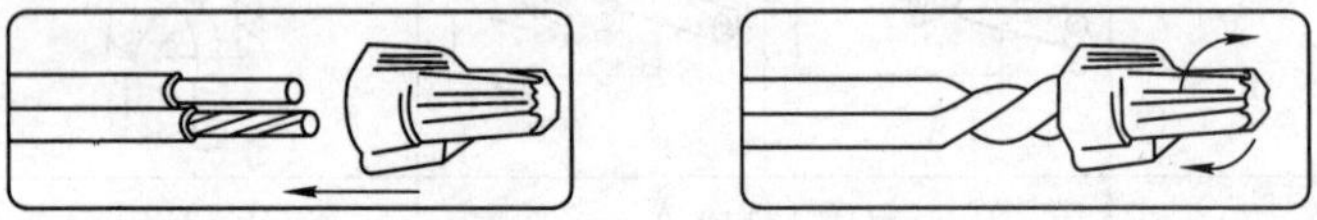

图 2-2　安装或拆卸扭接式导线连接器示意图

### 三、适用范围

适用于额定电压交流 1 kV 及以下和直流 1.5 kV 及以下建筑电气细导线（6 $mm^2$ 及以下的铜导线）的连接。

### 四、工程案例

广泛应用于各类电气安装工程中。

## 第三节　可弯曲金属导管安装技术

### 一、技术内容

可弯曲金属导管内层为热固性粉末涂料，粉末通过静电喷涂，均匀吸附在钢带上，经 200 ℃高温加热液化再固化，形成质密又稳定的涂层，涂层自身具有绝缘、防腐、阻燃、耐磨损等特性，厚度为 0.03 mm。可弯曲金属导管是我国建筑材料行业新一代电线电缆外保护材料，已被编入设计、施工与验收规范，大量应用于建筑电气工程的强电、弱电、消防系统，明敷和暗敷场所，逐步成为一种较理想的电线电缆外保护材料。

（一）技术特点

（1）可弯曲度好：优质钢带绕制而成，用手即可弯曲定型，减少机械操作。

（2）耐腐蚀性强：材质为热镀锌钢带，内壁喷附树脂层，双重防腐。

（3）使用方便：裁剪、敷设快捷高效，可任意连接，管口及管材内壁平整光滑，无毛刺。

（4）内层绝缘：采用热固性粉末涂料，与钢带结合牢固且内壁绝缘。

（5）搬运方便：圆盘状包装，质量为同米数传统管材的 1/3，搬运方便。

（6）机械性能：双扣螺旋结构，异形截面，抗压、抗拉伸性能达到《电缆管理用导管系统　第 1 部分：通用要求》（GB/T 20041.1—2015）分类代码 4 重型标准。

(二) 施工工艺

可弯曲金属导管基本型采用双扣螺旋结构、内层静电喷涂技术,防水型和阻燃型在基本型的基础上包覆防水、阻燃护套。使用时徒手施以适当的力即可将可弯曲金属导管弯曲到需要的程度,连接附件使用简单工具即可将导管等连接可靠。

① 明配的可弯曲金属导管固定点间距应均匀,管卡与设备、器具、弯头中点、管端等边缘的距离应小于 0.3 m。

② 暗配的可弯曲金属导管,应敷设在两层钢筋之间,并与钢筋绑扎牢固。管子绑扎点间距不宜大于 0.5 m,绑扎点距盒(箱)不应大于 0.3 m。

## 二、技术指标

(一) 主要性能

(1) 电气性能:导管两点间过渡电阻小于 0.05 Ω 标准值。

(2) 抗压性能:1 250 N 压力下扁平率小于 25%,可达到《电缆管理用导管系统 第 1 部分:通用要求》(GB/T 20041.1—2015)分类代码 4 重型标准要求。

(3) 拉伸性能:1 000 N 拉伸荷重下,重叠处不开口(或保护层无破损),可达到《电缆管理用导管系统 第 1 部分:通用要求》(GB/T 20041.1—2015)分类代码 4 重型标准要求。

(4) 耐腐蚀性:浸没在 1.186 kg/L 的硫酸铜溶液中,可达到《电缆管理用导管系统 第 1 部分:通用要求》(GB/T 20041.1—2015)分类代码 4 内外均高标准要求。

(5) 绝缘性能:导管内壁绝缘电阻值不低于 50 MΩ。

(二) 技术规范/标准

《建筑电气用可弯曲金属导管》(JG/T 526—2017)、《电缆管理用导管系统 第 1 部分:通用要求》(GB/T 20041.1—2015)、《电缆管理用导管系统 第 22 部分:可弯曲导管系统的特殊要求》(GB 20041.22—2009)、《民用建筑电气设计规范》(JGJ 16—2008)、《1 kV 及以下配线工程施工与验收规范》(GB 50575—2010)、《低压配电设计规范》(GB 50054—2011)、《火灾自动报警系统设计规范》(GB 50116—2013)和《建筑电气工程施工质量验收规范》(GB 50303—2015)。

## 三、适用范围

适用于建筑物室内外电气工程的强电、弱电、消防等系统的明敷和暗敷场所的电气配管及作为导线、电缆末端与电气设备、槽盒、托盘、梯架、器具等连接的电气配管。

## 四、工程案例

沈阳桃仙机场 T3 航站楼、杭州高德置地(七星级酒店)、北京 CBD(阳光保险金融中心、韩国三星总部大楼)、北京丽泽商务区(中国铁物大厦、中国通用大厦)等的机电安装工程。

# 第四节　工业成品支吊架技术

## 一、技术内容

装配式成品支吊架由管道连接的管夹构件、建筑结构连接的锚固件以及将这两种结构件连接起来的承载构件、减震(振)构件、绝热构件以及辅助安装件构成。该技术满足不同规格的风管、桥架、工艺管道的应用,特别是在错综复杂的管路定位和狭小管井、吊顶施工,更可发挥灵活组合技术的优越性。近年来,在机场、大型工业厂房等领域已开始应用复合式支吊架技术,可以相对有效地化解管线集中安装与空间紧张的矛盾。复合式管线支吊架系统具有吊杆不重复、与结构连接点少、空间节约、后期管线维护简单、扩容方便、整体质量及观感好等特点。特别是《建筑机电工程抗震设计规范》(GB 50981—2014)的实施,使采用成品的抗震支吊架系统成为必然趋势。

(一) 技术特点

根据BIM模型确认的机电管线排布,通过数据库快速导出支吊架型式,从供应商的产品手册中选择相应的成品支吊架组件,或经过强度计算,根据结果进行支吊架型材选型、设计,工厂制作装配式组合支吊架,在施工现场仅需简单机械化拼装即可成型,减少现场测量、制作工序,降低材料损耗率和安全隐患,实现施工现场绿色施工、节能环保。

主要技术先进性在于:

(1) 标准化:产品由一系列标准化构件组成,所有构件均采用成品,或由工厂采用标准化生产工艺,在全程、严格的质量管理体系下批量生产,产品质量稳定,且具有通用性和互换性。

(2) 简易安装:一般只需2人即可进行安装,技术要求不高,安装操作简易、高效,明显降低劳动强度。

(3) 施工安全:施工现场无电焊作业产生的火花,从而消灭了施工过程中的火灾事故隐患。

(4) 节约能源:由于主材选用的是符合国际标准的轻型C型钢,在确保其承载能力的前提下,所用的C型钢质量相对于传统支吊架所用的槽钢、角钢等材料可减轻15%~20%,明显减少了钢材使用量,从而节约了能源消耗。

(5) 节约成本:由于采用标准件装配,可减少安装施工人员;现场无须电焊机、钻床、氧气乙炔装置等施工设备投入,能有效节约施工成本。

(6) 保护环境:无须现场焊接、现场刷油漆等作业,因而不会产生弧光、烟雾、异味等多重污染。

(7) 坚固耐用:经专业的技术选型和机械力学计算,且考虑足够的安全系数,确保其承载能力的安全可靠。

(8) 安装效果美观:安装过程中,由专业公司提供全程、优质的服务,确保精致、简约的外观效果。

(二) 施工工艺

(1) 吊架和支架安装应保持垂直,整齐牢固,无歪斜现象。

(2) 支吊架安装要根据管子位置,找平、找正、找标高,生根要牢固,与管子接合要稳固。

(3) 吊架要按施工图锚固于主体结构,要求拉杆无弯曲变形,螺纹完整且与螺母配合良好牢固。

(4) 在混凝土基础上,用膨胀螺栓固定支吊架时,膨胀螺栓的打入必须达到规定的深度,特殊情况需做拉拔试验。

(5) 管道的固定支架应严格按照设计图纸安装。

(6) 导向支架和滑动支架的滑动面应洁净、平整,滚珠、滚轴、托辊等活动零件与其支撑件应接触良好，以保证管道能自由膨胀。

(7) 所有活动支架的活动部件均应裸露，不应被保温层覆盖。

(8) 有热位移的管道，在受热膨胀时，应及时对支吊架进行检查与调整。

(9) 恒作用力支吊架应按设计要求进行安装调整。

(10) 支架装配时应先整型后，再上锁紧螺栓。

(11) 支吊架调整后，各连接件的螺杆丝扣必须带满，锁紧螺母应锁紧，防止松动。

(12) 支架间距应按设计要求正确装设。

(13) 支吊架安装应与管道的安装同步进行。

(14) 支吊架安装施工完毕后应将支架擦拭干净，所有暴露的槽钢端均需装上封盖。

### 二、技术指标

国家建筑标准设计图集《室内管道支架及吊架》(03S402)、《金属、非金属风管支吊架》(08K132)、《电缆桥架安装》(04D701-3)、《装配式室内管道支吊架的选用与安装》(16CK208)(参考图集)。

其他应符合现行《管道支吊架》(GB/T 17116 系列标准)、《建筑机电工程抗震设计规范》(GB 50981—2014)的相关要求。

### 三、适用范围

适用于工业与民用建筑工程中多种管线在狭小空间场所布置的支吊架安装，特别适用于建筑工程的走道、地下室及走廊等管线集中的部位，以及综合管廊建设的管道、电气桥架管线、风管等支吊架的安装。

### 四、工程案例

雁栖湖国际会都(核心岛)会议中心、北京中国尊大厦、上海国际金融中心、上海中心大厦、青岛国际贸易中心、苏州市花桥月亮湾地下管廊、上海光源、西安咸阳机场二期、国家会展中心(上海)、华晨宝马沈阳工厂等的机电安装工程。

## 第五节　机电管线及设备工厂化预制技术

### 一、技术内容

工厂模块化预制技术是将建筑给排水、采暖、电气、智能化、通风与空调工程等领域的建筑机电产品按照模块化、集成化的思想，从设计、生产到安装和调试深度结合集成，通过这种模块化及集成技术对机电产品进行规模化的预加工，工厂化流水线制作生产，从而实现建筑机电安装标准化、产品模块化及集成化。利用这种技术，不仅能提高生产效率和质量水平，降低建筑机电工程建造成本，还能减少现场施工工程量、缩短工期、减少污染，实现建筑机电安装全过程绿色施工。

(1) 管道工厂化预制施工技术：采用软件硬件一体化技术，详图设计采用“管道预制设计系统”软件，实现管道单线图和管段图的快速绘制；预制管道采用“管道预制安装管理系统”软件，实现预制全过程、全方位的信息管理。采用机械坡口、自动焊接，并使用厂内物流系统，整个预制过程形成流水线作业，提高了工作效率。可采用移动工作站预制技术，运用自动切割、坡口、滚槽、焊接机械和辅助工装，快速组装形成预制工作站，在施工现场建立作业流水线，进行管道加工和焊接预制。

(2) 对于机房机电设施采用标准的模块化设计，使泵组、冷水机组等设备形成自成支撑体系的、便于运输安装的单元模块。采用模块化制作技术和施工方法，改变了传统施工现场放样、加工焊接连接作业的方法。

(3) 将大型机电设备拆分成若干单元模块制作，在工厂车间进行预拼装、现场分段组装。

(4) 对厨房、卫生间排水管道进行同层模块化设计，形成一套排水节水装置，以便于实现建筑排水系统工厂化加工、批量性生产以及快速安装；同时有效解决厨房、卫生间排水管道漏水、出现异味等问题。

(5) 主要工艺流程：研究图纸→BIM 分解优化→放样、下料、预制→预拼装→防腐→现场分段组对→安装就位。

### 二、技术指标

(1) 将建筑机电产品现场制作安装工作前移，实现工厂加工与现场施工平行作业，减少施工现场时间和空间的占用。

(2) 模块适用尺寸：公路运输控制在 3 100 mm×3 800 mm×18 000 mm 以内；船运控制在 6 000 mm×5 000 mm×50 000 mm 以内。若模块在港口附近安装，无运输障碍，模块尺寸可根据实际情况进一步加大。

(3) 模块质量要求：公路运输一般控制在 40 t 以内，也应根据施工现场起重设备的实际情况调整模块质量。

### 三、适用范围

适用于大、中型民用建筑工程，工业工程和石油化工工程的设备、管道、电气安装，尤其适用于高层的办公楼、酒店、住宅。

### 四、工程案例

上海环球金融中心、上海国际博览中心、华润深圳湾国际商业中心、青岛丽东化工有限公司芳烃装置、神华煤直接液化装置、河北海伟石化 50 万 t/a 丙烷脱氢装置、上海东方体育中心、南京雨润大厦、天津北洋园等的机电安装工程。

## 第六节 薄壁金属管道新型连接安装施工技术

### 一、技术内容

(一) 铜管机械密封式连接

(1) 卡套式连接：是一种较为简便的施工方式，操作简单，掌握方便，是施工中常见的连接方式，连接时只要管子切口的端面能与管子轴线保持垂直，并将切口处毛刺清理干净，管件装配时卡环的位置正确，并将螺母旋紧，就能实现铜管的严密连接，主要适用于管径 50 mm 以下的半硬铜管的连接。

(2) 插接式连接：一种最简便的施工方法，只要将管子切口的端面与管子轴线保持垂直并去除切口处毛刺，用力插入管件到底即可。此种连接方法是靠专用管件中的不锈钢夹固圈将钢壁禁锢在管件内，利用管件内与铜管外壁紧密配合的 O 形橡胶圈来实施密封的，主要适用于管径 25 mm 以下的铜管的连接。

(3) 压接式连接：一种较为先进的施工方式，操作也较简单，但需配备专用的且规格齐全的压接机械。连接时管子的切口端面与管子轴线保持垂直，并去除管子的毛刺，然后将管子插入管件到底，再用压接机械将铜管与管件压接成一体。此种连接方法是利用管件凸缘内的橡胶圈来实施密封的，主要适用于管径 50 mm 以下的铜管的连接。

(二) 薄壁不锈钢管机械密封式连接

(1) 卡压式连接：配管插入管件承口（承口 U 形槽内带有橡胶密封圈）后，用专用卡压工具压紧管口形成六角形而起密封和紧固作用的连接方式。

(2) 卡凸式螺母型连接：以专用扩管工具在薄壁不锈钢管端的适当位置，由内壁向外（径向）辊压使管子形成一道凸缘环，然后将带锥台形三元乙丙密封圈的管插进带有承插口的管件中，拧紧锁紧螺母时，靠凸缘环推进压缩三元乙丙密封圈而起密封作用。

(3) 环压式连接：环压式连接是一种永久性机械连接，首先将套好密封圈的管材插入管件内，然后使用专用工具对管件与管材的连接部位施加足够大的径向压力使管件、管材发生形变，并使管件密封部位形成一个封闭的密封腔，然后再进一步压缩密封腔的容积，使密封材料充分填充整个密封腔，从而实现密封，同时将管件嵌入管材使管材与管件牢固连接。

## 二、技术指标

应按设计要求的标准执行，无设计要求时，按《建筑给水排水及采暖工程施工质量验收规范》(GB 50242—2002)、《建筑铜管管道工程连接技术规程》(CECS 228—2007)和《薄壁不锈钢管道技术规范》(GB/T 29038—2012)执行。

## 三、适用范围

适用于给水、热水、饮用水、燃气等管道的安装。

## 四、工程案例

应用薄壁不锈钢管较典型的工程有：北京人民大会堂冷热水、财政部办公楼直饮水、上海世博会中国馆、北京广安贵都大酒店、广州白云宾馆、广州亚运城、杭州千岛湖别墅等的机电安装工程。

应用薄壁铜管较典型的工程有：烟台世茂 T1 酒店、天津世茂酒店、沈阳世茂 T6 酒店等的机电安装工程。

# 第七节　内保温金属风管施工技术

## 一、技术内容

### （一）技术特点

内保温金属风管是在传统镀锌薄钢板法兰风管制作过程中，在风管内壁粘贴保温棉，风管口径为粘贴保温棉后的内径，并且可通过数控流水线实现全自动生产。该技术的运用，省去了风管现场保温施工工序，有效提高现场风管安装效率，且风管采用全自动生产流水线加工，产品质量可控。

### （二）施工工艺

相对普通薄钢板法兰风管的制作流程，在风管咬口制作和法兰成型后，为贴附内保温材料，多了喷胶、贴棉和打钉三个步骤，然后进行板材的折弯和合缝，其他步骤两者完全相同。这三个工序被整合到了整套流水线中，生产效率几乎与薄钢板法兰风管相当。为防止保温棉被吹散，要求金属风管内壁涂胶满布率 90%以上，管内气流速度不得超过 20.3 m/s。此外，内保温金属风管还有以下施工要点，如表 2-2 所示。

表 2-2　内保温金属风管的施工要点

| | | | |
|---|---|---|---|
| 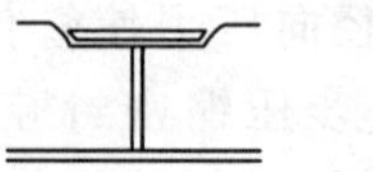 | 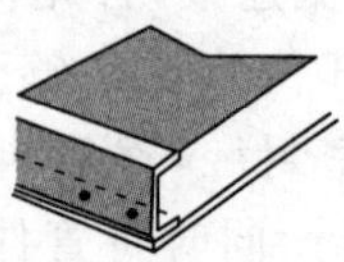 | 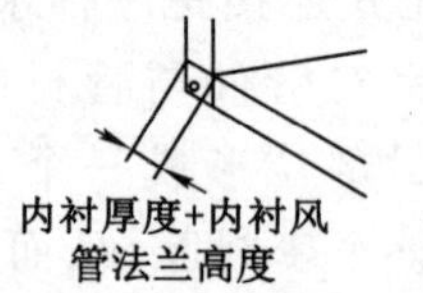 | 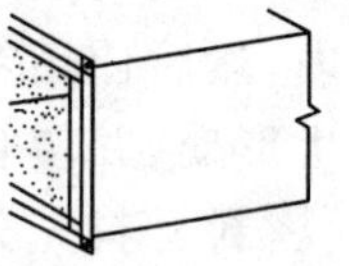 |
| 保温钉不得挤压保温材料超过 3 mm | 风管两端安装有 C 型 PVC 挡风条，以防止漏风，同时防止产生冷桥现象 | 法兰高度等于玻璃纤维内衬风管法兰高度加上内衬厚度 | 挡风条宽度为内衬风管法兰高度加上内衬厚度 |

（1）在安装内衬风管之前，首先要检查风管内衬的涂层是否存在破损，有无受到污染等，若发现以上情况需进行修补或者直接更换一节完好的风管。

（2）内衬风管的安装与薄钢板法兰风管安装工艺基本一致，先安装风管支吊架，风管支吊架间距按相关规定执行，风管可根据现场实际情况采取逐节吊装或者在地面拼装一定长度后整体吊装。

（3）内保温风管与外保温风管、设备以及风阀等连接时，法兰高度可按表 2-2 的要求进行调整，或者采用大小头连接。

（4）风管安装完毕后进行漏风量测试，要注意的是，导致风管严密性不合格的主要因素在于风管挡风条的安装与法兰边没有对齐，以及没有选用合适宽度的法兰垫料或者垫料粘贴时不够规范。

（5）风管运输及安装过程中应注意防潮、防尘。

## 二、技术指标

（1）风管系统强度及严密性指标，应满足《通风与空调工程施工质量验收规范》（GB

50243—2016)要求。

(2) 风管系统保温及耐火性能指标,应分别满足《通风与空调工程施工质量验收规范》(GB 50243—2016)和《通风管道技术规程》(JGJ/T 141—2017)要求。

(3) 内保温风管金属风管的制作与安装,可参考国家建筑标准设计图集《非金属风管制作与安装》(15K114)的相关规定。

(4) 内衬保温棉及其表面涂层,应当采用不燃材料,采用的黏结剂应为环保无毒型。

### 三、适用范围

适用于低、中压空调系统风管的制作安装,净化空调系统、防排烟系统等除外。

### 四、工程案例

上海迪士尼乐园梦幻世界、青岛部分地铁3号线Ⅰ标段、中海油大厦(上海)等的机电安装工程。

## 第八节　金属风管预制安装施工技术

### 一、金属矩形风管薄钢板法兰连接技术

(一) 技术内容

(1) 技术特点

金属矩形风管薄钢板法兰连接技术,代替了传统角钢法兰风管连接技术,已在国外有多年的发展和应用并形成了相应的规范和标准。采用薄钢板法兰连接技术不仅能节约材料,而且通过新型自动化设备生产使得生产效率提高、制作精度高、风管成型美观、安装简便,相比传统角钢法兰连接技术可节约劳动力60%左右,节约型钢、螺栓65%左右,而且由于不需防腐施工,减少了对环境的污染,具有较好的经济、社会与环境效益。

(2) 施工工艺

金属矩形风管薄钢板法兰连接技术,根据加工形式不同分为两种:一种是法兰与风管壁为一体的形式,称之为"共板法兰";另一种是薄钢板法兰用专用组合式法兰机制做成法兰的形式,根据风管长度下料后,插入制作好的风管管壁端部,再用铆(压)接连为一体,称之为"组合式法兰"。通过共板法兰风管自动化生产线,将卷材开卷、板材下料、冲孔(倒角)、辊压咬口、辊压法兰、折方等工序,制成半成品薄钢板法兰直风管管段。风管三通、弯头等异形配件通过数控等离子切割设备自动下料。

(1) 薄钢板法兰风管板材厚度0.5～1.2 mm,风管下料宜采用单片、L形或口形方式。金属风管板材连接形式有:单咬口(适用于低、中、高压系统)、联合角咬口(适用于低、中、高压系统矩形风管及配件四角咬接)、转角咬口(适用于低、中、高压系统矩形风管及配件四角咬接)、按扣式咬口(低、中压矩形风管或配件四角咬接、低压圆形风管)。

(2) 当风管大边尺寸、长度及单边面积超出规定的范围时,应对其进行加固,加固方式有通丝加固、套管加固、Z形加固、V形加固等。

(3) 风管制作完成后,进行四个角连接件的固定,角件与法兰四角接口的固定应稳固、

紧贴、端面平整。固定完成后需要打密封胶，密封胶应保证弹性、黏着和防霉特性。

(4) 薄钢板法兰风管的连接方式应根据工作压力及风管尺寸大小合理选用，用专用工具将法兰弹簧卡固定在两节风管法兰处，或用顶丝卡固定两节风管法兰，弹簧卡、顶丝卡不应有松动现象。

(二) 技术指标

应符合《通风与空调工程施工质量验收规范》(GB 50243—2016)、《通风与空调工程施工规范》(GB 50738—2011)、《通风管道技术规程》(JGJ/T 141—2017)的相关规定。

(三) 适用范围

金属矩形风管薄钢板法兰连接技术适用于通风空调系统中工作压力不大于 1 500 Pa 的非防排烟系统、风管边长尺寸不大于 1 500 mm(加固后为 2 000 mm)的薄钢板法兰矩形风管的制作与安装；对于风管边长尺寸大于 2 000 mm 的风管，应根据《通风管道技术规程》(JGJ/T 141—2017)采用角钢或其他形式的法兰风管。采用薄钢板法兰风管时，应由设计院与施工单位研究制定措施以满足风管的强度和变形量要求。

(四) 工程案例

国家会展中心(上海)、北京中国尊大厦、杭州国际博览中心等的机电安装工程。

## 二、金属圆形螺旋风管预制安装技术

(一) 技术内容

(1) 技术特点

螺旋风管又称螺旋咬缝薄壁管，由条带形薄板螺旋卷绕而成，与传统金属风管(矩形或圆形)相比，具有无焊接、密封性能好、强度刚度好、通风阻力小、噪声低、造价低、安装方便、外形美观等特性。根据使用材料的材质不同，螺旋风管主要有镀锌螺旋风管、不锈钢螺旋风管、铝螺旋风管之分。螺旋风管制作安装机械自动化程度高、加工制作速度快，在发达国家已得到了长足的发展。

(2) 施工工艺

金属圆形螺旋风管采用流水线生产，取代手工制作风管的全部程序和进程，使用宽度为 138 mm 的金属卷材为原料，以螺旋的方式实现卷圆、咬口、合缝压实一次性顺序完成，加工速度为 4～20 m/min。金属圆形螺旋风管一般是以 3～6 m 为标准长度。弯头、三通等各类管件采用等离子切割机下料，直接输入管件相关参数即可精确快速切割管件展开板料；用缀缝焊机闭合板料和拼接各类金属板材，接口平整，不破坏板材表面；用圆形弯头成形机自动进行弯头咬口合缝，速度快，合缝密实平滑。

螺旋风管的螺旋咬缝，可以作为加强筋，增加风管的刚度和强度。直径 1 000 mm 以下的螺旋风管可以不另设加固措施；直径大于 1 000 mm 的螺旋风管可在每两个咬缝之间再增加一道楞筋，作为加固方法。

金属圆形螺旋风管通常采用承插式芯管连接及法兰连接。承插式芯管用与螺旋风管同材质的宽度为 138 mm 的金属钢带卷圆，在芯管中心轧制宽 5 mm 的楞筋，两侧轧制密封槽，内嵌阻燃 L 形密封条。内接制作技术要求见表 2-3，承插式芯管结构参见图 2-3。

**表 2-3　承插式芯管内接制作技术要求**

| 接管口径/mm | 内接板厚/mm | 内接口径/mm |
|---|---|---|
| 500 | 1.0 | 498 |
| 600 | 1.0 | 598 |
| 700 | 1.0 | 698 |
| 800 | 1.2 | 798 |
| 900 | 1.2 | 898 |
| 1 000 | 1.2 | 998 |
| 1 200 | 1.75 | 1 196 |
| 1 400 | 1.75 | 1 396 |
| 1 600 | 2.0 | 1 596 |
| 1 800 | 2.0 | 1 796 |
| 2 000 | 2.0 | 1 996 |

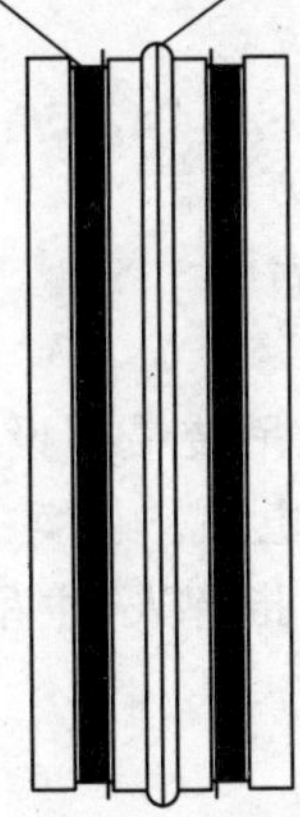

图 2-3　承插式芯管结构示意图

采用法兰连接时，将圆法兰内接于螺旋风管。法兰外边略小于螺旋风管内径 1～2 mm，同规格法兰具有可换性。法兰连接多用于防排烟系统，采用不燃的耐温防火填料，相比芯管连接密封性能更好。

主要施工方法：

(1) 划分管段：根据施工图和现场实际情况，将风管系统划分为若干管段，并确定每段风管连接管件和长度，尽量减少空中接口数量。

(2) 芯管连接：将连接芯管插入金属螺旋风管一端，直至插入至楞筋位置，从内向外用铆钉固定。

(3) 风管吊装：金属螺旋风管支架间距约 3～4 m，每吊装一节螺旋风管设一个支架，风管吊装后用扁钢抱箍托住风管，根据支吊架固定点的结构形式设置一个或者两个吊点，将风管调整就位。

(4) 风管连接：芯管连接时，将金属螺旋风管的连接芯管端插入另一节未连接芯管端，均匀推进，直至插入至楞筋位置，连接缝用密封胶密封处理。法兰连接时，将两节风管调整角度，直至法兰的螺栓孔对准，连接螺栓，螺栓需安装在同侧。

(5) 风管测试：根据风管系统的工作压力做漏光检测及漏风量检测。

### (二) 技术指标

应符合《通风与空调工程施工质量验收规范》(GB 50243—2016)、《通风与空调工程施工规范》(GB 50738—2011)、《通风管道技术规程》(JGJ/T 141—2017)的相关规定。

### (三) 适用范围

适用于送风、排风、空调风及防排烟系统金属圆形螺旋风管制作安装。

(1) 用于送风、排风系统时，应采用承插式芯管连接方式；

(2) 用于空调送回风系统时，应采用双层螺旋保温风管，内芯管外抱箍连接方式；

(3) 用于防排烟系统时，应采用法兰连接方式。

（四）工程案例

国家会展中心（上海）、杭州国际博览中心等的机电安装工程。

## 第九节　超高层垂直高压电缆敷设技术

### 一、技术内容

（一）技术特点

在超高层供电系统中，有时采用一种特殊结构的高压垂吊式电缆，这种电缆不论多长多重，都能靠自身支撑自重，解决了普通电缆在长距离的垂直敷设中容易被自身重量拉伤的问题。它由上水平敷设段、垂直敷设段和下水平敷设段组成，其结构为：电缆在垂直敷设段带有3根钢丝绳，并配吊装圆盘，钢丝绳用扇形塑料包覆，与3根电缆芯绞合，水平敷设段电缆不带钢丝绳。吊装圆盘为整个吊装电缆的核心部件，由吊环、吊具本体、连接螺栓和钢板卡具组成，其作用是在电缆敷设时承担吊具的功能并在电缆敷设到位后承载垂直段电缆的全部重量，电缆承重钢丝绳与吊具连接采用锌铜合金浇铸工艺。

（二）施工工艺

（1）利用多台卷扬机吊运电缆，采用自下而上垂直吊装敷设的方法。

（2）对每个井口的尺寸及中心垂直偏差进行测量，并安装槽钢台架。

（3）设计穿井梭头，用以扶住吊装圆盘，让其顺利穿过井口。

（4）吊装卷扬机布置在电气竖井的最高设备层或以上楼面，除吊装最高设备层的高压垂吊式电缆外，还要考虑吊装同一井道内其他设备层的高压垂吊式电缆。

（5）架设专用通信线路，在电气竖井内每一层备有电话接口。指挥人、主吊操作人、放盘区负责人还必须配备对讲机。

（6）电气竖井内要设置临时照明。

（7）电缆盘至井口应设有缓冲区和下水平段电缆脱盘后的摆放区，面积大约30～40 $m^2$。架设电缆盘的起重设备通常从施工现场在用的塔吊、汽车吊、履带吊等起重设备中选择。

（8）吊装过程：选用有垂直受力锁紧特性的活套型网套，同时为确保吊装安全可靠，设一根直径12.5 mm保险附绳，当上水平段电缆全部吊起，将主吊绳与吊装圆盘连接，同时将垂直段电缆钢丝绳与吊装圆盘连接。当吊装圆盘连接后，组装穿井梭头。在吊装过程中，在电气竖井井口安装防摆动定位装置，可以有效地控制电缆摆动。将上水平段电缆与主吊绳并拢，由下而上每隔2 m捆绑，直至绑到电缆头，吊运上水平段和垂直段电缆。吊装圆盘在槽钢台架上固定后，还要对其辅助吊挂，目的是使电缆固定更为安全可靠。在吊装圆盘及其辅助吊索安装完成后，电缆处于自重垂直状态下，将每个楼层井口的电缆用抱箍固定在槽钢台架上。水平段电缆通常采用人力敷设。在桥架水平段每隔2 m设置一组滚轮。

### 二、技术指标

（1）应符合下列标准规范的相关规定：

《电气装置安装工程电缆线路施工及验收标准》（GB 50168—2018）、《建筑电气工程施工质量验收规范》（GB 50303—2015）、《电气装置安装工程电气设备交接试验标准》（GB

50150—2016)、《建筑机械使用安全技术规程》(JGJ 33—2012)、《施工现场临时用电安全技术规范》(JGJ 46—2005)。

(2) 技术要求：

电缆型号、电压及规格应符合设计要求。核实电缆生产编号、订货长度、电缆位号，做到敷设准确无误；电缆外观无损伤，电缆密封应严密；电缆应做耐压和泄漏试验，试验标准应符合国家标准和规范的要求，电缆敷设前还应用 2.5 kV 摇表测量绝缘电阻是否合格。

### 三、适用范围

适用于超高层建筑电气垂直井道内的高压电缆吊运敷设。

### 四、工程案例

上海环球金融中心大厦。

## 第十节　机电消声减振综合施工技术

### 一、技术内容

(一) 技术特点

机电消声减振综合施工技术是实现机电系统设计功能的保障。随着建筑工程机电系统功能需求的不断增加，越来越多的机电系统设备(设施)被应用到建筑工程中。这些机电设备(设施)在丰富建筑功能、改善人文环境、提升使用价值的同时，也带来一系列的负面影响因素，如机电设备在运行过程中产生及传播的噪声和振动给使用者带来难以忍受的困扰，甚至直接影响到人身健康等。

(二) 施工工艺

噪声及振动的频率低，空气、障碍物以及建筑结构等对噪声及振动的衰减作用非常有限(一般建筑构建物噪声衰减量仅为 0.02～0.2 dB/m)，因此必须在机电系统设计与施工前，通过对机电系统噪声及振动产生的源头、传播方式与传播途径、受影响因素及产生的后果等进行细致分析，制定消声减振措施方案，对其中的关键环节加以适度控制，实现对机电系统噪声和振动的有效防控。具体实施工艺包括：对机电系统进行消声减振设计，选用低噪、低振设备(设施)，改变或阻断噪声与振动的传播路径以及引入主动式消声抗振工艺等。

主要施工方法：

(1) 优化机电系统设计方案，对机电系统进行消声减振设计。机电系统设计时，在结构及建筑分区的基础上充分考虑满足建筑功能的合理机电系统分区，为需要进行严格消声减振控制的功能区设计独立的机电系统，根据系统消声、减振需要，确定设备(设施)技术参数及控制流体流速，同时避免其他机电设施穿越。

(2) 在机电系统设备(设施)选型时，优先选用低噪、低振的机电设备(设施)，如箱式设备、变频设备、缓闭式设备、静音设备，以及高效率、低转速设备等。

(3) 机电系统安装施工过程中，在进行深化设计时要充分考虑系统消声、减振功能需要，通过隔声、吸声、消声、隔振、阻尼等处理方法，在机电系统中设置消声减振设备（设施），改变或阻断噪声与振动的传播路径。如设备采用浮筑基础、减振浮台及减振器等隔声隔振构造，管道与结构、管道与设备、管道与支吊架及支吊架与结构（包括钢结构）之间采用消声减振的隔离隔断措施，如套管、避振器、隔离衬垫、柔性软接、避振喉等。

(4) 引入主动式消声抗振工艺。在机电系统深化设计中，针对系统消声减振需要引入主动式消声抗振工艺，扰动或改变机电系统固有噪声、振动频率及传播方向，达到消声抗振的目的。

### 二、技术指标

按设计要求的标准执行；当设计无要求时，参照执行《声环境质量标准》(GB 3096—2008)、《城市区域环境振动标准》(GB 10070—1988)、《民用建筑隔声设计规范》(GB 50118—2010)、《隔振设计规范》(GB 50463—2008)、《建筑工程容许振动标准》(GB 50868—2013)、《环境噪声与振动控制工程技术导则》(HJ 2034—2013)、《剧场、电影院和多用途厅堂建筑声学设计规范》(GB/T 50356—2005)。

### 三、适用范围

适用于大、中型公共建筑工程机电系统消声减振施工，特别适用于广播电视、音乐厅、大剧院、会议中心、高端酒店等的安装工程。

### 四、工程案例

吉林省广电中心、吉林省政府新建办公楼、上海金茂大厦、北京银泰中心、北京首都博物馆、北京国家大剧院等的机电安装工程。

## 第十一节　建筑机电系统全过程调试技术

### 一、技术内容

（一）技术特点

建筑机电系统全过程调试技术覆盖建筑机电系统的方案设计阶段、设计阶段、施工阶段及交付和运行阶段，其执行者可以由独立的第三方、业主、设计方、总承包商或机电分包商等承担。目前最常见的是业主聘请独立第三方顾问，即调试顾问作为调试管理方。

（二）调试内容

(1) 方案设计阶段，为项目初始时的筹备阶段，其调试工作主要目标是明确和建立业主的项目要求。业主项目要求是机电系统设计、施工和运行的基础，同时也决定着调试计划和进程安排。该阶段调试团队由业主代表、调试顾问、前期设计和规划方面专业人员、设计人员组成。该阶段主要工作为：组建调试团队，明确各方职责；建立例会制度及过程文件体系；明确业主项目要求；确定调试工作范围和预算；建立初步调试计划；建立问题日志程序；筹备调试过程进度报告；对设计方案进行复核，确保满足业主项目要求。

(2) 设计阶段，该阶段调试工作主要目标是尽量确保设计文件满足和体现业主项目要求。该阶段调试团队由业主代表、调试顾问、设计人员和机电总包项目经理组成。该阶段主要工作为:建立并维持项目团队的团结协作;确定调试过程各部分的工作范围和预算;指定负责完成特定设备及部件调试工作的专业人员;召开调试团队会议并做好记录;收集调试团队成员关于业主项目要求的修改意见;制定调试过程工作时间表;在问题日志中追踪记录问题或背离业主项目要求的情况及处理办法;确保设计文件的记录和更新;建立施工清单;建立施工、交付及运行阶段测试要求;建立培训计划要求;记录调试过程要求并汇总进承包文件;更新调试计划;复查设计文件是否符合业主项目要求;更新业主项目要求;记录并复查调试过程进度报告。

(3) 施工阶段,该阶段调试工作主要目标是确保机电系统及部件的安装满足业主项目要求。该阶段调试团队包括业主代表、调试顾问、设计人员、机电总包项目经理、专业承包商和设备供应商。该阶段主要工作为:协调业主代表参与调试工作并制定相应时间表;更新业主项目要求;根据现场情况,更新调试计划;组织施工前调试过程会议;确定测试方案,包括机电设备测试、风系统/水系统平衡调试、系统运行测试等,并明确测试范围,明确测试方法、试运行介质、目标参数值允许偏差、调试工作绩效评定标准;建立测试记录;定期召开调试过程会议;定期实施现场检查;监督施工方的现场调试、测试工作;核查运行维护人员培训情况;编制调试过程进度报告;更新机电系统管理手册。

(4) 交付和运行阶段,当项目基本竣工后进入交付和运行阶段的调试工作,直到保修合同结束时间为止。该阶段工作目标是确保机电系统及部件的持续运行、维护和调节及相关文件更新均能满足最新业主项目要求。该阶段调试团队包括业主代表、调试顾问、设计人员、机电总包项目经理、专业承包商。该阶段主要工作为:协调机电总包的质量复查工作,充分利用调试顾问的知识和项目经验使得机电总包返工数量和次数最小化;进行机电系统及部件的季度测试;进行机电系统运行维护人员培训;完成机电系统管理手册并持续更新;进行机电系统及部件的定期运行状况评估;召开经验总结研讨会;完成项目最终调试过程报告。

(三) 调试文件

(1) 调试计划:为调试工作前瞻性整体规划文件,由调试顾问根据项目具体情况起草,在调试项目首次会议,由调试团队各成员参与讨论,会后调试顾问再进行修改完善。调试计划必须随着项目的进行而持续修改、更新。一般每月都要对调试计划进行适当调整。调试顾问可以根据调试项目工作量大小,建立一份贯穿项目全过程的调试计划,也可以建立一份分阶段(方案设计阶段、设计阶段、施工阶段及交付和运行阶段)实施的调试计划。

(2) 业主项目要求:确定业主的项目要求对整个调试工作很重要,调试顾问组织召开业主项目要求研讨会,准确把握业主项目要求,并建立业主项目要求文件。

(3) 施工清单:机电承包商详细记录机电设备及部件的运输、安装情况,以确保各设备及系统正确安装、运行的文件。主要包括设备清单、安装前检查表、安装过程检查表、安装过程问题汇总、设备施工清单、系统问题汇总。

(4) 问题日志:记录调试过程发现的问题及其解决办法的正式文件,由调试团队在调试过程中建立,并定期更新。调试顾问在进行安装质量检查和监督施工单位调试时,可根据项目大小和合同内容来确定抽样检查比例或复测比例,一般不低于20%。抽查或抽测时发现问题应记入问题日志。

(5) 调试过程进度报告:详细记录调试过程中各部分完成情况以及各项工作和成果的文件,各阶段调试过程进度报告最终汇总成为机电系统管理手册的一部分。它通常包括:项目进展概况,本阶段各方职责、工作范围,本阶段工作完成情况,本阶段出现的问题及跟踪情况,本阶段未解决的问题汇总及影响分析,下阶段工作计划。

(6) 机电系统管理手册:是以系统为重点的复合文档,包括使用和运行阶段运行和维护指南以及业主使用中的附加信息,主要包括业主最终项目要求文件、设计文件、最终调试计划、调试报告、厂商提供的设备安装手册和运行维护手册、机电系统图表、已审核确认的竣工图纸、系统或设备/部件测试报告、备用设备部件清单、维修手册等。

(7) 培训记录:调试顾问应在调试工作结束后,对机电系统的实际运行维护人员进行系统培训,并做好相应的培训记录。

### 二、技术指标

目前国内关于建筑机电系统全过程调试没有专门的规范和指南,只能依照现行的设计、施工、验收和检测规范的相关部分开展工作。主要依据的规范有:《民用建筑供暖通风与空气调节设计规范》(GB 50736—2012)、《公共建筑节能设计标准》(GB 50189—2015)、《民用建筑电气设计规范》(JGJ 16—2008)、《通风与空调工程施工质量验收规范》(GB 50243—2016)、《建筑节能工程施工质量验收规范》(GB 50411—2007)、《建筑电气工程施工质量验收规范》(GB 50303—2015)、《建筑给水排水及采暖工程施工质量验收规范》(GB 50242—2002)、《智能建筑工程质量验收规范》(GB 50339—2013)、《通风与空调工程施工规范》(GB 50738—2011)、《公共建筑节能检测标准》(JGJ/T 177—2009)、《采暖通风与空气调节工程检测技术规程》(JGJ/T 260—2011)、《变风量空调系统工程技术规程》(JGJ 343—2014)。

### 三、适用范围

适用新建建筑的机电系统全过程调试,特别适用于实施总承包的机电系统全过程调试。

### 四、工程案例

巴哈马大型度假村、北京新华都等的机电系统调试工程。

## 第十二节　长螺旋钻孔压灌桩技术

### 一、技术内容

长螺旋钻孔压灌桩技术是采用长螺旋钻机钻孔至设计标高,利用混凝土泵将超流态细石混凝土从钻头底压出,边压灌混凝土边提升钻头直至成桩,混凝土灌注至设计标高后,再借助钢筋笼自重或利用专门振动装置将钢筋笼一次插入混凝土桩体至设计标高,形成钢筋混凝土灌注桩。后插入钢筋笼的工序应在压灌混凝土工序后连续进行。与普通水下灌注桩施工工艺相比,长螺旋钻孔压灌桩施工,不需要泥浆护壁,无泥皮,无沉渣,无泥浆污染,施工速度快,造价较低。

该工艺还可根据需要在钢筋笼上绑设桩端后注浆管进行桩端后注浆，以提高桩的承载力。

### 二、技术指标

(1) 混凝土中可掺加粉煤灰或外加剂，混凝土中粉煤灰掺量宜为 70～90 $kg/m^3$；

(2) 混凝土的粗骨料可采用卵石或碎石，最大粒径不宜大于 20 mm；

(3) 混凝土坍落度宜为 180～220 mm。

设计和施工可依据《建筑桩基技术规范》(JGJ 94—2008)的规定进行。

### 三、适用范围

适用于地下水位较高，易坍孔，且长螺旋钻孔机可以钻进的地层。

### 四、工程案例

在北京、天津、唐山等地多项工程中应用，经济效益显著，具有良好的推广应用前景。

## 第十三节　地下空间工程施工机械技术

### 一、复杂盾构法施工技术

(一) 技术内容

盾构法是一种全机械化的隧道施工方法，通过盾构外壳和管片支承四周围岩防止发生坍塌，同时在开挖面前方用切削装置进行土体开挖，通过出土机械外运出洞，靠千斤顶在后部加压顶进，并拼装预制混凝土管片，形成隧道结构的一种机械化施工方法。由于盾构施工技术对环境影响很小而被广泛地采用，得到了迅速的发展。

复杂盾构法施工技术为复杂地层、复杂地面环境条件下的盾构法施工技术，或大断面圆形(洞径大于 10 m)、矩形或双圆等异形断面形式的盾构法施工技术。选择盾构形式时，除考虑施工区段的围岩条件、地面情况、断面尺寸、隧道长度、隧道线路、工期等各种条件外，还应考虑开挖和衬砌等施工问题，必须选择安全且经济的盾构形式。盾构施工在遇到复杂地层、复杂环境或者盾构截面异形或者盾构截面大时，可以通过分析地层和环境等情况合理配置刀盘、采用合适的掘进模式和掘进技术参数、盾构姿态控制及纠偏、采用合适的注浆方式等来解决以上的复杂问题。盾构法施工是一个系统性很强的工程，其设计和施工技术方案的确定，要从各个方面综合权衡与比选，最终确定合理可行的实施方案。

盾构机是主要用来开挖土、砂、围岩的隧道机械，由切口环、支撑环及盾尾 3 部分组成，按断面形状可分为单圆形、复圆形及非圆形盾构。矩形盾构是横断面为矩形的盾构机，相比圆形盾构，其作业面小，主要用于距地面较近的工程作业。矩形盾构机的研制难度超过圆形盾构机。目前，我国使用的矩形盾构机主要有 2 个、4 个或 6 个刀盘联合工作。

(二) 技术指标

(1) 承受荷载：设计盾构时需要考虑的荷载，如土压力、水压力、自重、上覆荷载、变向荷载、开挖面前方土压力及其他荷载。

(2) 盾构外径:所谓盾构外径,是指盾壳的外围直径,不考虑超挖刀头、摩擦旋转式刀盘、固定翼、壁后注浆用配管等突出部分。

(3) 盾构长度:盾构本体长度指壳板长度的最大值,而盾构机长度则指盾构的前端到尾端的长度。盾构总长指盾构前端至后端长度的最大值。

(4) 总推力:盾构的推进阻力组成包括盾构四周外表面和土之间的摩擦力或黏结阻力($F_1$);推进时,前端产生的贯入阻力($F_2$);开挖面前方阻力($F_3$);变向阻力(曲线施工、蛇形修正、变向用稳定翼、挡板阻力等,$F_4$);盾尾内的管片和壳板之间的摩擦力($F_5$);后方台车的牵引阻力($F_6$)。以上各种推进阻力的总和($\sum F$)构成盾构的推进阻力,须对各种影响因素仔细考虑,留出必要的推力余量。

(三) 适用范围

(1) 适用于各种复杂的工程地质和水文地质条件,从淤泥质土层到中风化和微风化岩层。

(2) 盾构法施工隧道应有足够的埋深,覆土深度不宜小于 6 m。隧道覆土太浅,盾构法施工难度较大;在水下修建隧道时,覆土太浅盾构施工安全风险较大。

(3) 地面上必须有修建用于盾构进出洞和出土进料的工作井位置。

(4) 隧道之间或隧道与其他建(构)筑物之间所夹土(岩)体加固处理的最小厚度为水平方向 1.0 m,竖直方向 1.5 m。

(5) 从经济角度讲,盾构连续施工长度不宜小于 300 m。

(四) 工程案例

盾构法广泛应用于隧道和地下工程中。上海地铁、跨江隧道均采用盾构法施工。深圳地铁 5 号线的盾构工程穿越复杂地层。南京地铁 4 号线盾构区间穿越了上软下硬地层以及大量厂房民居,地质情况复杂多变,地下水丰富,施工难度大,安全风险高。郑州中州大道采用 6 个刀盘联合工作的矩形盾构机,是我国自主研发的世界最大矩形盾构机。西安地铁 4 号线与武汉地铁 11 号线都采用了盾构法施工。北京的众多地铁线路也采用了盾构法施工,其中 16 号线首次采用外径 6.4 m 地铁管片,使隧道空间明显增大。

## 二、非开挖埋管施工技术

(一) 技术内容

非开挖埋管施工技术应用较多的主要有顶管法、定向钻进穿越以及大断面矩形地下通道掘进施工技术。

1. 顶管法

顶管法是在松软土层或富水松软地层中敷设管道的一种施工方法。随着顶管技术的不断发展与成熟,已经涌现了一大批超大口径、超长距离的顶管工程。混凝土顶管管径最大达到 4 000 mm,一次顶进最长距离也达到 2 080 m。随着大量超长距离、超大口径顶管工程的出现,也产生了相应的顶管施工新技术。

(1) 为维持超长距离顶进时的土压平衡,采用恒定顶进速度及多级顶进条件下螺旋机智能出土调速施工技术。该新技术结合分析确定的土压合理波动范围参数,使顶管机智能地适应土压变化,避免大的振动。

(2) 针对超大口径、超长距离顶进过程中顶力过大问题开发研制了全自动压浆系统,智能分配注浆量，有效进行局部减阻。

(3) 超长距离、多曲线顶管自动测量及偏离预报技术是迄今为止最为适合超长距离、曲线顶管的测量系统，该测量系统利用多台测量机器人联机跟踪测量技术，结合历史数据，对工具管导引的方向及幅度作出预报，极大地提高了顶进效率和顶管管道的质量。

(4) 预应力钢筒混凝土管顶管拼接技术，利用副轨、副顶、主顶全方位三维立体式进行管节接口姿态调整，能有效解决该种新型复合管材高精度接口的拼接难题。

2. 定向钻进穿越

根据入土点和出土点设计出穿越曲线，然后根据穿越曲线利用穿越钻机先钻出导向孔、再进行扩孔处理，回拖管线之后利用泥浆的护壁及润滑作用将已预制试压合格的管段进行回拖，完成管线的敷设施工。其新技术包括：

(1) 测量钻头位置的随钻测量系统，随钻测量系统的关键技术是在保证钻杆强度的前提下钻杆本体的密封以及钻杆内永久电缆连接处的密封。

(2) 具有孔底马达的全新旋转导向钻进系统，该系统有效解决了定子和轴承的寿命问题以及可以按照设定导向进行旋转钻进。

3. 大断面矩形地下通道掘进施工技术

大断面矩形地下通道掘进施工技术是利用矩形隧道掘进机在前方掘进，而后将分节预制好的混凝土结构件在土层中顶进、拼装形成地下通道结构的非开挖法施工技术。

矩形隧道掘进机在顶进过程中，通过调节后顶主油缸的推进速度或调节螺旋输送机的转速，以控制搅拌舱的压力，使之与掘进机所处地层的土压力保持平衡，保证掘进机的顺利顶进，并实现上覆土体的低扰动；在刀盘不断转动下，开挖面切削下来的泥土进入搅拌舱，被搅拌成软塑状态的扰动土；对不能软化的天然土，则通过加入水、黏土或其他物质使其塑化，搅拌成具有一定塑性和流动性的混合土，由螺旋输送机排出搅拌舱，再由专用输送设备排出；隧道掘进机掘进至规定行程，缩回主推油缸，将分节预制好的混凝土管节吊入并拼装，然后继续顶进，直至形成整个地下通道结构。

大断面矩形地下通道掘进施工技术施工机械化程度高，掘进速度快，矩形断面利用率高，非开挖施工地下通道结构对地面运营设施影响小，能满足多种截面尺寸的地下通道施工需求。

(二) 技术指标

1. 顶管法

(1) 根据工程实际分析螺旋机在不同压力及土质条件下的出土能力变化趋势，设计出适应工程特点的螺旋机智能调速功能，应对不同土层对出土机制的影响；

(2) 利用带球阀和有自动开闭功能的压浆装置，结合智能操控平台，使每个注浆孔都被纳入自动控制范围，远程操控、设定压浆参数，合理分配压浆量，在比较坚硬的卵石土层应设定多分配压浆量，比较松软、富水土层可少压浆或不压浆，起到有的放矢的作用；

(3) 预应力钢筒混凝土管顶管施工承压管道，采用特制的中继环系统，中继环承插口应按照预应力钢筒混凝土管承插口精度要求制作，保证与其他管节接口密封性能良好；

(4) 预应力钢筒混凝土顶管管节接口拼接施工，利用三维立体式拼接系统，在承插口距离临近时，应控制顶进速度为 0.001 m/s，宜慢不宜快。

2. 定向钻进穿越

(1) 采用无线传输仪器进行随钻测量，免除有线传输带来的距离限制，在井眼位置安装信号接收仪器，及时反馈轨道监测数据以及掌握钻向动态。

(2) 根据土层情况设定旋转钻头方向参数以及孔底马达的动力参数，结合远程操控平台智能化进行钻进穿越施工。

3. 大断面矩形地下通道掘进施工技术

地下通道最大宽度 6.9 m，地下通道最大高度 4.3 m。

(三) 适用范围

1. 顶管法

(1) 特别适用于在具有黏性土、粉性土和砂土的土层中施工，也适用于在具有卵石、碎石和风化残积土的土层中施工。

(2) 适用于城区水污染治理的截污管施工，也适用于液化气与天然气输送管、油管的施工以及动力电缆、宽频网、光纤网等电缆工程的管道施工。

(3) 适用于城市市政地下工程中穿越公路、铁路、建筑物下的综合通道及地铁人行通道施工。

2. 定向钻进穿越

(1) 定向钻进穿越法适合的地层条件为砂土、粉土、黏性土、卵石等。

(2) 在不开挖地表面条件下，可广泛应用于供水、煤气、电力、电信、天然气、石油等管线铺设施工。

3. 大断面矩形地下通道掘进施工技术

大断面矩形地下通道掘进施工技术能适应 $N$ 值(标准贯入试验击数值)在 10 以下的各类黏性土、砂性土、粉质土及流砂地层；具有较好的防水性能，最大覆土层深度为 15 m；通过隧道掘进机的截面模数组合，可满足多种截面大小的地下通道施工需求。

(四) 工程案例

1. 顶管法

上海市南水厂过江顶管工程顶进直径为 3 000 mm 的钢管总长度 1 120 m；上海市引水长桥支线顶管工程顶进长度 1 743 m；嘉兴市污水处理排海工程顶进 2 050 m 超长距离钢筋混凝土顶管；汕头市第二过海顶管工程顶进 2 080 m，钢顶管直径 2 m；无锡长江引水工程 2 200 mm 钢管双管同步顶进 2 500 m；上海白龙港污水处理南干线直径 4 000 mm 钢混凝土顶管工程长距离顶进 2 039 m；上海黄浦江闵奉支线 C2 标预应力钢筒混凝土顶管工程顶进 874 m。

2. 定向钻进穿越

墨水河定向钻进穿越工程(穿越长度为 532 m)、珠海—中山天然气管道二期工程的磨刀门水道定向钻进穿越工程、郑州南变电站备用电源郑尧高速地下穿越工程、上海市轨道交通 6 号线港城路车辆段 33A 标工程、上海浦东国际机场扩建工程南区给水泵站工程、上海虹桥综合交通枢纽市政道路及配套 1 标段工程等。

3. 大断面矩形地下通道掘进施工技术

上海轨道交通 6 号线浦电路车站、8 号线中山北路车站、4 号线南浦大桥车站等。

## 三、综合管廊施工技术

（一）技术内容

综合管廊，也可称为“共同沟”，是指城市地下管道综合走廊，它是为实施统一规划、设计、施工和维护，建于城市地下用于敷设市政公用管线的市政公用设施。采取综合管廊可实现各种管线以集约化方式敷设，可以使城市的地下空间资源得以综合利用。

综合管廊的施工方法主要分为明挖施工和暗挖施工。

明挖施工法主要有放坡开挖施工、水泥土搅拌桩围护结构、板桩墙围护结构以及 SMW 工法等。明挖管廊的施工可采用现浇施工法与预制拼装施工法。现浇施工法可以大面积作业，将整个工程分割为多个施工标段，加快施工进度。预制拼装施工法要求有较大规模的预制厂和大吨位的运输及起吊设备，施工技术要求高，对接缝处施工处理有严格要求。

暗挖施工法主要有盾构法、顶管法等。盾构法和顶管法都是采用专用机械构筑隧道的暗挖施工方法，在隧道某段的一端建造竖井或基坑，以供机械安装就位。机械从竖井或基坑壁开孔处出发，沿设计轴线，向另一竖井或基坑的设计孔洞推进、构筑隧道，并有效地控制地面隆降。盾构法和顶管法施工都具有自动化程度高、对环境影响小、施工安全、施工质量可靠、施工进度快等优点。

（二）技术指标

1. 明挖施工法

（1）基础工程

综合管廊工程基坑（槽）开挖前，应根据围护结构的类型、工程水文地质条件、施工工艺和地面荷载等因素制定施工方案。

基坑回填应在综合管廊结构及防水工程验收合格后进行。回填材料应符合设计要求及国家现行标准的有关规定。管廊两侧回填应对称、分层、均匀。管廊顶板上部 1 000 mm 范围内回填材料应采用人工分层夯实，大型碾压机不得直接在管廊顶板上部施工。综合管廊回填土压实度应符合设计要求。

综合管廊基础施工及质量验收应符合《建筑地基基础工程施工质量验收标准》（GB 50202—2018）的有关规定。

（2）现浇结构

综合管廊模板施工前，应根据结构形式、施工工艺、设备和材料供应条件进行模板及支架设计。模板及支撑的强度、刚度及稳定性应满足受力要求。

混凝土的浇筑应在模板和支架检验合格后进行，入模时应防止离析；连续浇筑时，每层浇筑高度应满足振捣密实的要求；预留孔、预埋管、预埋件及止水带等周边混凝土浇筑时，应辅助人工插捣。

混凝土底板和顶板应连续浇筑，不得留置施工缝，设计有变形缝时，应按变形缝分仓浇筑。

混凝土施工质量验收应符合国家标准《混凝土结构工程施工质量验收规范》（GB 50204—2015）的有关规定。

（3）预制拼装结构

预制拼装钢筋混凝土构件的模板，应采用精加工的钢模板。构件堆放的场地应平整夯实，并应具有良好的排水措施。构件运输及吊装时，混凝土强度应符合设计要求。当设计无要求时，不应低于设计强度的75%。

预制构件安装前应对其外观、裂缝等情况按设计要求及现行国家标准《混凝土结构工程施工质量验收规范》(GB 50204—2015)的有关规定进行结构性能检验。当构件上有裂缝且宽度超过0.2 mm时，应进行鉴定。

预制构件和现浇构件之间、预制构件之间的连接应按设计要求进行施工。预制拼装综合管廊结构采用预应力筋连接接头或螺栓连接接头时，其拼缝接头的受弯承载力应满足设计要求。螺栓的材质、规格、拧紧力矩应符合设计要求及《钢结构设计标准》(GB 50017—2017)和《钢结构工程施工质量验收规范》(GB 50205—2001)的有关规定。

2. 暗挖施工法

(1) 盾构法

盾构法的技术指标应符合《盾构法隧道施工及验收规范》(GB 50446—2017)的有关规定。

(2) 顶管法

计算施工顶力时，应综合考虑管节材质、顶进工作井后背墙结构的允许最大荷载、顶进设备能力、施工技术措施等因素。施工最大顶力应大于顶进阻力，但不得超过管材或工作井后背墙的允许顶力。

一次顶进距离大于100 m时，应采取中继间技术。

顶管法的技术指标应符合《给水排水管道工程施工及验收规范》(GB 50268—2008)的有关规定。

(三) 适用范围

综合管廊主要用于城市统一规划、设计、施工及维护的市政公用设施工程，建于城市地下，用于敷设市政公用管线。

(四) 工程案例

北京天安门广场综合管廊、上海浦东新区张杨路共同沟、广州大学城综合管廊、昆明广福路和彩云路综合管廊、中关村(西区)综合管廊、上海世博园区综合管廊、武汉光谷综合管廊、珠海横琴新区环岛综合管廊、上海安亭新镇综合管廊、上海松江新城综合管廊等。

## 第十四节　超高泵送混凝土机械技术

### 一、技术内容

超高泵送混凝土技术，一般是指泵送高度超过200 m的现代混凝土泵送技术。近年来，随着经济和社会发展，超高泵送混凝土的建筑工程越来越多，因而超高泵送混凝土技术已成为现代建筑施工中的关键技术之一。超高泵送混凝土技术是一项综合技术，包含混凝土制备技术、泵送参数计算、泵送设备选定与调试、泵管布设和泵送过程控制等内容。

1. 原材料的选择

宜选择$C_2S$含量高的水泥，对于提高混凝土的流动性和减少坍落度损失有显著的效果；粗骨料宜选用连续级配，应控制针片状含量，而且要考虑最大粒径与泵送管径之比，对于高强混凝土，应控制最大粒径范围；细骨料宜选用中砂，因为细砂会使混凝土变得黏稠，而粗砂容易使混凝土离析；采用性能优良的矿物掺合料，如矿粉、Ⅰ级粉煤灰、Ⅰ级复合掺合料或易流型复合掺合料、硅灰等；高强泵送混凝土宜优先选用能降低混凝土黏性的矿物外加剂和化学外加剂。矿物外加剂可选用降黏增强剂等，化学外加剂可选用降黏型减水剂，可使混凝土获得良好的工作性能。减水剂应优先选用减水率高、保塑时间长的聚羧酸系减水剂，必要时掺加引气剂，减水剂应与水泥和掺合料有良好的相容性。

2. 混凝土的制备

通过原材料优选、配合比优化设计和工艺措施，使制备的混凝土具有较好的和易性，流动性好，虽黏度较小，但无离析泌水现象，因而有较小的流动阻力，易于泵送。

3. 泵送设备的选择和泵管的布设

泵送设备的选定应参照《混凝土泵送施工技术规程》(JGJ/T 10—2011)中规定的技术要求，首先要进行泵送参数的验算，包括混凝土输送泵的型号和泵送能力，水平管压力损失、垂直管压力损失、特殊管的压力损失和泵送效率等。对泵送设备与泵管的要求为：

(1) 宜选用大功率、超高压的S阀结构混凝土泵，其混凝土出口压力满足超高层混凝土泵送阻力要求；

(2) 应选配耐高压、高耐磨的混凝土输送管道；

(3) 应选配耐高压管卡及其密封件；

(4) 应采用高耐磨的S管阀与眼镜板等配件；

(5) 混凝土泵基础必须浇筑坚固并固定牢固，以承受巨大的反作用力，混凝土出口布管应有利于减轻泵头承载；

(6) 输送泵管的地面水平管折算长度不宜小于垂直管长度的1/5，且不宜小于15 m；

(7) 输送泵管应采用承托支架固定，承托支架必须与结构牢固连接，下部高压区应设置专门支架或混凝土结构以承受管道重量及泵送时的冲击力；

(8) 在泵机出口附近设置耐高压的液压或电动截止阀。

4. 泵送施工的过程控制

应对到场的混凝土进行坍落度、扩展度和含气量的检测，根据需要对混凝土入泵温度和环境温度进行监测，如出现不正常情况，及时采取应对措施；泵送过程中，要实时检查泵车的压力变化，泵管有无渗水、漏浆情况以及各连接件的状况等，发现问题及时处理。泵送施工控制要求为：

(1) 合理组织，连续施工，避免中断；

(2) 严格控制混凝土流动性及其经时变化值；

(3) 根据泵送高度适当延长初凝时间；

(4) 严格控制高压条件下的混凝土泌水率；

(5) 采取保温或冷却措施控制管道温度，防止混凝土摩擦、日照等因素引起管道过热；

(6) 弯道等易磨损部位应设置加强安全措施；

(7) 泵管清洗时应妥善回收管内混凝土，避免污染或材料浪费。泵送和清洗过程中产生的废弃混凝土，应按预先确定的处理方法和场所，及时进行妥善处理，并不得将其用于浇筑结构构件。

## 二、技术指标

(1) 混凝土拌和物的工作性能良好,无离析泌水,坍落度宜大于180 mm,混凝土坍落度损失不应影响混凝土的正常施工,经时损失不宜大于30 mm/h,混凝土倒置坍落筒排空时间宜小于10 s。泵送高度超过300 m的,扩展度宜大于550 mm;泵送高度超过400 m的,扩展度宜大于600 mm;泵送高度超过500 m的,扩展度宜大于650 mm;泵送高度超过600 m的,扩展度宜大于700 mm。

(2) 硬化混凝土物理力学性能符合设计要求。

(3) 混凝土的输送排量、输送压力和泵管的布设要依据准确的计算,并制定详细的实施方案,进行模拟高程泵送试验。

(4) 其他技术指标应符合《混凝土泵送施工技术规程》(JGJ/T 10—2011)和《混凝土结构工程施工规范》(GB 50666—2011)的规定。

## 三、适用范围

超高泵送混凝土技术适用于泵送高度大于200 m的各种超高层建筑混凝土泵送作业,长距离混凝土泵送作业参照超高泵送混凝土技术。

## 四、工程案例

上海中心大厦工程、天津117大厦工程、广州珠江新城西塔工程等。

# 第十五节　成型钢筋加工配送技术

## 一、技术内容

建筑用成型钢筋制品加工与配送技术(简称“成型钢筋加工配送技术”)是指由具有信息化生产管理系统的专业化钢筋加工机构进行钢筋大规模工厂化与专业化生产、商品化配送,具有现代建筑工业化特点的一种钢筋加工方式。它是主要采用成套自动化钢筋加工设备,经过合理的工艺流程,在固定的加工场所集中将钢筋加工成为工程所需成型钢筋制品,按照客户要求将其进行包装或组配,运送到指定地点的钢筋加工组织方式。信息化管理系统、专业化钢筋加工机构和成套自动化钢筋加工设备三要素的有机结合是成型钢筋加工配送区别于传统场内或场外钢筋加工模式的重要标志。成型钢筋加工配送技术执行行业标准《混凝土结构成型钢筋应用技术规程》(JGJ 366—2015)的有关规定。成型钢筋加工配送技术主要包括如下内容。

(1) 信息化生产管理技术:从钢筋原材料采购、钢筋成品设计规格与参数生成、加工任务分解、钢筋下料优化套裁、钢筋与成品加工、产品质量检验、产品捆扎包装,到成型钢筋配送、成型钢筋进场检验验收、合同结算等全过程的计算机信息化管理。

(2) 钢筋专业化加工技术:采用成套自动化钢筋加工设备,经过合理的工艺流程,在固定的加工场所集中将钢筋加工成为工程所需的各种成型钢筋制品,主要分为线材钢筋加工、棒材钢筋加工和组合成型钢筋制品加工。线材钢筋加工是指钢筋强化加工、钢筋矫直切断、箍筋加工成型等;棒材钢筋加工是指直条钢筋定尺切断、钢筋弯曲成型、钢筋直螺纹加工成型等;组合成型钢筋制品加工是指钢筋焊接网、钢筋笼、钢筋桁架、梁柱钢筋成型加工等。

(3) 自动化钢筋加工设备技术:自动化钢筋加工设备是建筑用成型钢筋制品加工的硬件支撑,是指具备强化钢筋、自动调直、定尺切断、弯曲、焊接、螺纹加工等单一或组合功能的钢筋加工机械,包括钢筋强化机械、自动调直切断机械、数控弯箍机械、自动切断机械、自动弯曲机械、自动弯曲切断机械、自动焊网机械、柔性自动焊网机械、自动弯网机械、自动焊笼机械、三角桁架自动焊接机械、梁柱钢筋骨架自动焊接机械、封闭箍筋自动焊接机械、箍筋笼自动成型机械、螺纹自动加工机械等。

(4) 成型钢筋配送技术:按照客户要求与客户的施工计划将已加工的成型钢筋以梁、柱、板构件序号进行包装或组配,运送到指定地点。

## 二、技术指标

建筑用成型钢筋制品加工与配送技术指标应符合现行行业标准《混凝土结构成型钢筋应用技术规程》(JGJ 366—2015)和现行国家标准《混凝土结构用成型钢筋制品》(GB/T 29733—2013)的有关规定。具体要求如下:

(1) 钢筋进厂时,加工配送企业应按国家现行相关标准的规定抽取试件做屈服强度、抗拉强度、伸长率、弯曲性能和重量偏差检验,检验结果应符合国家现行相关标准的规定。

(2) 盘卷钢筋调直应采用无延伸功能的钢筋调直切断机进行,钢筋调直过程中对于平行辊式调直切断机调直前后钢筋的质量损耗不应大于0.5%,对于转毂式和复合式调直切断机调直前后钢筋的质量损耗不应大于1.2%。调直后的钢筋直线度每米不应大于4 mm,总直线度不应大于钢筋总长度的0.4%,且不应有局部弯折。

(3) 钢筋单位长度允许质量偏差、钢筋的工艺性能参数、单件成型钢筋加工的尺寸形状允许偏差、组合成型钢筋加工的尺寸形状允许偏差都应符合现行行业标准《混凝土结构成型钢筋应用技术规程》(JGJ 366—2015)的规定。

(4) 成型钢筋进场时,应抽取试件做屈服强度、抗拉强度、伸长率和质量偏差检验,检验结果应符合国家现行相关标准的规定;对由热轧钢筋制成的成型钢筋,当有施工单位或监理单位的代表驻厂监督生产过程,并提供原材钢筋力学性能第三方检验报告时,可仅进行质量偏差检验。

## 三、适用范围

该项技术可广泛适用于各种现浇混凝土结构的钢筋加工、预制装配建筑混凝土构件钢筋加工,特别适用于大型工程钢筋量大时的集中加工,是绿色施工、建筑工业化和施工装配化的重要组成部分。该项技术是伴随着钢筋机械、钢筋加工工艺的技术进步而不断发展的,其主要技术特点是:加工效率高、质量好;降低加工和管理综合成本;加快施工进度,提高钢筋工程施工质量;节材节地、绿色环保;有利于高新技术推广应用和安全文明工地创建。

### 四、工程案例

成型钢筋加工配送成套技术已推广应用于多项大型工程，已在阳江核电站、防城港核电站、红沿河核电站、台山核电站等核电工程，天津117大厦、北京中国尊大厦、武汉绿地中心、天津周大福金融中心等地标建筑，北京大兴国际机场、港珠澳大桥等重点工程大量应用。

## 第十六节　预应力技术

### 一、技术内容

预应力技术分为先张法预应力和后张法预应力。先张法预应力技术是指通过台座或模板的支撑张拉预应力筋，然后绑扎钢筋浇筑混凝土，待混凝土达到强度后放张预应力筋，从而给构件混凝土施加预应力的方法，该技术目前在构件厂中用于生产预制预应力混凝土构件；后张法预应力技术是先在构件截面内采用预埋预应力管道或配置无黏结、缓黏结预应力筋，再浇筑混凝土，在构件或结构混凝土达到强度后，在结构上直接张拉预应力筋从而对混凝土施加预应力的方法。后张法可以通过有黏结、无黏结、缓黏结等工艺技术实现，也可采用体外束预应力技术。为发挥预应力技术高效的特点，可采用强度为1 860 MPa及以上的预应力筋，通过张拉建立初始应力，预应力筋设计强度可发挥到1 000～1 320 MPa。该技术可显著节约材料、提高结构性能、减少结构挠度、控制结构裂缝并延长结构寿命。先张法预应力混凝土构件，也常用1 570 MPa的预应力钢丝。预应力技术内容主要包括材料、预应力计算与设计技术、安装及张拉技术、预应力筋及锚头保护技术等。

### 二、技术指标

预应力技术用于混凝土结构楼盖，可实现较小的结构高度跨越较大跨度。对平板及夹心板，其结构适用跨度为7～15 m，高跨比为1/40～1/50；对密肋楼盖或扁梁楼盖，其适用跨度为8～18 m，高跨比为1/20～1/30；对框架梁、连续梁结构，其适用跨度为12～40 m，高跨比为1/18～1/25。在高层或超高层建筑的楼盖结构中采用该技术可有效降低楼盖结构高度，实现大跨度，并在保证净高的条件下，降低建筑层高，降低总建筑高度；或在建筑总限高不变条件下，可有效增加建筑层数，具有节省材料和造价，提供灵活空间等优点。在多层大跨度楼盖中采用该技术可提高结构性能、节省钢筋和混凝土材料、简化梁板施工工艺、加快施工速度、降低建筑造价。目前常用预应力筋强度为1 860 MPa级钢绞线，施工张拉应力不超过预应力筋公称强度的75%。详细技术指标参见《混凝土结构设计规范》(GB 50010—2010)、《无粘结预应力混凝土结构技术规程》(JGJ 92—2016)等标准。

### 三、适用范围

该技术可用于多、高层房屋建筑的楼面梁板、转换层、基础底板、地下室墙板等，以抵抗大跨度、重荷载或超长混凝土结构在荷载、温度或收缩等效应下产生的裂缝，提高结构与构件的性能，降低造价；也可用于筒仓、电视塔、核电站安全壳、水池等特种工程结构；还广泛用于各类大跨度混凝土桥梁结构。

### 四、工程案例

首都国际机场、上海浦东国际机场、深圳宝安机场等多座航站楼，上海虹桥交通枢纽、西安北站、郑州北站等多座高铁城铁车站站房，上海临港物流园等大面积多层建筑，上海虹桥国家会展中心、深圳会展中心、青岛会展中心等大跨会展建筑，北京颐德家园、宁波浙海大厦、长沙国金大厦等高层建筑，还有福建福清、广东台山、海南昌江核电站安全壳等特种工程和大量桥梁工程。

## 第十七节　脚手架机械技术

### 一、销键型脚手架及支撑架

销键型钢管脚手架及支撑架是我国目前推广应用最多、使用效果最好的新型脚手架及支撑架，其中包括：盘销式钢管脚手架、键槽式钢管支架、插接式钢管脚手架等。销键型钢管脚手架安全可靠、稳定性好、承载力高；全部杆件系列化、标准化，搭拆快、易管理、适应性强；除搭设常规脚手架及支撑架外，由于有斜拉杆的连接，销键型脚手架还可搭设悬挑结构、跨空结构架体，可整体移动、整体吊装和拆卸。

（一）技术内容

(1) 销键型钢管脚手架支撑架的立杆上每隔一定距离都焊有连接盘、键槽连接座或其他连接件，横杆、斜拉杆两端焊有连接接头，通过敲击楔形插销或键槽接头，将横杆、斜拉杆的接头与立杆上的连接盘、键槽连接座或连接件锁紧，见图 2-4。

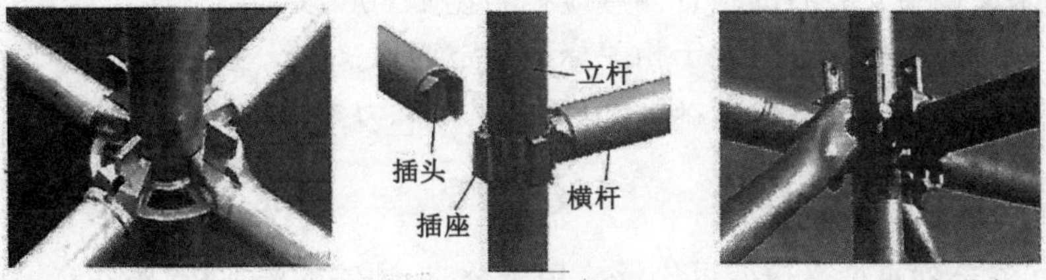

(a) 盘销式脚手架节点　(b) 键槽式支架节点　(c) 插接式脚手架节点

图 2-4　销键型钢管脚手架及支撑架

(2) 销键型钢管脚手架支撑架分由 $\phi$60 mm 系列重型支撑架和 $\phi$48 mm 系列轻型脚手架两大类：

① $\phi$60 mm 系列重型支撑架的立杆为 $\phi$60 mm×3.2 mm 焊管制成(材质为 Q345)；立杆规格有 0.5 m、1 m、1.5 m、2 m、2.5 m、3 m，每隔 0.5 m 焊有一个连接盘或键槽连接座；横杆及斜拉杆均采用 $\phi$48 mm×2.5 mm 焊管制成，两端焊有插头并配有楔形插销，搭设时每隔 1.5 m 搭设一步横杆。

② $\phi$48 mm 系列轻型脚手架的立杆由 $\phi$48 mm×3.2 mm 焊管制成(材质为 Q345)；立杆规格有 0.5 m、1 m、1.5 m、2 m、2.5 m、3 m，每隔 0.5 m 焊有一个连接盘或键槽连接座；横杆采用 $\phi$48 mm×2.5 mm，斜杆采用 $\phi$42 mm×2.5 mm、$\phi$33 mm×2.3 mm 焊管制成，两

端焊有插头并配有楔形插销(键槽式钢管支架采用楔形槽插头),搭设时每隔 1.5~2 m 设一步横杆(根据搭设形式确定)。

③ 销键型钢管脚手架支撑架一般与可调底座、可调托座以及连墙撑等多种辅助件配套使用。

④ 销键型钢管脚手架支撑架施工前应进行相关计算,编制安全专项施工方案,确保架体稳定和安全。

(3) 销键型钢管脚手架支撑架的主要特点:

① 安全可靠。立杆上的连接盘或键槽连接座与焊接在横杆或斜拉杆上的插头锁紧,接头传力可靠;立杆与立杆的连接为同轴心承插;各杆件轴心交于一点。架体受力以轴心受压为主,由于有斜拉杆的连接,使得架体的每个单元形成格构柱,因而承载力高,不易发生失稳。

② 搭拆快、易管理。横杆、斜拉杆与立杆连接,用一把铁锤敲击楔型销即可完成搭设与拆除,速度快,功效高。全部杆件系列化、标准化,便于仓储、运输和堆放。

③ 适应性强。除搭设一些常规架体外,由于有斜拉杆的连接,盘销式脚手架还可搭设悬挑结构、跨空结构及整体移动、整体吊装和拆卸的架体。

④ 节省材料、绿色环保。由于采用低合金结构钢为主要材料,在表面热浸镀锌处理后,与钢管扣件脚手架、碗扣式钢管脚手架相比,在同等荷载情况下,材料可以节省约 1/3 左右,节省材料费和相应的运输费、搭拆人工费、管理费、材料损耗费等费用,且产品寿命长,绿色环保,技术经济效益明显。

(二) 技术指标

(1) 销键型钢管脚手架支撑架按验算立杆允许荷载确定搭设尺寸;

(2) 脚手架支撑架安装后的垂直偏差应控制在 1/500 以内;

(3) 底座丝杠外露尺寸不得大于相关标准规定要求;

(4) 应对节点承载力进行校核,确保节点满足承载力要求,保证结构安全;

(5) 表面处理为热镀锌。

(三) 适用范围

(1) $\phi$60 mm 系列重型支撑架可广泛应用于公路、铁路的跨河桥、跨线桥、高架桥中的现浇盖梁及箱梁的施工,用作水平模板的承重支撑架。

(2) $\phi$48 mm 系列轻型脚手架适用于直接搭设各类房屋建筑的外墙脚手架,梁板模板支撑架,船舶维修、大坝、核电站施工用的脚手架,各类钢结构施工现场拼装的承重架,各类演出用的舞台架、灯光架、临时看台、临时过街天桥等。

(四) 工程案例

南京禄口机场、安徽芜湖火车站高支模、上海会展中心、京沪高铁支撑架、无锡万科魅力之城 D4 组团建筑外架、长沙黄花机场大道延长线高架桥、长沙国际金融中心、长沙湘江新区综合交通枢纽、湖南日报报业大厦、武广高铁长沙站、北京卫星通信大厦、成都银泰广场、首都新机场航站楼和北京市行政副中心等工程。

## 二、集成附着式升降脚手架技术

集成附着式升降脚手架是指搭设一定高度并附着于工程结构上,依靠自身的升降设备和装置，可随工程结构逐层爬升或下降，具有防倾覆、防坠落装置的外脚手架。附着升降脚手架主要由集成化的附着升降脚手架架体结构、附着支座、防倾装置、防坠落装置、升降机构及控制装置等构成。

（一）技术内容

1. 集成附着式升降脚手架设计

（1）集成附着式升降脚手架（见图 2-5）主要由架体系统、附墙系统和爬升系统三部分组成。

图 2-5　全钢集成附着升降脚手架

（2）架体系统由竖向主框架、水平承力桁架、架体构架和护栏网等组成。

（3）附墙系统由预埋螺栓、连墙装置和导向装置等组成。

（4）爬升系统由控制系统、爬升动力设备、附墙承力装置、架体承力装置等组成。控制系统采用三种控制方式：计算机控制、手动控制和遥控器控制，并可以通过计算机作为人机交互界面，全中文菜单，简单直观，控制状态一目了然，更适合建筑工地的操作环境。控制系统具有超载、失载自动报警与停机功能。

（5）爬升动力设备可以采用电动葫芦或液压千斤顶。

（6）集成附着式升降脚手架有可靠的防坠落装置，能够在提升动力失效时迅速将架体系统锁定在导轨或其他附墙点上。

（7）集成附着式升降脚手架有可靠的防倾倒装置。

（8）集成附着式升降脚手架有可靠的荷载控制系统或同步控制系统，并采用无线控制技术。

2. 集成附着式升降脚手架施工

（1）应根据工程结构设计图、塔吊附壁位置、施工流水段等确定附着升降脚手架的平面布置，编制施工组织设计及施工图。

（2）根据提升点处的具体结构形式确定附墙方式。

（3）制定确保质量和安全施工等有关措施。

(4) 制定集成附着式升降脚手架施工工艺流程和工艺要点。

(5) 根据专项施工方案计算所需材料。

(二) 技术指标

(1) 架体高度不应大于5倍楼层高，架体宽度不应大于1.2 m。

(2) 两提升点直线跨度不应大于7 m，曲线或折线不应大于5.4 m。

(3) 架体全高与支承跨度的乘积不应大于110 $m^2$。

(4) 架体悬臂高度不应大于6 m和2/5架体高度。

(5) 每点的额定提升荷载为100 kN。

(三) 适用范围

集成附着式升降脚手架适用于高层或超高层建筑的结构施工和装修作业；对于16层以上、结构平面外檐变化较小的高层或超高层建筑施工，推广应用附着升降脚手架；附着升降脚手架也适用桥梁高墩、特种结构高耸构筑物施工的外脚手架。

(四) 工程案例

中山国际灯饰商城、华南港航服务中心、莆田万科城项目、马来西亚住宅项目、中山小榄海港城等工程。

## 三、电动桥式脚手架技术

电动桥式脚手架(见图2-6)是一种导架爬升式工作平台，沿附着在建筑物上的三角立柱支架通过齿轮齿条传动方式实现平台升降。电动桥式脚手架可替代普通脚手架及电动吊篮，平台运行平稳，使用安全可靠，且可节省大量材料。它适用于建筑工程施工，特别适合装修作业。

图2-6　电动桥式脚手架

(一) 技术内容

1. 电动桥式脚手架设计

(1) 电动桥式脚手架由驱动系统、附着立柱系统和作业平台系统三部分组成。

(2) 驱动系统由电动机、防坠器、齿轮驱动组、导轮组、智能控制器等组成。

(3) 附着立柱系统由带齿条的立柱标准节、限位立柱节和附墙件等组成。

(4) 作业平台由三角格构式横梁节、脚手板、防护栏、加宽挑梁等组成。

(5) 在每根立柱的驱动器上安装两台驱动电机，负责电动施工平台上升和下降。

(6) 在每一个驱动单元上都安装了独立的防坠装置，当平台下降速度超过额定值时，能阻止施工平台继续下坠，同时启动防坠限位开关切断电源。

(7) 当平台沿两个立柱同时升降时，附着式电动施工平台配有智能水平同步控制系统，控制平台同步升降。

(8) 电动桥式脚手架还有最高自动限位、最低自动限位、超越应急限位等智能控制。

2. 电动桥式脚手架施工

(1) 采用电动桥式脚手架应根据工程结构图进行配置设计，绘制工程施工图，合理确定电动桥式脚手架的平面布置和立柱附墙方法，编制施工组织设计并计算出所需的立柱、平台等部件的规格与数量。

(2) 根据现场基础情况确定合理的基础加固措施。

(3) 制定确保质量和安全施工等有关措施。

(4) 在整个机械使用期间严格按维修使用手册要求执行，如果出售、租赁机器，必须将维修使用手册转交给新的用户。

(5) 电动桥式脚手架维修人员需获得专业认证资格。

(二) 技术指标

(1) 平台最大长度：双柱型为 30.1 m，单柱型为 9.8 m。

(2) 最大高度为 260 m，当超过 120 m 时需采取卸荷措施。

(3) 额定荷载：双柱型为 36 kN，单柱型为 15 kN。

(4) 平台工作面宽度为 1.35 m，可伸长加宽 0.9 m。

(5) 立柱附墙间距为 6 m。

(6) 升降速度为 6 m/min。

(三) 适用范围

电动桥式脚手架主要用于各种建筑结构外立面装修作业和已建工程的外饰面翻新，为工人提供稳定舒适的施工作业面；二次结构施工中围护结构砌体砌筑、饰面石材和预制构件安装，施工安全防护；玻璃幕墙施工、清洁、维护等；也适用作为桥梁高墩、特种结构高耸构筑物施工的外脚手架。

(四) 工程案例

北京奥运会游泳馆、合肥滨湖世纪城、国务院第二招待所改扩建项目、常州大名城、云南省云路中心、三元桥远洋公馆、江苏省镇江新区港南路公租房小区、福建省福州市名城港湾五区、北京方庄芳星园旧楼改造项目、三亚鲁能山海天酒店三期项目、浙江中烟联合工房、神木新村产业服务中心、郑州玉兰苑、哈尔滨富力江湾新城 12 号楼、哈尔滨万达旅游城产业综合体 A 座等工程。

## 第十八节　3D 打印装饰造型模板

3D 打印装饰造型模板采用聚氨酯橡胶、硅胶等有机材料，打印或浇筑而成，有较好的抗拉强度、抗撕裂强度和黏结强度，且耐碱、耐油，可重复使用 50～100 次。通过有装饰造型的模板给混凝土表面做出不同的纹理和肌理，可形成多种多样的装饰图案和线条，利用不同的肌理显示颜色的深浅不同，实现材料的真实质感，具有很好的仿真效果。

## 一、技术内容

（1）3D打印装饰造型模板是一个质量有保证而且非常经济的技术，它使设计师、建筑师、业主做出各种混凝土装饰效果。

（2）3D打印装饰造型模板通常采用聚氨酯橡胶、硅胶等有机材料，有较好的耐磨性能和延伸率，且耐碱、耐油，易于脱模而不损坏混凝土装饰面，可以准确复制不同造型、肌理、凹槽等。

（3）通过装饰造型模板给混凝土表面做出不同的纹理和肌理，利用不同的肌理显示颜色的深浅不同，实现材料的真实质感，具有很好的仿真效果，见图2-7(a)、(b)；如针对的是高端混凝土市场的一些定制的影像刻板技术造型模板，通过侧面照射过来的阳光，通过图片刻板模板完成的混凝土表面的条纹宽度不一样，可以呈现不同的阴影，使混凝土表面效果非常生动，见图2-7(c)。

(a) 仿石材纹理　(b) 仿竹材纹理　(c) 影像纹理

图2-7　装饰造型模板仿真效果

（4）3D打印装饰造型模板特点：

① 应用装饰造型模板成型混凝土，可实现结构装饰一体化，为工业化建筑省去二次装饰；

② 产品安全耐久，避免了瓷砖脱落等造成的公共安全隐患；

③ 节约成本，因为装饰造型模板可以重复使用，能大量节约生产成本；

④ 装饰效果逼真，不管仿石、仿木等任意的造型均可达到与原物一致的效果，从而减少了资源的浪费。

## 二、技术指标

3D打印装饰造型模板的主要技术指标参数见表2-4。

**表2-4　主要技术指标参数**

| 主要指标 | 1类模板 | 2类模板 |
|---|---|---|
| 模板适用温度/℃ | ＞65 | 65内 |
| 机理深度/mm | ＞25 | 1～25 |
| 最大尺寸/m | 约1×5 | 约4×10 |
| 弹性体类型/次 | 50 | 100 |
| 包装方式 | 平放 | 卷拢 |

## 三、适用范围

通过 3D 打印装饰造型模板技术，可以设计出各种各样独特的装饰造型，为建筑设计师立体造型的选择提供更大的空间，混凝土材料集结构和装饰性能为一体，预制建筑构件、现浇构件均可，可广泛应用于住宅、围墙、隧道、地铁站、大型商场等工业与民用建筑，使装饰和结构同寿命，实现建筑装饰与环境的协调。

## 四、工程案例

2010 年世博会上海馆(图 2-8)、上海崇明桥现浇施工、上海南站现浇隔声屏、上海青浦桥现浇施工、上海虹桥机场 10 号线入口、上海地铁金沙江路站、杭州九堡大桥、上海常德路景观围墙及花坛、上海野生动物园地铁站、世博会中国馆地铁站、上海武宁路桥等工程。

(a) 效果图

(b) 实景图 1

(c) 实景图 2

(d) 实景图 3

图 2-8　2010 年世博会上海馆

# 第十九节　钢结构安装施工技术

## 一、高性能钢材应用技术

### (一) 技术内容

选用高强度钢材(屈服强度 $R_{eL} \geqslant 390$ MPa)，可减少钢材用量及加工量，节约资源，降低成本。为了提高结构的抗震性，要求钢材具有高的塑性变形能力，选用低屈服点钢材(屈服

强度 $R_{eL}$＝100～225 MPa)。

国家标准《低合金高强度结构钢》(GB/T 1591—2018)中规定 8 个牌号,其中 Q390、Q420、Q460、Q500、Q550、Q620、Q690 属高强钢范围;《桥梁用结构钢》(GB/T 714—2015)有 9 个牌号,其中 Q420q、Q460q、Q500q、Q550q、Q620q、Q690q 属高强钢范围;《建筑结构用钢板》(GB/T 19879—2015),Q390GJ、Q420GJ、Q460GJ 这 3 个牌号属高强钢范围;《耐候结构钢》(GB/T 4171—2008),Q415NH、Q460NH、Q500NH、Q550NH 这 4 个牌号属高强钢范围;《建筑用低屈服强度钢板》(GB/T 28905—2012),LY100、LY160、LY225 这 3 个牌号属低屈服强度钢范围。

### (二) 技术指标

钢厂供货品种及规格:轧制钢板的厚度为 6～400 mm,宽度为 1 500～4 800 mm,长度为 6 000～25 000 mm。有多种交货方式,包括:普通轧制态(AR)、控制轧制态(CR)、正火轧制态(NR)、控轧控冷态(TMCP)、正火态(N)、正火加回火态(N＋T)、调质态(QT)等。

建筑结构用高强钢一般具有低碳、微合金、纯净化和细晶粒四个特点。使用高强度钢材时必须注意新钢种焊接性能试验、焊接工艺评定,确定匹配的焊接材料和焊接工艺,编制焊接工艺规程。

建筑用低屈服强度钢中残余元素铜、铬、镍的含量应各不大于 0.30%。成品钢板的化学成分允许偏差应符合《钢的成品化学成分允许偏差》(GB/T 222—2006)的规定。

### (三) 适用范围

高层建筑、大型公共建筑、大型桥梁等结构用钢,其他承受较大荷载的钢结构工程,以及屈曲约束支撑产品。

### (四) 工程案例

国家体育场、国家游泳中心、昆明新机场、北京机场 T3 航站楼、深圳湾体育中心等大跨度钢结构工程,中央电视台新址、新保利大厦、广州新电视塔、深圳平安金融中心等超高层建筑工程,重庆朝天门大桥、港珠澳大桥等桥梁钢结构工程。

## 二、钢结构深化设计与物联网应用技术

### (一) 技术内容

钢结构深化设计是以设计院的施工图、计算书及其他相关资料为依据,依托专业深化设计软件平台,建立三维实体模型,计算节点坐标定位调整值,并生成结构安装布置图、零构件图、报表清单等的过程。钢结构深化设计与 BIM 结合,实现了模型信息化共享,由传统的“放样出图”延伸到施工全过程。物联网技术是通过射频识别(RFID)、红外感应器等信息传感设备,按约定的协议,将物品与互联网相连接,进行信息交换和通讯,以实现智能化识别、定位、追踪、监控和管理的一种网络技术。在钢结构施工过程中应用物联网技术,改善了施工数据的采集、传递、存储、分析、使用等各个环节,将人员、材料、机器、产品等与施工管理、决策建立更为密切的关系,并可进一步将信息与 BIM 模型进行关联,提高施工效率、产品质量和企业创新能力,提升产品制造和企业管理的信息化水平。主要包括以下内容。

(1) 深化设计阶段,需建立统一的产品(零件、构件等)编码体系,规范图纸深度,保证产品信息的唯一性和可追溯性。深化设计阶段主要使用专业的深化设计软件,在建模时,对软件应用和模型数据有以下几点要求:

① 统一软件平台：同一工程的钢结构深化设计应采用统一的软件及版本号，设计过程中不得更改。同一工程宜在同一设计模型中完成，若模型过大需要进行模型分割，分割数量不宜过多。

② 人员协同管理：钢结构深化设计多人协同作业时，明确职责分工，注意避免模型碰撞冲突，并需设置好稳定的软件联机网络环境，保证每个深化人员的深化设计软件运行顺畅。

③ 软件基础数据配置：软件应用前需配置好基础数据，如设定软件自动保存时间，使用统一的软件系统字体，设定统一的系统符号文件，设定统一的报表、图纸模板等。

④ 模型构件唯一性：钢结构深化设计模型，要求一个零构件号只能对应一种零构件，当零构件的尺寸、重量、材质、切割类型等发生变化时，需赋予零构件新的编号，以避免零构件的模型信息冲突报错。

⑤ 零件的截面类型匹配：深化设计模型中每种截面的材料指定唯一的截面类型，保证材料在软件内名称的唯一性。

⑥ 模型材质匹配：深化设计模型中每个零件都有对应的材质，根据相关国家钢材标准指定统一的材质命名规则，深化设计人员在建模过程中需保证使用的钢材牌号与国家标准中的钢材牌号相同。

(2) 施工过程阶段，需建立统一的施工要素（人、机、料、法、环等）编码体系，规范作业过程，保证施工要素信息的唯一性和可追溯性。

(3) 搭建必要的网络、硬件环境，实现数控设备的联网管理，对设备运转情况进行监控，提高设备管理的工作效率和质量。

(4) 将物联网技术收集的信息与 BIM 模型进行关联，不同岗位的工程人员可以从 BIM 模型中获取、更新与本岗位相关的信息，既能指导实际工作，又能将相应工作的成果更新到 BIM 模型中，使工程人员对钢结构施工信息作出正确理解和高效共享。

(5) 打造扎实、可靠、全面、可行的物联网协同管理软件平台，对施工数据的采集、传递、存储、分析、使用等环节进行规范化管理，进一步挖掘数据价值，服务企业运营。

（二）技术指标

(1) 按照深化设计标准、要求等统一产品编码，采用专业软件开展深化设计工作。

(2) 按照企业自身管理规章等要求统一施工要素编码。

(3) 采用三维计算机辅助设计(CAD)、计算机辅助工艺规划(CAPP)、计算机辅助制造(CAM)、工艺路线仿真等工具和手段，提高数字化施工水平。

(4) 充分利用工业以太网，建立企业资源计划管理系统(ERP)、制造执行系统(MES)、供应链管理系统(SCM)、客户管理系统(CRM)、仓储管理系统(WMS)等信息化管理系统或相应功能模块，进行产品全生命期管理。

(5) 钢结构制造过程中可搭建自动化、柔性化、智能化的生产线，通过工业通信网络实现系统、设备、零部件以及人员之间的信息互联互通和有效集成。

(6) 基于物联网技术的应用，进一步建立信息与 BIM 模型有效整合的施工管理模式和协同工作机制，明确施工阶段各参与方的协同工作流程和成果提交内容，明确人员职责，制定管理制度。

（三）适用范围

钢结构深化设计，钢结构工程制作、运输与安装。

（四）工程案例

苏州市体育中心、武汉中心大厦、重庆来福士广场、深圳汉京中心、北京中国尊大厦等工程。

## 三、钢结构智能测量技术

（一）技术内容

钢结构智能测量技术是指在钢结构施工的不同阶段，采用基于全站仪、电子水准仪、GPS全球定位系统、北斗卫星定位系统、三维激光扫描仪、数字摄影测量、物联网、无线数据传输、多源信息融合等多种智能测量技术，解决特大型、异形、大跨径和超高层等钢结构工程中传统测量方法难以解决的测量速度、精度、变形等技术难题，实现对钢结构安装精度、质量与安全、工程进度的有效控制。主要包括以下内容：

(1) 高精度三维测量控制网布设技术

采用GPS空间定位技术或北斗空间定位技术，同时利用智能型全站仪[具有双轴自动补偿、伺服马达、自动目标识别(ATR)功能和机载多测回测角程序]和高精度电子水准仪以及条码因瓦水准尺，按照现行国家标准《工程测量规范》(GB 50026—2007)，建立多层级、高精度的三维测量控制网。

(2) 钢结构地面拼装智能测量技术

使用智能型全站仪及配套测量设备，利用具有无线传输功能的自动测量系统，结合工业三坐标测量软件，实现空间复杂钢构件的实时、同步、快速地面拼装定位。

(3) 钢结构精准空中智能化快速定位技术

采用带无线传输功能的自动测量机器人对空中钢结构安装进行实时跟踪定位，利用工业三坐标测量软件计算出相应控制点的空间坐标，并同对应的设计坐标相比较，及时纠偏、校正，实现钢结构快速精准安装。

(4) 基于三维激光扫描的高精度钢结构质量检测及变形监测技术

采用三维激光扫描仪，获取安装后的钢结构空间点云，通过比较特征点、线、面的实测三维坐标与设计三维坐标的偏差值，从而实现钢结构安装质量的检测。该技术的优点是通过扫描数据点云可实现对构件的特征线、特征面进行分析比较，比传统检测技术更能全面反映构件的空间状态和拼装质量。

(5) 基于数字近景摄影测量的高精度钢结构性能检测及变形监测技术

利用数字近景摄影测量技术对钢结构桥梁、大型钢结构进行精确测量，建立钢结构的真实三维模型，并同设计模型进行比较、验证，确保钢结构安装的空间位置准确。

(6) 基于物联网和无线传输的变形监测技术

通过基于智能全站仪的自动化监测系统及无线传输技术，融合现场钢结构拼装施工过程中不同部位的温度、湿度、应力应变、GPS数据等传感器信息，采用多源、信息融合技术，及时汇总、分析、计算，全方位反映钢结构的施工状态和空间位置等信息，确保钢结构施工的精准性和安全性。

（二）技术指标

(1) 高精度三维控制网技术指标

相邻点平面相对点位中误差不超过 3 mm，高程上相对高差中误差不超过 2 mm；单点平面点位中误差不超过 5 mm,高程中误差不超过 2 mm。

(2) 钢结构拼装空间定位技术指标

拼装完成的单体构件即吊装单元,主控轴线长度偏差不超过 3 mm,各特征点监测值与设计值($X$、$Y$、$Z$ 坐标值)偏差不超过 10 mm。具有球节点的钢构件,检测球心坐标值($X$、$Y$、$Z$ 坐标值)偏差不超过 3 mm。构件就位后各端口坐标($X$、$Y$、$Z$ 坐标值)偏差均不超过 10 mm,且接口(共面、共线)错台不超过 2 mm。

(3) 钢结构变形监测技术指标

所测量的三维坐标($X$、$Y$、$Z$ 坐标值)观测精度应达到允许变形值的 1/20～1/10。

(三) 适用范围

大型复杂或特殊复杂、超高层、大跨度等钢结构施工过程中的构件验收、施工测量及变形观测等。

(四) 工程案例

大型体育建筑:国家体育场("鸟巢")、国家体育馆("折扇")、水立方等。

大型交通建筑:首都机场 T3 航站楼、天津火车西站、北京火车南站、港珠澳大桥等。

大型文化建筑:国家大剧院、上海世博会世博轴、北京凤凰国际中心等。

## 四、钢结构虚拟预拼装技术

(一) 技术内容

1. 虚拟预拼装技术

采用三维设计软件,将钢结构分段构件控制点的实测三维坐标,在计算机中模拟拼装成分段构件的轮廓模型,与深化设计的理论模型拟合比对,检查分析加工拼装精度,得到所需修改的调整信息。经过必要校正、修改与模拟拼装,直至满足精度要求。

2. 虚拟预拼装技术主要内容

(1) 根据设计图文资料和加工安装方案等技术文件,在构件分段与胎架设置等安装措施可保证自重受力变形不致影响安装精度的前提下,建立设计、制造、安装全部信息的拼装工艺三维几何模型,完全整合形成一致的输入文件,通过模型导出分段构件和相关零件的加工制作详图。

(2) 构件制作验收后,利用全站仪实测外轮廓控制点三维坐标。

① 设置相对于坐标原点的全站仪测站点坐标,仪器自动转换和显示位置点(棱镜点)在坐标系中的坐标。

② 设置仪器高和棱镜高,获得目标点的坐标值。

③ 设置已知点的方向角,照准棱镜测量,记录确认坐标数据。

(3) 计算机模拟拼装,形成实体构件的轮廓模型。

① 将全站仪与计算机连接,导出测得的控制点坐标数据,导入到 Excel 表格,换成($X$,$Y$,$Z$)格式。收集构件的各控制点三维坐标数据,整理汇总。

② 选择复制全部数据,输入三维图形软件。以整体模型为基准,根据分段构件的特点,建立各自的坐标系,绘出分段构件的实测三维模型。

③ 根据制作安装工艺图的需要,模拟设置胎架及其标高和各控制点坐标。

④ 将分段构件的自身坐标转换为总体坐标后,模拟吊上胎架定位,检测各控制点的坐标值。

(4) 将理论模型导入三维图形软件，合理地插入实测整体预拼装坐标系。

(5) 采用拟合方法，将构件实测模拟拼装模型与拼装工艺图的理论模型比对，得到分段构件和端口的加工误差以及构件间的连接误差。

(6) 统计分析相关数据记录，对于不符合规范允许公差和现场安装精度的分段构件或零件，修改校正后重新测量、拼装、比对，直至符合精度要求。

3. 虚拟预拼装的实体测量技术

(1) 无法一次性完成所有控制点测量时，可根据需要，设置多次转换测站点。转换测站点应保证所有测站点坐标在同一坐标系内。

(2) 现场测量地面难以保证绝对水平，每次转换测站点后，仪器高度可能会不一致，故设置仪器高度时应以周边某固定点高程作为参照。

(3) 同一构件上的控制点坐标值的测量应保证同一人在同一时段完成，以保证测量的准确性和精度。

(4) 所有控制点均取构件外轮廓控制点，如遇到端部有坡口的构件，控制点取坡口的下端，且测量时用的反光片中心位置应对准构件控制点。

(二) 技术指标

预拼装模拟模型与理论模型比对取得的几何误差应满足现行国家标准《钢结构工程施工规范》(GB 50755—2012)和《钢结构工程施工质量验收规范》(GB 50205—2001)以及实际工程使用的特殊需求。

无特殊需求情况下，结构构件预拼装主要允许偏差如下：

| | |
|---|---|
| 预拼装单元总长 | ±5.0 mm |
| 各楼层柱距 | ±4.0 mm |
| 相邻楼层梁与梁之间距离 | ±3.0 mm |
| 拱度(设计要求起拱) | ±1/5 000 |
| 各层间框架两对角线之差 | $H/2\,000$，且不应大于 5.0 mm |
| 任意两对角线之差 | $\sum H/2\,000$，且不应大于 8.0 mm |
| 接口错边 | 2.0 mm |
| 节点处杆件轴线错位 | 4.0 mm |

(三) 适用范围

各类建筑钢结构工程，特别适用于大型钢结构工程及复杂钢结构工程的预拼装验收。

(四) 工程案例

天津宝龙国际中心、天津宝龙城市广场、深圳平安金融中心、北京中国尊大厦等工程。

## 五、钢结构高效焊接技术

(一) 技术内容

当前钢结构制作安装施工中能有效提高焊接效率的技术有：① 焊接机器人技术；② 双(多)丝埋弧焊技术；③ 免清根焊接技术；④ 免开坡口熔透焊技术；⑤ 窄间隙焊接技术。

焊接机器人技术克服手工焊接受劳动强度、焊接速度等因素制约的缺点，可结合双(多)丝、免清根、免开坡口等技术，实现大电流、高速、低热输入的连续焊接，大幅提高焊接效率；双(多)丝埋弧焊技术熔敷量大，热输入小，速度快，焊接效率及质量提升明显；免清根焊接技术通过采用陶瓷衬垫和优化坡口形式(如U形坡口),省略掉碳弧气刨工序,缩短焊接时长,减少焊缝熔敷量,同时可避免渗碳对板材力学性能的影响;免开坡口熔透焊技术采用单丝可实现 $t \leqslant 12$ mm板厚熔透焊接,采用双(多)丝可实现 $t \leqslant 20$ mm板厚熔透焊接,免除坡口加工工序;窄间隙焊接技术剖口窄小,焊丝熔敷填充量小,相比常规坡口角度焊缝可减少1/2～2/3的焊丝熔敷量,焊接效率提高明显,焊材成本降低明显,效率提高和能源节省的效益明显。

(二) 技术指标

焊接工艺参数须按《钢结构焊接规范》(GB 50661—2011)规定,满足焊接工艺评定试验要求;承受静荷载结构的焊缝和需疲劳验算结构的焊缝,须按《钢结构焊接规范》(GB 50661—2011)分别进行焊缝外观质量检验和内部质量无损检测;焊缝超声波检测等级不低于B级,母材厚度超过100 mm时应进行双面双侧检验。

(三) 适用范围

所有钢结构工厂制作、现场安装的焊接。

(四) 工程案例

国家体育中心、深圳平安金融中心、天津117大厦、天津周大福金融中心、南京金鹰商业广场等工程。

## 六、钢结构滑移、顶(提)升施工技术

(一) 技术内容

滑移施工技术是在建筑物的一侧搭设一条施工平台,在建筑物两边或跨中铺设滑道,所有构件都在施工平台上组装,分条组装后用牵引设备向前牵引滑移(可用分条滑移或整体累积滑移)。结构整体安装完毕并滑移到位后,拆除滑道实现就位。滑移可分为结构直接滑移、结构和胎架一起滑移、胎架滑移等多种方式。牵引系统有卷扬机牵引、液压千斤顶牵引与顶推系统等。结构滑移设计时要对滑移工况进行受力性能验算,保证结构的杆件内力与变形符合规范和设计要求。

整体顶(提)升施工技术是一项成熟的钢结构与大型设备安装技术,它集机械、液压、计算机控制、传感器监测等技术于一体,解决了传统吊装工艺和大型起重机械在起重高度、起重量、结构面积、作业场地等方面无法克服的难题。顶(提)升方案的确定,必须同时考虑承载结构(永久的或临时的)和被顶(提)升钢结构或设备本身的强度、刚度和稳定性。要进行施工状态下结构整体受力性能验算,并计算各顶(提)点的作用力,配备顶升或提升千斤顶。对于施工支架或下部结构及地基基础应验算承载能力与整体稳定性,保证在最不利工况下足够的安全性。施工时各作用点的不同步值应通过计算合理选取。

顶(提)升方式选择的原则,一是力求降低承载结构的高度,保证其稳定性;二是确保被顶(提)升钢结构或设备在顶(提)升中的稳定性和就位安全性。确定顶(提)升点的数量与位置的基本原则是:首先保证被顶(提)升钢结构或设备在顶(提)升过程中的稳定性;在确保安全和质量的前提下,尽量减少顶(提)升点数量;顶(提)升设备本身承载能力符合设计要求。顶(提)升设备选择的原则是:能满足顶(提)升中的受力要求,结构紧凑、坚固耐用、维修方便、满足功能需要[如行程、顶(提)升速度、安全保护等]。

(二) 技术指标

滑移牵引力计算，当钢与钢面滑动摩擦时，摩擦系数取0.12～0.15；当滚动摩擦时，滚动轴处摩擦系数取0.1；当不锈钢与四氟聚乙烯板之间的滑靴摩擦时，摩擦系数取0.08。

整体顶(提)升方案要做施工状态下结构整体受力性能验算，依据计算所得各顶(提)点的作用力配备千斤顶；提升用钢绞线安全系数，上拔式提升时应大于3.5，爬升式提升时应大于5.5。正式提升前的试提升需悬停静置12 h以上并测量结构变形情况，相邻两提升点位移高差不超过2 cm。

(三) 适用范围

滑移施工技术适用于大跨度网架结构、平面立体桁架(包括曲面桁架)及平面形式为矩形的钢结构屋盖的安装施工、特殊地理位置的钢结构桥梁，特别是由于现场条件的限制，吊车无法直接安装的结构。

整体顶(提)升施工技术适用于体育场馆、剧院、飞机库、钢连桥(廊)等具有地面拼装条件，又有较好的周边支承条件的大跨度屋盖钢结构，电视塔、超高层钢桅杆、天线、电站锅炉等超高构件，大型龙门起重机主梁、锅炉等大型设备等。

(四) 工程案例

昆明新机场航站楼，武汉火车站中央站房，北京华能大厦，天津嘉里中心酒店，哈尔滨万达茂滑雪乐园，成都双流国际机场T2航站楼。

鄂尔多斯东胜体育中心(2 608 t)，海航美兰机场2号机库(2 000 t)，西安飞机工业(集团)有限责任公司369号厂房(1 967 t)，武汉国际博览中心洲际酒店(1 500 t)，上海金虹桥国际中心(1 700 t)，西藏会展中心(1 250 t)，河南建设大厦(1 440 t)，天津和平中心桅杆。

## 七、钢结构防腐防火技术

(一) 技术内容

(1) 防腐涂料涂装

在涂装前，必须对钢构件表面进行除锈。除锈方法应符合设计要求或根据所用涂层类型的需要确定，并达到设计规定的除锈等级。常用的除锈方法有喷射除锈、抛射除锈、手工和动力工具除锈等。涂料的配置应按涂料使用说明书的规定执行，当天使用的涂料应当天配置，不得随意添加稀释剂。涂装施工可采用刷涂、滚涂、空气喷涂和高压无气喷涂等方法。宜在温度、湿度合适的封闭环境下，根据被涂物体的大小、涂料品种及设计要求，选择合适的涂装方法。构件在工厂加工涂装完毕，现场安装后，针对节点区域及损伤区域需进行二次涂装。

近年来，水性无机富锌漆凭借优良的防腐性能，外加耐光耐热好、使用寿命长等特点，常用于对环境和条件要求苛刻的钢结构领域。

(2) 防火涂料涂装

防火涂料分为薄涂型和厚涂型两种，薄涂型防火涂料通过遇火灾后涂料受热材料膨胀延缓钢材升温，厚涂型防火涂料通过防火材料吸热延缓钢材升温，根据工程情况选取使用。

薄涂型防火涂料的底涂层(或主涂层)宜采用重力式喷枪喷涂，其压力约为0.4 MPa。局部修补和小面积施工，可用手工涂抹。面涂层装饰涂料可刷涂、喷涂或滚涂。双组分薄涂型涂料，现场应按说明书规定调配；单组分薄涂型涂料应充分搅拌。喷涂后，不应发生流淌和下坠。

厚涂型防火涂料宜采用压送式喷涂机喷涂，空气压力为 0.4～0.6 MPa，喷枪口直径宜为 6～10 mm。配料时应严格按配合比加料和稀释剂，并使稠度适宜，当班使用的涂料应当班配制。厚涂型防火涂料施工时应分遍喷涂，每遍喷涂厚度宜为 5～10 mm，必须在前一遍基本干燥或固化后，再喷涂下一遍，涂层保护方式、喷涂遍数与涂层厚度应根据施工方案确定。操作者应用测厚仪随时检测涂层厚度，80％及以上面积的涂层总厚度应符合有关耐火极限的设计要求，且最薄处厚度不应低于设计要求的 85％。

钢结构防火涂层不应有误涂、漏涂，涂层应闭合，无脱层、空鼓、明显凹陷、粉化松散和浮浆等外观缺陷，乳突已剔出；保护裸露钢结构及露天钢结构的防火涂层的外观应平整，颜色装饰应符合设计要求。

(二) 技术指标

(1) 防腐涂料涂装技术指标

防腐涂料中环境污染物的含量应符合《民用建筑工程室内环境污染控制规范》(GB 50325—2010)的规定和要求。涂装之前钢材表面除锈等级应符合设计要求，设计无要求时应符合《涂覆涂料前钢材表面处理 表面清洁度的目视评定 第 1 部分：未涂覆过的钢材表面和全面清除原有涂层后的钢材表面的锈蚀等级和处理等级》(GB/T 8923.1—2011)的规定。涂装施工环境的温度、湿度、基材温度要求，应根据产品使用说明确定，无明确要求的，宜按照环境温度 5～38 ℃，空气湿度小于 85％，基材表面温度高于露点 3 ℃以上的要求控制，雨、雪、雾、大风等恶劣天气严禁户外涂装。涂装遍数、涂层厚度应符合设计要求，当设计对涂层厚度无要求时，涂层干漆膜总厚度：室外应为 150 μm，室内应为 125 μm，允许偏差为 −25 μm。每遍涂层干膜厚度的允许偏差为 −5 μm。

当钢结构处在有腐蚀介质或露天环境且设计有要求时，应进行涂层附着力测试，可按照现行国家标准《漆膜附着力测定法》(GB 1720—1979)或《色漆和清漆 漆膜的划格试验》(GB/T 9286—1998)执行。在检测范围内，涂层完整程度达到 70％以上即为合格。

(2) 防火涂料涂装技术指标

钢结构防火涂料的性能、涂层厚度及质量要求应符合现行国家标准《钢结构防火涂料》(GB 14907—2018)和《钢结构防火涂料应用技术规范》(CECS 24—1990)的规定和设计要求，防火材料中环境污染物的含量应符合现行国家标准《民用建筑工程室内环境污染控制规范》(GB 50325—2010)的规定和要求。

钢结构防火涂料生产厂家必须有防火监督部门核发的生产许可证。防火涂料应通过国家检测机构检测合格。产品必须具有国家检测机构的耐火极限检测报告和理化性能检测报告，并应附有涂料品种、名称、技术性能、制造批量、贮存期限和使用说明书。在施工前应复验防火涂料的黏结强度和抗压强度。防火涂料施工过程中和涂层干燥固化前，环境温度宜保持在 5～38 ℃，相对湿度不宜大于 90％，空气应流通。当风速大于 5 m/s，或雨天和构件表面有结露时，不宜作业。

(三) 适用范围

钢结构防腐涂装技术适用于各类建筑钢结构。

薄涂型防火涂料涂装技术适用于工业、民用建筑楼盖与屋盖钢结构；厚涂型防火涂料涂装技术适用于有装饰面层的民用建筑钢结构柱、梁。

（四）工程案例

广州东塔、无锡国金中心、武汉中心大厦、武汉机场 T3 航站楼、深圳平安金融中心、武汉国际博览中心等工程。

## 第二十节　绿色安装施工技术

### 一、施工现场太阳能、空气能利用技术

（一）施工现场太阳能光伏发电照明技术

1. 技术内容

施工现场太阳能光伏发电照明技术是利用太阳能电池组件将太阳光能直接转化为电能储存并用于施工现场照明系统的技术。其发电系统主要由光伏组件、控制器、蓄电池（组）和逆变器（当照明负载为直流电时，不使用）及照明负载等组成。

2. 技术指标

施工现场太阳能光伏发电照明技术中的照明灯具负载应为直流负载，灯具选用以工作电压为 12 V 的 LED 灯为主。生活区安装太阳能发电电池，保证道路照明使用率达到 90% 以上。

(1) 光伏组件：具有封装及内部联结的、能单独提供直流电输出、最小不可分割的太阳电池组合装置，又称太阳电池组件。太阳光充足日照好的地区，宜采用多晶硅太阳能电池；阴雨天比较多、阳光相对不是很充足的地区，宜采用单晶硅太阳能电池；其他新型太阳能电池，可根据太阳能电池发展趋势选用新型低成本太阳能电池。选用的太阳能电池输出的电压应比蓄电池的额定电压高 20%～30%，以保证蓄电池正常充电。

(2) 太阳能控制器：控制整个系统的工作状态，并对蓄电池起到过充电保护、过放电保护的作用；在温差较大的地方，应具备温度补偿和路灯控制功能。

(3) 蓄电池：一般为铅酸电池，小微型系统中，也可用镍氢电池、镍铬电池或锂电池。根据临建照明系统整体用电负荷数，选用适合容量的蓄电池，蓄电池额定工作电压通常选 12 V，容量为日负荷消耗量的 6 倍左右，可根据项目具体使用情况组成电池组。

3. 适用范围

施工现场临时照明，如路灯、加工棚照明、办公区廊灯、食堂照明、卫生间照明等。

4. 工程案例

北京地区清华附中凯文国际学校、长乐宝苑三期，浙江地区台州银泰城，安徽地区阜阳颖泉万达，湖南地区长沙明昇壹城，山东地区青岛北客运站等工程。

（二）太阳能热水应用技术

1. 技术内容

太阳能热水技术是利用太阳光将水加热的装置。太阳能热水器分为真空管式太阳能热水器和平板式太阳能热水器，真空管式太阳能热水器占据国内 95% 的市场份额。太阳能光热发电比光伏发电的太阳能转化效率高，它由集热部件（真空管式为真空集热管，平板式为平板集热器）、保温水箱、支架、连接管道、控制部件等组成。

2. 技术指标

（1）太阳能热水技术系统由集热器外壳、水箱内胆、水箱外壳、控制器、水泵和内循环系统等组成。常见太阳能热水器安装技术参数如表 2-5 所列。

（2）太阳能集热器相对储水箱的位置应使循环管路尽可能短；集热器面向正南或正南偏西 5°，条件不允许时可正南±30°；平板型、竖插式真空管太阳能集热器安装倾角需根据工程所在地区纬度调整，一般情况下安装角度等于当地纬度或当地纬度±10°；集热器应避免遮光物或前排集热器的遮挡，应尽量避免反射光对附近建筑物造成光污染。

（3）采购的太阳能热水器的热性能、耐压、电气强度、外观等检测项目，应依据《家用太阳能热水系统技术条件》(GB/T 19141—2011)标准要求。

（4）宜选用合理先进的控制系统，控制主机启停、水箱补水、用户用水等；系统用水箱和管道需做好保温防冻措施。

**表 2-5　太阳能热水器安装技术参数**

| 产品型号 | 水箱容积/t | 集热面积/m² | 集热管规格/mm | 集热管支数/支 | 适用人数 |
| --- | --- | --- | --- | --- | --- |
| DEJN-1 | 1 | 15 | ϕ47×1 500 | 120 | 20～25 |
| DEJN-2 | 2 | 30 | ϕ47×1 500 | 240 | 40～50 |
| DEJN-3 | 3 | 45 | ϕ47×1 500 | 360 | 60～70 |
| DEJN-4 | 4 | 60 | ϕ47×1 500 | 480 | 80～90 |
| DEJN-5 | 5 | 75 | ϕ47×1 500 | 600 | 100～120 |
| DEJN-6 | 6 | 90 | ϕ47×1 500 | 720 | 120～140 |
| DEJN-7 | 7 | 105 | ϕ47×1 500 | 840 | 140～160 |
| DEJN-8 | 8 | 120 | ϕ47×1 500 | 960 | 160～180 |
| DEJN-9 | 9 | 135 | ϕ47×1 500 | 1 080 | 180～200 |
| DEJN-10 | 10 | 150 | ϕ47×1 500 | 1 200 | 200～240 |
| DEJN-15 | 15 | 225 | ϕ47×1 500 | 1 800 | 300～360 |
| DEJN-20 | 20 | 300 | ϕ47×1 500 | 2 400 | 400～500 |
| DEJN-30 | 30 | 450 | ϕ47×1 500 | 3 600 | 600～700 |
| DEJN-40 | 40 | 600 | ϕ47×1 500 | 4 800 | 800～900 |
| DEJN-50 | 50 | 750 | ϕ47×1 500 | 6 000 | 1 000～1 100 |

注：因每人每次洗浴用水量不同，以上所标适用人数为参考洗浴人数，请购买时根据实际情况选择合适的型号安装。

3. 适用范围

适用于太阳能丰富地区的施工现场办公、生活区临时热水供应。

4. 工程案例

北京市海淀区苏家坨镇北安河定向安置房项目东区 12、22、25 及 31 地块工程，天津嘉海国际花园项目，成都天府新区成都片区直管区兴隆镇（保水村三组）、正兴镇（钓鱼嘴村四组）安置房建设项目等。

（三）空气能热水技术

1. 技术内容

空气能热水技术是运用热泵工作原理，吸收空气中的低能热量，经过中间介质的热交换，并压缩成高温气体，通过管道循环系统对水加热的技术。空气能热水器是采用制冷原理从空气中吸收热量来加热水的“热量搬运”装置，把一种沸点为零下十多摄氏度的制冷剂通到交换机中，制冷剂通过蒸发由液态变成气态从空气中吸收热量，再经过压缩机加压做工，制冷剂的温度就能骤升至 80～120 ℃，具有高效节能的特点，较常规电热水器的热效率高达 380%～600%，制造相同的热水量，比电辅助太阳能热水器利用能效高，耗电只有电热水器的 1/4。

2. 技术指标

(1) 空气能热水器利用空气能，不需要阳光，因此放在室内或室外均可，温度在零摄氏度以上，就可以 24 h 全天候承压运行。部分空气能(源)热泵热水器参数见表 2-6。

(2) 工程现场使用空气能热水器时，空气能热泵机组应尽可能布置在室外，进风和排风应通畅，避免造成气流短路。机组间的距离应保持在 2 m 以上，机组与主体建筑或临时建筑墙体(封闭遮挡类墙面或构件)间的距离应保持在 3 m 以上；另外为避免排风短路，在机组上部不应设置挡雨棚之类的遮挡物；如果机组必须布置在室内，应采取提高风机静压的办法，接风管将排风排至室外。

(3) 宜选用合理先进的控制系统，控制主机启停、水箱补水、用户用水以及其他辅助热源切入与退出；系统用水箱和管道需做好保温防冻措施。

**表 2-6　部分空气能(源)热泵热水器参数**

| 机组型号 | 2P | 3P | | 5P | 10P |
|---|---|---|---|---|---|
| 额定制热量/kW | 6.79 | 8.87 | 8.87 | 14.97 | 30 |
| 额定输入功率/kW | 1.96 | 2.88 | 2.83 | 4.67 | 9.34 |
| 最大输入功率/kW | 2.5 | 3.6 | 3.8 | 6.4 | 12.8 |
| 额定电流/A | 9.1 | 14.4 | 5.1 | 8.4 | 16.8 |
| 最大输入电流/A | 11.4 | 16.2 | 7.1 | 12 | 20 |
| 电源电压/V | 220 | | 380 | | |
| 循环泵扬程/m | 3.5 | 5 | 5 | 5 | 7.5 |
| 水泵输出功率/W | 40 | 100 | 100 | 125 | 250 |
| 产水量(20～55 ℃)/(L/h) | 150 | 300 | 300 | 400 | 800 |
| COP 值(性能系数) | 2～5.5 | | | | |
| 水管接头规格 | DN20 | DN25 | DN25 | DN25 | DN32 |
| 环境温度要求 | −5～40 ℃ | | | | |
| 运行噪声/dB(A) | ＜50 | ＜55 | ＜55 | ＜60 | ＜60 |
| 选配热水箱容积/t | 1～1.5 | 2～2.5 | 2～2.5 | 3～4 | 5～8 |

3. 适用范围

适用于施工现场办公、生活区临时热水供应。

4. 工程案例

北京清华附中凯文国际学校项目、天津嘉海国际花园项目、成都正兴镇(钓鱼嘴村四组)安置房建设项目、浙江台州银泰城项目等。

## 二、施工扬尘控制技术

### （一）技术内容

包括施工现场道路、塔吊、脚手架等部位自动喷淋降尘和雾炮降尘技术、施工现场车辆自动冲洗技术。

(1) 自动喷淋降尘系统由蓄水系统、自动控制系统、语音报警系统、变频水泵、主管、三通阀、支管、微雾喷头连接而成，主要安装在临时施工道路、脚手架等上。

塔吊自动喷淋降尘系统是指在塔吊安装完成后通过塔吊旋转臂安装的喷水设施，用于塔臂覆盖范围内的降尘、混凝土养护等。喷淋系统由加压泵、塔吊、喷淋主管、万向旋转接头、喷淋头、卡扣、扬尘监测设备、视频监控设备等组成。

(2) 雾炮降尘系统主要有电机、高压风机、水平旋转装置、仰角控制装置、导流筒、雾化喷嘴、高压泵、储水箱等装置，其特点为风力强劲、射程高(远)、穿透性好，可以实现精量喷雾，雾粒细小，能快速降尘，工作效率高，覆盖面积大。

(3) 施工现场车辆自动冲洗系统由供水系统、循环用水处理系统、冲洗系统、承重系统和自动控制系统组成，采用红外、位置传感器启动自动清洗及运行指示的智能化控制技术。水池采用四级沉淀、分离，处理水质，确保水循环使用；清洗系统由冲洗槽、两侧挡板、高压喷嘴装置、控制装置和沉淀循环水池组成；喷嘴沿多个方向布置，无死角。

### （二）技术指标

扬尘控制指标应符合现行国家标准《建筑工程绿色施工规范》(GB/T 50905—2014)中的相关要求。

地基与基础工程施工阶段施工现场 PM10 平均浓度不宜大于 150 $\mu g/m^3$ 或工程所在区域的 PM10 平均浓度的 120%；结构工程及装饰装修与机电安装工程施工阶段施工现场 PM10 平均浓度不宜大于 60 $\mu g/m^3$ 或工程所在区域的 PM10 平均浓度的 120%。

### （三）适用范围

适用于所有工业与民用建筑的施工工地。

### （四）工程案例

深圳海上世界双玺花园工程、北京金域国际工程、重庆环球金融中心项目、成都 IFS 国金中心项目等。

## 三、施工噪声控制技术

### （一）技术内容

通过选用低噪声设备、先进施工工艺或采用隔声屏、隔声罩等措施有效降低施工现场及施工过程噪声的控制技术。

(1) 隔声屏是通过遮挡和吸声减少噪声的排放。隔声屏主要由基础、立柱和隔声屏板几部分组成。基础可以单独设计也可在道路设计时一并设计在道路附属设施上；立柱可以通过预埋螺栓、植筋与焊接等方法，将立柱上的底法兰与基础连接牢靠；声屏障立板可以通过专用高强度弹簧、螺栓及角钢等将其固定于立柱槽口内，形成声屏障。隔声屏可模块化生产，装配式施工，选择多种色彩和造型进行组合、搭配，以保持与周围环境协调。

(2) 隔声罩是把噪声较大的机械设备(搅拌机、混凝土输送泵、电锯等)封闭起来，有效地阻隔噪声的外传。隔声罩外壳由一层不透气的具有一定重量和刚性的金属材料制成，一般用 2～3 mm 厚的钢板，铺上一层阻尼层，阻尼层常用沥青阻尼胶浸透的纤维织物或纤维材料，外壳也可以用木板或塑料板制作，轻型隔声结构可用铝板制作。要求高的隔声罩可做成双层壳，内层较外层薄一些；两层的间距一般是 6～10 mm，填以多孔吸声材料。罩的内侧附加吸声材料，以吸收声音并减弱空腔内的噪声。要减少罩内混响声和防止固体声的传递；尽可能减少在罩壁上开孔，对于必须开孔的，开口面积应尽量小；在罩壁的构件相接处的缝隙，要采取密封措施，以减少漏声；由于罩内声源机器设备的散热，可能导致罩内温度升高，对此应采取适当的通风散热措施。要考虑声源机器设备操作、维修方便的要求。

(3) 应设置封闭的木工用房，以有效降低电锯加工时噪声对施工现场的影响。

(4) 施工现场应优先选用低噪声机械设备，优先选用能够减少或避免噪声的先进施工工艺。

(二) 技术指标

施工现场噪声应符合现行国家标准《建筑施工场界环境噪声排放标准》(GB 12523—2011)的规定，昼间≤70 dB (A)，夜间≤55 dB (A)。

(三) 适用范围

适用于工业与民用建筑工程施工。

(四) 工程案例

上海市轨道交通 9 号线二期港汇广场站项目、人民路越江隧道工程、闸北区 312 街坊 33 丘地块商办项目，北京地铁 14 号线 08 标段项目等。

## 四、绿色施工在线监测评价技术

(一) 技术内容

绿色施工在线监测及量化评价技术是根据绿色施工评价标准，通过在施工现场安装智能仪表并借助 GPRS 通信和计算机软件技术，随时随地以数字化的方式对施工现场能耗、水耗、施工噪声、施工扬尘、大型施工设备安全运行状况等各项绿色施工指标数据进行实时监测、记录、统计、分析、评价和预警的监测系统和评价体系。

绿色施工涉及管理、技术、材料、工艺、装备等多个方面。根据绿色施工现场的特点以及施工流程，在确保施工各项目都能得到监测的前提下，绿色施工监测内容应尽可能全面，用最小的成本获得最大限度的绿色施工数据。绿色施工在线监测对象应包括但不限于图 2-9 所示内容。

监测及量化评价系统构成以传感器为监测基础，以无线数据传输技术为通信手段，包括现场监测子系统、数据中心和数据分析处理子系统。现场监测子系统由分布在各个监测点的智能传感器和 HCC 可编程通信处理器组成监测节点，利用无线通信方式进行数据的转发和传输，达到实时监测施工用电、用水，施工产生的噪声和粉尘，风速、风向等数据。数据中心负责接收数据和初步的处理、存储，数据分析处理子系统则将初步处理的数据进行量化评价和预警，并依据授权发布处理数据。

(二) 技术指标

(1) 绿色施工在线监测及评价内容包括数据记录、分析及量化评价和预警。

(2) 应符合现行国家标准《建筑施工场界环境噪声排放标准》(GB 12523—2011)、《污水

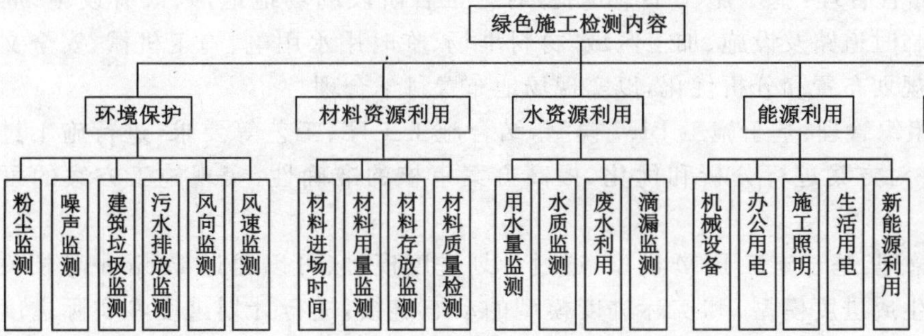


图 2-9　绿色施工在线监测对象内容框架

综合排放标准》(GB 8978—1996)、《生活饮用水卫生标准》(GB 5749—2006);建筑垃圾产生量每万平方米应不高于 350 t。施工现场扬尘监测主要为 PM2.5、PM10 的控制监测,PM10 不超过所在区域的 120%。

(3) 受风力影响较大的施工工序场地、机械设备(如塔吊)处风向、风速监测仪安装率宜达到 100%。

(4) 现场施工照明、办公区需安装高效节能灯具(如 LED 灯)、声光智能开关,安装覆盖率宜达到 100%。

(5) 对于危险性较大的施工工序,远程监控安装率宜达到 100%。

(6) 材料进场时间、用量、验收情况实时录入监测系统,保证远程实时接收监测结果。

(三) 适用范围

适用于规模较大及科技、质量示范类项目的施工现场。

(四) 工程案例

天津周大福金融中心项目,郑州泉舜项目、中部大观项目,蚌埠国购广场项目等。

## 第二十一节　安装工程信息化技术

### 一、基于 BIM 的现场施工管理信息技术

基于 BIM 的现场施工管理信息技术是指利用 BIM 技术,并借助移动互联网技术实现施工现场可视化、虚拟化的协同管理。

在施工阶段结合施工工艺及现场管理需求对设计阶段施工图模型进行信息添加、更新和完善,以得到满足施工需求的施工模型。

依托标准化项目管理流程,结合移动应用技术,通过基于施工模型的深化设计,以及场地布置、施工组织、进度、材料、设备、质量、安全、竣工验收等管理应用,实现施工现场信息高效传递和实时共享,提高施工管理水平。

(一) 技术内容

(1) 深化设计:基于施工 BIM 模型结合施工操作规范与施工工艺,进行建筑、结构、机电设备等专业的综合碰撞检查,解决各专业碰撞问题,完成施工优化设计,完善施工模型,提升施工各专业的合理性、准确性和可校核性。

（2）场地布置管理：基于施工 BIM 模型对施工各阶段的场地地形、既有设施、周边环境、施工区域、临时道路及设施、加工区域、材料堆场、临时用水用电、施工机械、安全文明施工设施等进行规划布置和分析优化，以实现场地布置科学合理。

（3）施工组织管理：基于施工 BIM 模型，结合施工工序、工艺等要求，进行施工过程的可视化模拟，并对方案进行分析和优化，提高方案审核的准确性，实现施工方案的可视化交底。

（4）进度管理：基于施工 BIM 模型，通过计划进度模型（可以通过 Project 等相关软件编制进度文件生成进度模型）和实际进度模型的动态链接，进行计划进度和实际进度的对比，找出差异，分析原因，BIM 4D 进度管理可直观地实现对项目进度的虚拟控制与优化。

（5）材料、设备管理：基于施工 BIM 模型，可动态分配各种施工资源和设备，输出相应的材料、设备需求信息，并与材料、设备实际消耗信息进行比对，实现施工过程中材料、设备的有效控制。

（6）质量、安全管理：基于施工 BIM 模型，对工程质量、安全关键控制点进行模拟仿真以及方案优化。利用移动设备对现场工程质量、安全进行检查与验收，实现质量、安全管理的动态跟踪与记录。

（7）竣工管理：基于施工 BIM 模型，将竣工验收信息添加到模型，并按照竣工要求进行修正，进而形成竣工 BIM 模型，作为竣工资料的重要参考依据。

（二）技术指标

（1）基于 BIM 技术，在设计模型基础上结合施工工艺及现场管理需求进行深化设计和调整，形成施工 BIM 模型，实现 BIM 模型在设计与施工阶段的无缝衔接。

（2）运用的 BIM 技术应具备可视化、可模拟、可协调等能力，实现施工模型与施工阶段实际数据的关联，进行建筑、结构、机电设备等各专业在施工阶段的综合碰撞检查、分析和模拟。

（3）采用的 BIM 施工现场管理平台应具备角色管控、分级授权、流程管理、数据管理、模型展示等功能。

（4）通过物联网技术自动采集施工现场实际进度的相关信息，实现与项目计划进度的虚拟比对。

（5）利用移动设备，可即时采集图片、视频信息，并能自动上传到 BIM 施工现场管理平台，责任人员在移动端即时得到整改通知、整改回复的提醒，实现质量管理任务在线分配、处理过程及时跟踪的闭环管理等的要求。

（6）运用 BIM 技术，实现危险源的可视标记、定位、查询分析。对安全围栏、标识牌、遮拦网等需要进行安全防护和警示的地方在模型中进行标记，提醒现场施工人员安全施工。

（7）应具备与其他系统进行集成的能力。

（三）适用范围

适用于建筑工程项目施工阶段的深化、场地布置、施工组织、进度、材料、设备、质量、安全等业务管理环节的现场协同动态管理。

（四）工程案例

湖北武汉绿地中心项目，北京中国建筑科学研究院科研楼项目，云南昆明润城第二大道项目，越南越中友谊宫项目，北京通州行政副中心项目，广东东莞国贸中心项目，北京首都医科大学附属北京天坛医院项目，广东深圳腾讯滨海大厦工程，广东深圳平安金融中心项目，北京中国卫星通信大厦项目，天津117大厦项目，山西晋中矿山综合治理技术研究中心等。

## 二、基于大数据的项目成本分析与控制信息技术

基于大数据的项目成本分析与控制信息技术，是利用项目成本管理信息化和大数据技术更科学和有效地提升工程项目成本管理水平和管控能力的技术。通过建立大数据分析模型，充分利用项目成本管理信息系统积累的海量业务数据，按业务板块、地区、重大工程等维度进行分类、汇总，对"工、料、机"等核心成本要素进行分析，挖掘出关键成本管控指标并利用其进行成本控制，从而实现工程项目成本管理的过程管控和风险预警。

### （一）技术内容

#### 1. 项目成本管理信息化主要技术内容

（1）项目成本管理信息化技术是要建设包含收入管理、成本管理、资金管理和报表分析等功能模块的项目成本管理信息系统。

（2）收入管理模块应包括业主合同、验工计价、完成产值和变更索赔管理等功能，实现业主合同收入、验工收入、实际完成产值和变更索赔收入等数据的采集。

（3）成本管理模块应包括价格库、责任成本预算、劳务分包、专业分包、机械设备、物资管理、其他成本和现场经费管理等功能，具有按总控数量对"工、料、机"的业务发生数量进行限制，按各机构、片区和项目限价对"工、料、机"采购价格进行管控的能力，能够编制预算成本和采集劳务、物资、机械、其他、现场经费等实际成本数据。

（4）资金管理模块应包括债务支付集中审批、支付比例变更、财务凭证管理等功能，具有对项目部资金支付的金额和对象进行管控的能力，实现应付和实付资金数据的采集。

（5）报表分析应包括"工、料、机"等各类业务台账和常规业务报表，并具备对劳务、物资、机械和周转料的核算功能，能够实时反映施工项目的总体经营状态。

#### 2. 成本业务大数据分析技术的主要技术内容

（1）建立项目成本关键指标关联分析模型。

（2）实现对"工、料、机"等工程项目成本业务数据按业务板块、地理区域、组织架构和重大工程项目等分类的汇总和对比分析，找出工程项目成本管理的薄弱环节。

（3）实现工程项目成本管理价格、数量、变更索赔等关键要素的趋势分析和预警。

（4）采用数据挖掘技术形成成本管理的"量、价、费"等关键指标，通过对关键指标的控制，实现成本的过程管控和风险预警。

（5）应具备与其他系统进行集成的能力。

### （二）技术指标

（1）采用大数据采集技术，建立项目成本数据采集模型，收集成本管理系统中存储的海量成本业务数据。

（2）采用数据挖掘技术，建立价格指标关联分析模型，以地区、业务板块和业务发生时点为主要维度，结合政策调整、价格变化等相关社会经济指标，对劳务、物资和机械等成本价格进行挖掘，提取适合各项目的劳务分包单价、物资采购价格、机械租赁单价等数据，并输出到成本管理系统中作为项目成本的控制指标。

（3）采用可视化分析技术，建立项目成本分析模型，从收入与产值、预算成本与实际成

本、预计利润与实际利润等多个角度对项目成本进行对比分析，对成本指标进行趋势分析和预警。

(4) 采用分布式系统架构设计，降低并发量，提高系统可用性和稳定性。采用 B/S 和 C/S模式相结合的技术，Web 端实现业务单据的流转审批，使用离线客户端实现数据的便捷、快速处理。

(5) 通过系统的权限控制体系限定用户的操作权限和可访问的对象。系统应具备身份鉴别、访问控制、会话安全、数据安全、资源控制、日志与审计等功能，防止信息在传输过程中被抓包窜改。

(三) 适用范围

适用于加强项目成本管控的工程建设项目。

(四) 工程案例

四川成都博览城项目，山东济南世茂天城项目，山东济南中铁诺德名城二期项目，湖北襄阳新天地房建项目等工程项目。

## 三、基于云计算的电子商务采购技术

基于云计算的电子商务采购技术是指通过云计算技术与电子商务模式的结合，搭建基于云服务的电子商务采购平台，针对工程项目的采购寻源业务，统一采购资源，实现企业集约化、电子化采购，创新工程采购的商业模式。平台功能主要包括：采购计划管理、互联网采购寻源、材料电子商城、订单送货管理、供应商管理、采购数据中心等。通过平台应用，可聚合项目采购需求，优化采购流程，提高采购效率，降低工程采购成本，实现阳光采购，提高企业经济效益。

(一) 技术内容

(1) 采购计划管理：系统可根据各项目提交的采购计划，实现自动统计和汇总，下发形成采购任务。

(2) 互联网采购寻源：采购方可通过聚合多项目采购需求，自动发布需求公告，并获取多家报价进行优选，供应商可进行在线报名响应。

(3) 材料电子商城：采购方可以针对项目大宗材料、设备进行分类查询，并直接下单。供应商可通过移动终端设备获取订单信息，进行供货。

(4) 订单送货管理：供应商可根据物资送货要求，进行物流发货，并可以通过移动端记录物流情况。采购方可通过移动端实时查询到货情况。

(5) 供应商管理：提供合格供应商的审核和注册功能，并对企业基本信息、产品信息及价格信息进行维护。采购方可根据供货行为对供应商进行评价，形成供应商评价记录。

(6) 采购数据中心：提供材料设备基本信息库、市场价格信息库、供应商评价信息库等的查询服务。通过采购业务数据的积累，对以上各信息库进行实时自动更新。

(二) 技术指标

(1) 通过搭建云基础服务平台，实现系统负载均衡、多机互备、数据同步及资源弹性调度等机制。

(2) 具备符合要求的安全认证、权限管理等功能，同时提供工作流引擎，实现流程的可配置化及与表单的可集成化。

(3) 应提供规范统一的材料设备分类与编码体系、供应商编码体系和供应商评价体系。

(4) 可通过统一信用代码校验及手机号码校验，确认企业及用户信息的一致性和真实性。云平台需通过数字签名系统验证用户登录信息，对用户账户信息及投标价格信息进行加密存储，通过系统日志自动记录采购行为，以提高系统安全性及法律保障。

(5) 应支持移动终端设备实现供应商查询、在线下单、采购订单跟踪查询等应用。

(6) 应实现与项目管理系统需求计划、采购合同的对接，以及与企业OA(办公自动化)系统的采购审批流程对接。还应提供与其他相关业务系统的标准数据接口。

(三) 适用范围

适用于建筑工程实施过程中的采购业务环节。

(四) 工程案例

上海迪士尼工程项目，陕西西安交通大学科技创新港科创基地项目，四川宜宾向家坝水电站工程，福建福清核电站3、4号机组工程，北京中铁鲁班商务网项目等。

## 四、基于互联网的项目多方协同管理技术

基于互联网的项目多方协同管理技术是以计算机支持协同工作(CSCW)理论为基础，以云计算、大数据、移动互联网和BIM等技术为支撑，构建的多方参与的协同工作信息化管理平台。通过工作任务协同管理、质量和安全协同管理、图档协同管理、项目成果物的在线移交和验收管理、在线沟通服务，解决项目图档混乱、数据管理标准不统一等问题，实现项目各参与方之间信息共享、实时沟通，提高项目多方协同管理水平。

(一) 技术内容

(1) 工作任务协同。在项目实施过程中，将总包方发布的任务清单及工作任务完成情况的统计分析结果实时分享给投资方、分包方、监理方等项目相关参与方，实现多参与方对项目施工任务的协同管理和实时监控。

(2) 质量和安全管理协同。能够实现总包方对质量、安全的动态管理和限期整改问题自动提醒。利用大数据进行缺陷事件分析，通过订阅和推送的方式为多参与方提供服务。

(3) 项目图档协同。项目各参与方基于统一的平台进行图档审批、修订、分发、借阅，施工图纸文件与相应BIM构件进行关联，实现可视化管理。对图档文件进行版本管理，项目相关人员通过移动终端设备可以随时随地查看最新的图档。

(4) 项目成果物的在线移交和验收。各参与方在项目设计、采购、实施、运营等阶段通过协同平台进行成果物的在线编辑、移交和验收，并自动归档。

(5) 在线沟通服务。利用即时通信工具，增强各参与方沟通能力。

(二) 技术指标

(1) 采用云模式及分布式架构部署协同管理平台，支持基于互联网的移动应用，实现项目文档快速上传和下载。

(2) 应具备即时通信功能，统一身份认证与访问控制体系，实现多组织、多用户的统一管理和权限控制，提供海量文档加密存储和管理能力。

(3) 针对工程项目的图纸、文档等进行图形、文字、声音、照片和视频的标注。

(4) 应提供流程管理服务，符合业务流程建模与标注(BPMN2.0)标准。

(5) 应提供任务编排功能，支持父子任务设计，方便逐级分解和分配任务，支持任务推

送和自动提醒。

(6) 应提供大数据分析功能，支持质量、安全缺陷事件的分析，防范质量、安全风险。

(7) 应具备与其他系统进行集成的能力。

(三) 适用范围

适用于工程项目多参与方的跨组织、跨地域、跨专业的协同管理。

(四) 工程案例

天津117大厦项目，湖北武汉绿地中心项目，重庆来福士广场项目，湖北武汉因特宜家项目，广东深圳华润深圳湾国际商业中心项目，太原山西行政学院综合教学楼项目等。

## 五、基于移动互联网的项目动态管理信息技术

基于移动互联网的项目动态管理信息技术是指综合运用移动互联网技术、全球卫星定位技术、视频监控技术、计算机网络技术，对施工现场的设备调度、计划管理、安全质量监控等环节进行信息即时采集、记录和共享，满足现场多方协同需要，通过数据的整合分析实现项目动态实时管理，规避项目过程各类风险。

(一) 技术内容

(1) 设备调度。运用移动互联网技术，通过对施工现场车辆运行轨迹、频率、卸点位置、物料类别等信息的采集，完成路径优化，实现智能调度管理。

(2) 计划管理。根据施工现场的实际情况，对施工任务进行细化分解，并监控任务进度完成情况，实现工作任务合理在线分配及施工进度的控制与管理。

(3) 安全质量管理。利用移动终端设备，对质量、安全巡查中发现的质量问题和安全隐患进行影音数据采集和自动上传，整改通知、整改回复自动推送到责任人员，实现闭环管理。

(4) 数据管理。通过信息平台准确生成和汇总施工各阶段工程量、物资消耗等数据，实现数据自动归集、汇总、查询，为成本分析提供及时、准确的数据。

(二) 技术指标

(1) 应用移动互联网技术，实现在移动端对施工现场设备进行安全、高效的统一调配和管理。

(2) 结合LBS技术通过对移动轨迹采集和定位，实现移动端自动采集现场设备工作轨迹和工作状态。

(3) 建立协同工作平台，进行多专业数据共享，实现安全质量标准化管理。

(4) 具备与其他管理系统进行数据集成共享的功能。

(5) 系统应符合《计算机信息系统 安全保护等级划分准则》(GB 17859—1999)第二级的保护要求。

(三) 适用范围

适用于施工作业设备多、生产和指挥管理复杂、难度大的建设项目。

(四) 工程案例

贵州贵阳华润国际社区项目示范区总承包工程、吉林长春吉大医院、辽宁沈阳浦和新苑住宅楼项目、天津合纵科技(天津)生产基地项目、云南昆明润城第二大道项目、湖南张家界家居生活广场一期工程、山东淄博五洲国际家具博览城二期等。

## 六、基于物联网的工程总承包项目物资全过程监管技术

基于物联网的工程总承包项目物资全过程监管技术，是指利用信息化手段建立从工厂到现场的“仓到仓”全链条一体化物资、物流、物管体系。通过手持终端设备和物联网技术，实现集装卸、运输、仓储等整个物流供应链信息的一体化管控，实现项目物资、物流、物管的高效、科学、规范管理，解决传统模式下无法实时、准确地进行物流跟踪和动态分析的问题，从而提升工程总承包项目物资全过程监管水平。

（一）技术内容

(1) 建立工程总承包项目物资全过程监管平台，实现编码管理、终端扫描、报关审核、节点控制、现场信息监控等功能，同时支持单项目统计和多项目对比，为项目经理和决策者提供物资全过程监管支撑。

(2) 编码管理：以合同 BOQ（工程量清单）为基础，采用统一编码标准，包括设备 KKS（电厂标识系统）编码、部套编码、物资编码、箱件编码、工厂编号及图号编码，并自动生成可供物联网设备扫描的条形码，实现业务快速流转，减少人为差错。

(3) 终端扫描：在各个运输环节，通过手持智能终端设备，对条形码进行扫码，并上传至工程总承包项目物资全过程监管平台，通过物联网数据的自动采集，实现集装卸、运输、仓储等整个物流供应链信息共享。

(4) 报关审核：建立报关审核信息平台，完善企业物资海关编码库，适应新形势下海关无纸化报关要求，规避工程总承包项目物资货量大、发船批次多、清关延误等风险，保证各项出口物资的顺利通关。

(5) 节点控制：根据工程总承包计划设置物流运输时间控制节点，包括海外海运至发货港口、境内陆运至车站、报关通关、物资装船、海上运输、物资清关、陆地运输等，明确运输节点的起止时间，以便工程总承包项目物资全过程监管平台根据物联网扫码结果，动态分析偏差，进行预警。

(6) 现场信息监控：建立现场物资仓储平台，通过运输过程中物联网数据的更新，实时动态监管物资的发货、运输、集港、到货、验收等环节，以便现场合理安排项目进度计划，实现物资全过程闭环管理。

（二）技术指标

(1) 建立统一的工程总承包项目物资全过程监管平台，运用大数据分析、工作流和移动应用等技术，实现多项目管理，相关人员可通过手机随时获取信息，同时支持云部署、云存储模式，支持多方协同，业务上下贯通，逻辑上分管理策划层、业务标准化层、数据共享层三层结构。

(2) 采用定制移动终端，实现远距离（$>5$ m）条码扫描，监听手持设备扫描数据，通过超文本传输安全协议（HTTPS），使终端数据快速、直接、安全送达服务器，实现货物远距离快速清点和物流状态实时更新。

(3) 以条形码作为唯一身份编码形式，并将打印的条码贴至箱件，扫码时，系统自动进行校验，实现各运输环节箱件内物资的快速核对。

(4) 通过卫星定位技术和物联网条码技术，实现箱件位置的快速定位和箱件内物资的快速查找。

(5) 将规划好的推送逻辑、时机、目标置入系统，实时监听物联网数据获取状态并进行对比分析，满足触发条件，自动通过待办任务、邮件、微信、短信等形式推送给相关方，进行预警提醒，对未确认的提醒，可设定重复发送周期。

(6) 支持离线应用，可采用离线工具实现数据采集。在联网环境下，自动同步到服务器或者通过邮件发送给相关方进行导入。

(7) 具备与其他管理系统进行数据集成共享的功能。

(三) 适用范围

国内外工程总承包项目物资的物流、物管。

(四) 工程案例

内蒙古昇华新农村光伏小镇建设项目，沙特拉比格海水淡化厂区建设项目，新疆乌鲁木齐 2×1 100 MW 超超临界空冷机组项目，宁夏宁东 2×660 MW 燃机扩建项目，孟加拉国艾萨拉姆 2×600 MW 燃机项目等。

## 七、基于物联网的劳务管理信息技术

基于物联网的劳务管理信息技术是指利用物联网技术，集成各类智能终端设备，对建设项目现场劳务工人实现高效管理的综合信息化系统。系统能够实现实名制管理、考勤管理、安全教育管理、视频监控管理、工资监管、后勤管理以及基于业务的各类统计分析等，提高项目现场劳务用工管理能力、辅助提升政府对劳务用工的监管效率，保障劳务工人与企业利益。

(一) 技术内容

(1) 实名制管理。实现劳务工人进场实名登记、基础信息采集、通行授权、黑名单鉴别，人员年龄管控、人员合同登记、职业证书登记以及人员退场管理。

(2) 考勤管理。利用物联网终端门禁等设备，对劳务工人进出指定区域通行信息自动采集，统计考勤信息，能够对长期未进场人员进行授权自动失效和再次授权管理。

(3) 安全教育管理。能够记录劳务工人安全教育记录，在现场通行过程中对未参加安全教育人员限制通过。可以利用手机设备登记人员安全教育等信息，实现安全教育管理移动应用。

(4) 视频监控管理。能够对通行人员人像信息自动采集并与登记信息进行人工比对，能够及时查询采集记录；能实时监控各个通道的人员通行行为，并支持远程监控查看及视频监控资料存储。

(5) 工资监管。能够记录和存储劳务分包队伍劳务工人工资发放记录，且能对接银行系统实现工资发放流水的监控，保障工资支付到位。

(6) 后勤管理。能够对劳务工人进行住宿分配管理，且能够实现一卡通在项目的消费应用。

(7) 统计分析。能基于过程记录的基础数据，提供政府标准报表，实现劳务工人地域、年龄、工种、出勤数据等的统计分析，同时能够提供企业需要的各类格式报表定制。利用手机设备可以实现劳务工人信息查询、数据实时统计分析查询。

(二) 技术指标

(1) 应将劳务实名制信息化管理的各类物联网设备进行现场组网运行，并与互联网相连。

(2) 基于物联网的劳务管理系统,应具备符合要求的安全认证、权限管理、表单定制等功能。

(3) 系统应提供与物联网终端设备的数据接口,实现对身份证阅读器、视频监控设备、门禁设备、通行授权设备、工控机等设备的数据采集与控制。

(4) 门禁方式可采用IC卡闸机门禁、人脸或虹膜识别闸机门禁、二维码闸机门禁、RFID(射频识别)无障碍通行等。IC卡及读写设备要符合ISO/IEC 14443协议相关要求。RFID卡及读写设备应符合ISO 15693协议相关要求。单台人脸或虹膜识别设备最少支持存储1 000张人脸或虹膜信息;闸机通行不低于30人/min(采用人脸或虹膜生物识别通行不低于10人/min);如采用半高转闸和全高转闸,应设立安全疏散通道。

(5) 可对现场人员进出的项目划设区域进行授权管理,不同授权人员只能通行对应的区域。

(6) 门禁控制器应能记录进出场人员信息,统计进出场时间,并实时传输到云端服务器;应能支持断网工作,数据可在网络恢复以后及时上传;断电设备无法工作,但已采集记录数据可以保留30天。

(7) 能够进行统一的规则设置,可以实现对人员年龄超龄控制、黑名单管控规则、长期未进场人员控制、未接受安全教育人员控制,可以由企业统一设置,也可以由各项目灵活配置。

(8) 能及时(延时不超过3 min)统计项目劳务用工相关数据,企业可以实现多项目的统计分析。

(9) 能够通过移动终端设备实现人员信息查询、安全教育登记、查看统计分析数据、远程视频监控等实时应用。

(10) 具备与其他管理系统进行数据集成共享的功能。

(三) 适用范围

适用于加强施工现场劳务工人管理的项目。

(四) 工程案例

北京新机场项目,北京通州行政副中心项目,吉林长春龙嘉机场二期项目,河南郑州林湖美景项目,上海张江高科技园项目,山东济南翡翠华庭项目,陕西西安地电广场项目,广西南宁盛科城项目,太原山西行政学院综合教学楼项目等。

## 八、基于智能化的装配式建筑产品生产与施工管理信息技术

基于智能化的装配式建筑产品生产与施工管理信息技术,是在装配式建筑产品生产和施工过程中,应用BIM、物联网、云计算、工业互联网、移动互联网等信息化技术,实现装配式建筑的工厂化生产、装配化施工和信息化管理。通过对装配式建筑产品生产过程中的深化设计、材料管理、产品制造环节进行管控,以及对施工过程中的产品进场管理、现场堆场管理、施工预拼装管理环节进行管控,实现生产过程和施工过程的信息共享,确保生产环节的产品质量和施工环节的效率,提高装配式建筑产品生产和施工管理的水平。

(一) 技术内容

(1) 建立协同工作机制,明确协同工作流程和成果交付内容,并建立与之相适应的生产、施工全过程管理信息平台,实现跨部门、跨阶段的信息共享。

(2) 深化设计:依据设计图纸结合生产制造要求建立深化设计模型,并将模型交付给制造环节。

(3) 材料管理:利用物联网条码技术对物料进行统一标识,通过对材料"收、发、存、领、用、退"全过程的管理,实现可视化的仓储堆垛管理和多维度的质量追溯管理。

(4) 产品制造:统一人员、工序、设备等编码,按产品类型建立自动化生产线,对设备进行联网管理,能按工艺参数执行制造工艺,并反馈生产状态,实现生产状态的可视化管理。

(5) 产品进场管理:利用物联网条码技术可实现产品质量的全过程追溯,可在 BIM 模型当中按产品批次查看产品进场进度,实现可视化管理。

(6) 现场堆场管理:利用物联网条码技术对产品进行统一标识,合理利用现场堆场空间,实现产品堆垛管理的可视化。

(7) 施工预拼装管理:利用 BIM 技术对产品进行预拼装模拟,减少并纠正拼装误差,提高装配效率。

(二) 技术指标

(1) 管理信息平台能对深化设计、材料管理、生产工序的情况进行集中管控,能在施工环节中利用生产环节的相关信息对产品生产质量进行监管,并能通过施工预拼装管理提高施工装配效率。

(2) 在深化设计环节按照各专业(如预制混凝土、钢结构等)深化设计标准(要求)统一产品编码,采用专业深化设计软件开展深化设计工作,达到生产要求的设计深度,并向下游交付。

(3) 在材料管理环节按照各专业(如预制混凝土、钢结构等)物料分类标准(要求)统一物料编码。进行材料"收、发、存、领、用、退"全过程信息化管理,应用物联网条码、RFID 条码等技术绑定材料和仓库库位,采用扫描枪、手机等移动设备实现现场条码信息的采集,依据材料仓库仿真地图实现材料堆垛可视化管理,通过对材料的生产厂家、尺寸外观、规格型号等多维度信息的管理,实现质量控制的可追溯。

(4) 在产品制造环节按照各专业(如预制混凝土、钢结构等)生产标准(要求)统一人员、工序、设备等编码。制造厂应用工业互联网建立网络传输体系,能支持到工序层级的设备层面,实现自动化的生产制造。

(5) 采用 BIM 技术、计算机辅助工艺规划(CAPP)、工艺路线仿真等工具制作工艺文件,并能将工艺参数通过制造厂工业物联网体系传输给对应设备(如将切割程序传输给切割设备),各工序的生产状态可通过人员报工、条码扫描或设备自动采集等手段进行采集上传。

(6) 在产品进场管理环节应用物联网技术,采用扫描枪、手机等移动设备扫描产品条码、RFID 条码,将产品信息自动传输到管理信息平台,进行产品质量的可追溯管理。并可按照施工安装计划在 BIM 模型中直观查看各批次产品的进场状态,对项目进度进行管控。

(7) 在现场堆场管理环节应用物联网条码、RFID 条码等技术绑定产品信息和产品库位信息,采用扫描枪、手机等移动设备实现现场条码信息的采集,依据产品仓库仿真地图实现产品堆垛可视化管理,合理组织利用现场堆场空间。

(8) 在施工预拼装管理环节采用 BIM 技术对需要预拼装的产品进行虚拟预拼装分析,通过模型或者输出报表等方式查看拼装误差,在地面完成偏差调整,降低预拼装成本,提高装配效率。

(9) 可采取云部署的方式，提高信息资源的利用率，降低信息资源的使用成本。

(10) 应具备与相关信息系统集成的能力。

(三) 适用范围

适用于装配式建筑产品(如钢结构、预制混凝土、木结构等)生产过程中的深化设计、材料管理、产品制造环节，以及施工过程中的产品进场管理、现场堆场管理、施工预拼装管理环节。

(四) 工程案例

辽宁沈阳宝能环球金融中心项目，广东深圳会展中心项目、汉京项目，湖北武汉绿地中心项目，北京中国尊项目等。

# 第三章 大型设备与构件提升技术

## 第一节 机电工程设备大型化发展概述

随着国民经济的不断发展，我国机电安装、电力、石油化工和冶金建设规模不断扩大。为了追求更高效率和更高效益，整体吊装工程越来越普遍，对吊装技术和吊装设备的要求也越来越高。为此，国内吊装用起重设备由过去单一桅杆方式，逐步发展成为以高性能、更安全可靠的大型起重机为核心的吊装设备。国内吊装技术也由桅杆吊装方式发展到单机、多机等多样化吊装方式。各工程中的关键设备正在由重型向特重、特大型方向发展。

(1) 以机电安装为代表的钢结构重型设备。这类设备体积大、高度高、自重超大，吊装时既需要利用起重设备的起重能力，更需要最新技术支持，吊装难度大。例如：北京西客站主站房钢门楼整体提升，门楼长 45 m，宽 28.5 m，重 1 800 t；东方明珠广播电视塔顶部钢天线桅杆的整体安装，距地面高度 350 m，钢天线长 118 m，重 450 t；上海大剧院重 6 080 t 钢结构屋架的整体安装；北京的奥运鸟巢等。某造船厂 900 t 门式起重机安装，一般跨度在 208～230 m，宽度为 60～70 m，高度为 98～110 m，整体提升质量为 6 500～8 000 t(不含索具和辅助吊具质量)。

(2) 以大型发电用设备、核电站用穹顶等为代表的重型设备。这类设备体积大、壁薄，在吊装过程中易产生变形和失稳，吊装时要求有足够的水平作业空间和起重能力。例如，上海外高桥第三发电有限责任公司 7 号、8 号发电机组各有近 50 件超大件设备，其中：锅炉第一层横梁外形尺寸 2 900 cm×844 cm×120 cm，重 99 t，超长、最宽；汽机除氧器水箱外形尺寸 4 250 cm×430 cm×562 cm，重 220 t，最长、超宽、超高；汽机发电机定子外形尺寸1 165 cm×512 cm×492 cm，重 462 t，属超宽、超高、单件最重。此外，锅炉大板梁每根整体自重 330 t，主变压器重 211 t，高压加热器重 196 t，蒸汽机高压缸、中压缸分别重 128 t、200 t。秦山核电站中安全壳筒体钢衬里板材厚度 6 mm，直径 36～44 m，高 62.5 m，整体重 143～173 t。

(3) 以塔、器为代表的重型设备。这类设备直径大、高度高、自重大，吊装时既要求有作业空间，又要求起重设备有足够的起重能力，吊装难度大，如减压塔、反应器、再生器和丙烯精馏塔。例如，上海赛科 90 万 t 乙烯装置丙烯精馏塔，直径 7 m，高度 97 m，重 1 060 t；中海壳牌 80 万 t 乙烯装置丙烯精馏塔，直径 6.9 m，高度 94 m，重 1 240 t；独山子 200 万 t 蜡油加氢裂化装置的反应器，直径 4.0 m，高度 46.3 m，重 1 130 t。

(4) 以火炬、排气筒等为代表的高柔结构设备。这类设备长细比大，刚度小，结构稳定性差，在吊装过程中易产生变形和失稳，吊装时要求有垂直作业空间。例如，齐鲁石化 72 万 t乙烯技术改造工程塑料厂火炬系统改造工程，新建火炬标高 125.4 m，重 213.15 t。

(5) 冶金用重型设备。该类设备长宽高尺寸相当,如轧机牌坊。例如,武钢用于轧制中厚板的四辊轧机,两片牌坊,单片重约 238 t,外形尺寸为 11.7 m×4.5 m×1 m;宝钢 5 000 mm 级高刚性四辊可逆式轧机,外形尺寸为 15.28 m×4.7 m×2.2 m,重 397 t。

从上述关键工程设备可看出,吊装设备无论从体积还是自重,都在向大型化和超大型化发展,因此对吊装技术要求也越来越高。随着起重设备吊装能力的不断提高,整体吊装已逐渐应用于大型吊装项目中,并成为吊装技术的主要发展趋势。

## 第二节　吊装技术的分类

吊装技术按不同的视角可以有不同的分类。就吊装设备的功能和构造特点角度来看,吊装技术可分为轻小型吊装设备、起重设备、升降机、工作平台、机械式停车设备;就起重设备的吊装能力角度来看,吊装技术可分为分体吊装和整体吊装两大类。

### 一、分体吊装

受工作空间、场地及吊装能力限制,以往常采用分体吊装技术。例如化工、核电用塔器类,由于长度长、自重大,一般沿轴线方向进行分段吊装。分体吊装技术虽然解决了吊重和尺寸问题,但会附加吊装工艺和增加难度。分段吊装后,需要进行空中拼接组对。而空中拼接组对将延长吊装时间,而且大多需要工作人员完成组对,这种空中作业将会带来很大的安全隐患。此外,由于是分段吊装,设备本身在设计和制造时就要考虑吊装工艺,包括内部布局、局部加强等,相应地会增加设计工作难度与工作量。对于薄壳结构,如核电站用安全壳钢衬里穹顶,通常采用水平剖分或垂直剖分方式吊装,由于壁薄、刚度小,分段吊装时极易产生无法恢复的变形,因此吊点数量和吊点位置的选择非常重要,这也增加了吊装难度和吊装工艺。

### 二、整体吊装

整体吊装工艺相对简单,对吊装设备结构影响小,因此整体吊装成为当前吊装技术的重要发展趋势。随着科学技术的进步与推广应用,起重设备起重能力及起升高度、幅度得到了不断提高,也使大件整体吊装成为可能。例如:中石化集团购进的 1 250 t 履带起重机,是国内也是世界上屈指可数的超大型履带起重机,具有“吊车航母”称号。整体吊装中,塔器类设备一般需要翻转直立,因此多采用单机滑移法,即单台起重机作为主吊系统用于提升设备,使设备由平卧状态逐渐过渡到直立自由状态。与此同时,设备底部置于滑移装置上,滑移装置随设备的提升做水平移动,协助设备直立。如果设备自重过大,可采用双机或多机提升滑移法和抬吊滑移法。双机提升滑移法与单机提升滑移法工作原理相同,只不过是两台起重机同时作为主吊系统提升设备,为均衡起重机间受力,可采用平衡梁型式。设备底部仍采用滑移装置协助设备直立。双机抬吊滑移法是其中一台起重机作为主吊系统,另一台起重机起吊设备底部,称为溜尾起重机。吊装时,两台起重机提升设备离地,主吊起重机负责设备提升,溜尾起重机协助设备直立。

## 三、大型吊装设备的发展

为实现整体吊装，对吊装设备的起吊能力、作业空间、安全可靠性都有很高要求。如果是多机同时吊装，还需要具备协调控制能力。为此，大型吊装设备在吊装方面有很大的施展空间，也因此得以不断发展。当前大型吊装设备的主要发展趋势如下：

1. 超大型起重机

目前履带起重机最大吨位已超过 1 000 t，例如德国德马格公司的 CC12600 型起重量为 1 600 t，德国利勃海尔公司的 LR11200 型起重量为 1 000 t。轮式起重机主要包括全地面起重机、汽车起重机和越野轮胎起重机，其中全地面起重机的吨位居三者之首。受其伸缩臂结构自重和伸缩机构等限制，与履带起重机相比，轮式起重机起重吨位相对小些，但也接近千吨级。

超大型起重机的另一发展趋势是采用超起装置，并逐渐成为大型起重机的必备装置。超起装置主要从改善结构受力和增加配重两方面来提高起重能力：其一是增设超起臂架，以改善主臂架的受力，用于提高整机小幅度起重能力；另一是同时增设超起配重，用于提高由整机稳定性决定的大幅度起重能力。

轮式起重机在超起方面，由德国德马格公司推出了侧支撑超起装置（SSL），可为伸缩臂提供侧向支撑，特别是吊臂几乎处于垂直位置时，有效地提高了起重能力。

2. 扩大作业空间的新结构

为实现大起升高度和大幅度，主臂与副臂的组合方式被广泛采用。主臂与固定副臂、主臂与塔式副臂等组合已成为大型起重机的必备组合方式。除此以外，履带起重机又出现了新的臂架组合方式：副臂通过过渡节直接与主臂连接；副臂上连接副臂。其作业空间得到了有效扩大，作业范围可达到 200 m 以上。

轮式起重机受伸缩机构尺寸的限制，其臂架长度始终不能突破。由德国利勃海尔公司开发的单缸伸缩技术，大大减小了伸缩机构的尺寸，从而实现臂节数目的增加。目前其 LTM1500 型 500 t 起重机臂节达到 7 节，长度可达 84 m。

3. 日臻完善的自拆装技术

为了最大限度地缩短转场时间，简化拆装，减少辅助作业时间及对其他辅助起重设备的依赖，国外履带起重机都具有较强的自拆装功能。这给履带起重机带来了全新的生命力。自拆装系统是在充分利用主机已有构件功能的基础上，增设必要的部件和传动件而实现的，例如桅杆顶升油缸和配重顶升油缸等。对于大型起重机，需要拆解与安装的部件有配重、履带行走装置和臂架系统。

4. 自动化信息化的集成

液压传动是目前移动式起重机普遍采用的传动方式，其发展经历了早期简单的定量阀控系统、恒功率变量系统，到后来的按需求变量控制系统、负载传感系统，直到现在的微电子智能功率控制系统。而数据总线控制技术在起重机上的应用，将发动机控制、液压控制、安全监测监控和极限载荷限制集为一体，通过总线方式进行信息传递且控制，实现了控制上真正意义的自动化与智能化。同时借助图形化的显示屏显示起重机的所有信息，如系统状态、技术参数等，甚至可协助操作者进行故障诊断，显示故障原因、部位及处理方法。这种先进的控制系统显著提高了系统的可靠性、作业安全性、操作舒适性和工作效率。

5. 混合型起重机

混合型起重机集履带起重机起重能力、作业空间的优越性和轮式起重机机动灵活性于一体,具有广阔的应用前景,正逐渐扩大市场份额。国内履带起重机和轮式起重机的开发能力还处于中小吨位级别,在产品规模、吨位大小和可靠性方面与国外还有一定差距,但也在逐步消化吸收国外先进技术,向改善现有产品、占领国内中小吨位市场、开拓大型产品方向发展。轮式起重机方面,徐工集团和浦沅集团自行设计开发了 160 t 和 300 t 全地面起重机。

6. 液压提升设备

液压提升设备的主吊由大吨位液压千斤顶组成,比双桅杆或龙门桅杆系统技术更先进,其提升设备的能力可达万吨级,远远超出了常规起重设备的额定承载能力,常用于超重、超高、大跨度的构件安装。其主要工作特点:起重量基本不受限制、可同步控制和安全受控、可操作性好、吊装过程平稳。

## 第三节　大型石化装置吊装技术

### 一、工程简介

1. 200 万 t/a 蜡油加氢裂化装置

炼油工业的加氢裂化是指在一定的温度、压力和氢分压存在的条件下,通过催化剂的催化作用,对重质油进行加氢裂化反应以生产汽、煤、柴油等轻质油品。独山子 200 万 t/a 蜡油加氢裂化装置(以下简称加氢装置)安装是独山子石化分公司千万吨炼油及百万吨乙烯项目的重要工程之一,以减压蜡油、焦化蜡油为原料,生产加氢尾油(乙烯原料)及硫含量 $<10^{-5}$ 的优质柴油,副产轻烃气体、液化气和石脑油。该装置采用霍尼韦尔(Honeywell)UOP 公司提供的工艺包开展工程设计,由反应部分、分馏部分、压缩机部分及脱硫部分组成,其中反应部分采用单段一次通过加氢裂化流程操作,加氢裂化催化剂采用含少量分子筛的无定型催化剂。

2. 加氢裂化反应器

加氢裂化反应器(设备位号 R-101)(以下简称反应器)是加氢装置进行加氢裂化反应的核心设备,材质 2.25CrlMo0.25V,设计温度 436 ℃,设计压力 17.4 MPa,属高压反应容器(三类压力容器)。反应器内设 5 个床层及其内构件。

反应器外形尺寸:内径 4 000 mm,高度 46 406 mm,厚度 220 mm+6.5 mm,切线长度为 37 340 mm,设备净重 1 042.5 t,采用热壁锻焊结构。反应器结构简图如图 3-1 所示。

反应器分七段运输到现场,由制造厂商中国第一重型机械集团公司(简称一重)负责现场组对焊接、热处理、试压,由施工单位中国石油第一建设公司整体吊装。

### 二、吊装方案比较与策划

反应器是特重型设备,吊装难度很大,其吊装是该装置施工的重点和难点,因此制定科学合理的吊装施工方案十分重要。施工单位在制定吊装方案时获知的反应器的参数是:设备净重 1 130 t,规格尺寸内径 4 000 mm、高 46 300 mm,吊装高度(就位顶标高)约 48 m。

根据这个信息和该公司具有的大型吊装机具情况，形成了两套吊装初步方案：

(1) 双吊车抬吊(1 350 t履带吊车和750 t履带吊车联合主吊作业)，滑移溜尾机构配合吊装。

主吊部分：使用该公司现有的1 350 t履带吊车(LIEBHERR LR11350)和750 t履带吊车(LIEBHERR LR1750)双机抬吊。由于两台吊车吊装能力差距较大，因此采用不等臂平衡梁，使承载能力不同的吊车承担不同负荷，而对吊点力矩相同(750 t吊车力臂长负荷小，1 250 t吊车力臂短负荷大)，达到吊装力平衡的效果。尾部采用牵引钢排滑移溜尾的方法，解决尾部没有大型吊车承担抬送的困难。这个方案在该施工单位的另一类似工程的大型设备吊装中已经过论证并顺利实施。

但该方案在独山子加氢装置吊装施工中实施则有不便之处：一是反应器在工程开工后才能到货，现场组焊周期长，吊装时间相对较晚，而该装置设备过于紧凑，场地狭窄。采用该方案，吊装设备多(2台大型履带吊、1部大型钢排)，占用场地大，必然要影响装置其他工程的施工。二是不等臂平衡梁及其吊装系统、滑移溜尾的牵引钢排(1 000 t级)及滑道等设施制造和租借费用高。

(2) 采用该公司自行研制的2 400 t门式组合吊装系统(使用64 m高工况)主吊，750 t履带吊抬尾进行吊装。

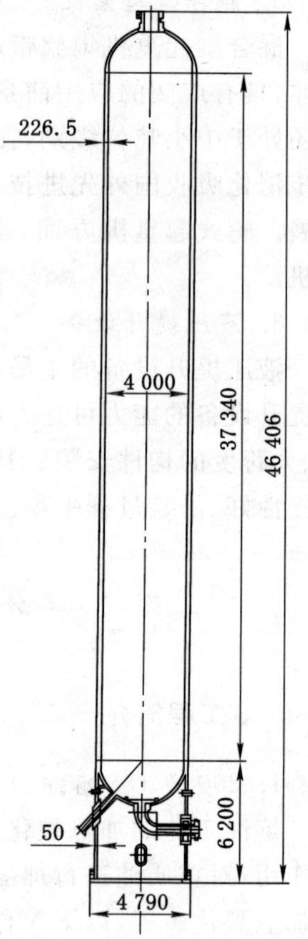

图3-1 反应器结构简图

该方案吊装工艺简单，经济性好。但独山子石化千万吨炼油项目多套炼油装置同时施工，装置布置紧凑，间距小，没有足够的场地设置缆风绳(需要在半径为100～110 m的圆周上布置地锚和缆风绳)，同时，2 400 t门式起重机提升系统的卷扬机、跑绳等也要占用大量场地，方案施行有较大难度。

两套方案均可行，但不是最好。

施工单位项目部对上述方案进行比较后，设想：如果能控制反应器的吊装质量在1 350 t履带吊车吊装能力的范围内，采用1 350 t吊车单机主吊，则方案可以大大简化。但反应器质量加上必要的吊装机、索具，已经接近或超过吊车的承载能力，难以确定减重的潜力(反应器自身的质量不能减)，方案风险较大。在反应器最终设计图纸确定反应器实际净重1 042.5 t后，项目部根据这一有利的关键数据，认为有足够减重的潜力，下决心最大限度减小吊装附属设施(机、索具等)质量，达到限制和减少反应器吊装质量，满足主吊车承载能力的目的。最终选择确定了第三方案：用一台1 350 t履带吊主吊、一台750 t履带吊抬尾的“单机滑移法”吊装方案。

## 三、方案设计

施工单位项目部集思广益，经过调研、核算，编制了反应器“单机滑移法”的吊装方案——“200万t/a蜡油加氢裂化装置加氢裂化反应器吊装施工方案”。该方案获得公司认可，并报监理单位和建设单位审批。

1. 反应器吊装质量的确定

(1) 减重方法

通过改变主吊吊点连接方式来减少主吊机和索具质量。

采用“单机滑移法”吊装重型反应器的顶部单吊点吊耳结构形式主要是顶板式吊耳，亦称吊盖。吊盖通过连接吊耳（亦称吊梁或转向机构），用无接头钢丝绳圈（2个）与主吊吊车吊钩连接。

若采用拉板连接方式，由拉板将吊盖和主吊车吊钩连接，替代连接吊耳和无接头钢丝绳圈，连接方式如图 3-2 所示。

拉板质量较小，可减少主吊机、索具质量。该次吊装设计制作了 1 200 t 级、设计质量 6.3 t 的拉板，并比采用连接吊耳加无接头钢丝绳圈的连接形式减质量超过 18 t。

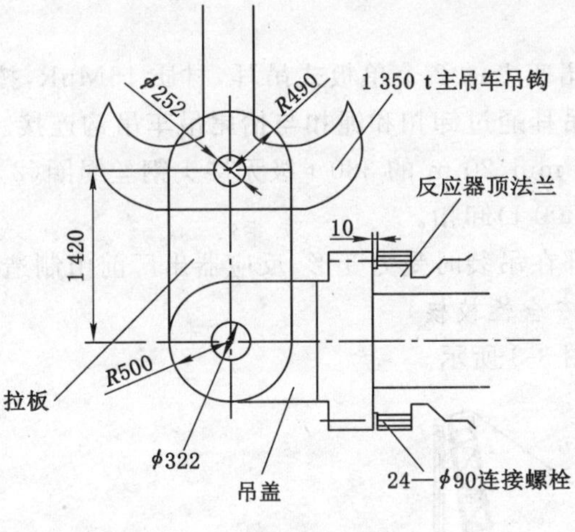


图 3-2　拉板连接形式

(2) 反应器吊装质量及其他参数

加氢裂化反应器吊装参数见表 3-1。

**表 3-1　加氢裂化反应器吊装参数表**

| 名称 | 吊装质量/t | | | | | | 重心高度/mm | 螺栓＋基础高度/mm | 就位顶标高/mm |
|---|---|---|---|---|---|---|---|---|---|
| | 设备净重 | 吊盖及螺栓 | 拉板 | 吊轴 | 抬尾吊耳及尾部加固 | 总计 | | | |
| 数值 | 1 042.5 | 9.5 | 6.3 | 1.0 | 3.0 | 1 062.3 | 23 055.5 | ＋1 030 | ＋47 436 |

2. 吊车与吊装索具的确定

(1) 吊车及其工况

主吊吊车：1 台 1 350 t 履带吊（LIEBHERR LR11350）。抬尾吊车：1 台 750 t 履带吊（LIEBHERR LR1750）。

吊车工况：主吊吊车选用 SDB2(S-60、D-42、DBR-30、DB-500)工况，抬尾吊车选用 SDB

杆工况(S-42、D-31.5、DBR-20、DB-400),各项参数见表 3-2。

**表 3-2　吊车吊装参数表**

| 吊车型号 | 吊车工况 | 吊车参数 | | | 吊钩及主吊绳质量/t | |
|---|---|---|---|---|---|---|
| | | 臂杆长度/m | 作业半径/m | 额定吊装质量/t | 吊钩 | 主吊跑绳 |
| LR1750 | D-31.5、DBR-20、DB-400 | 42 | 9 | 701 | 28 | 4.8 |
| LR11350 | D-42、DBR-30、DB-500 | 60 | 14 | 1 250 | 38 | 5.8 |

(2) 机具与索具

① 主吊耳

主吊耳采用已在某千吨级反应器吊装中成功使用过的 1 200 t 级吊盖。吊盖与反应器顶部法兰用高强螺栓连接。主吊连接拉板为 1 200 t 级。

② 尾部

抬尾吊耳为焊接在裙座上的 2 个单板式吊耳,材质 16MnR,按该次吊装的抬尾最大计算受力进行设计制作。吊耳通过卸扣和绳扣与抬尾吊车吊钩连接。

抬尾绳扣:2 根 $\phi$208 mm/20 m 的 380 t 级无接头钢丝绳圈(2 根额定载荷 760 t)。

卸扣:2 个 BX3000(300 t)卸扣。

为了防止反应器尾部在吊装时受力变形,反应器出厂前由制造厂对尾部进行加固。

3. 吊装受力计算及安全性校核

反应器始吊状态如图 3-3 所示。

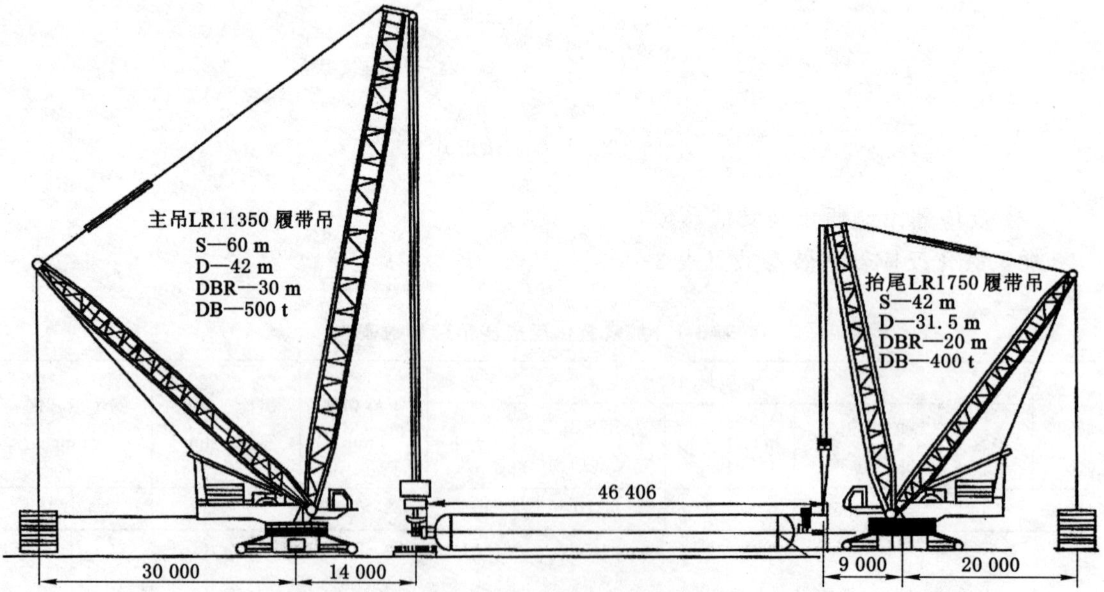


图 3-3　反应器始吊状态图

1 350 t 履带吊车抬头,750 t 履带吊车抬尾,两台吊车同时受力,将反应器吊离地面。此时,以抬尾吊耳为转点计算抬头力、抬尾力。

始吊状态力矩平衡见图 3-4。设备的重心位置距底脚环 23 055.5 mm。

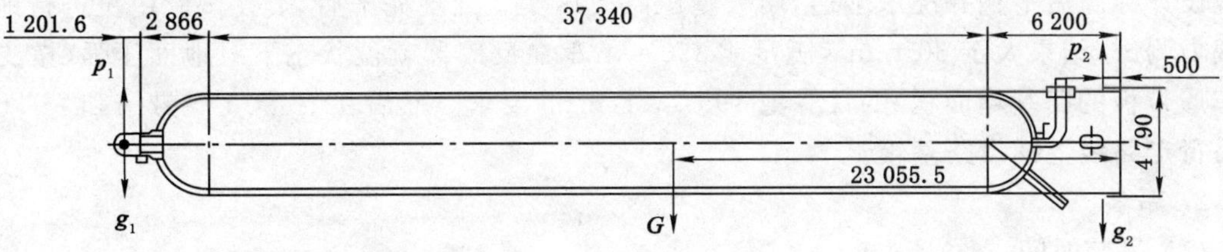


图 3-4　始吊状态力矩平衡图

(1) 计算主吊车抬头力和辅助吊车抬尾力。

(2) 计算主吊吊车和辅助吊车承受的吊装计算载荷(本书所指的吊装计算载荷为吊装载荷乘以动载系数,以下简称载荷)。而吊装载荷即为工件或设备在吊装状态下的实际质量加吊索具质量。在此只需计算吊车吊装状态和就位状态(如图 3-5 所示)的承受载荷。中间状态中主吊吊车提升,承受载荷逐渐增大,但小于就位状态时;抬尾吊车承受载荷逐渐减小,故此状态下的吊装力和吊车承受载荷无须进行计算。

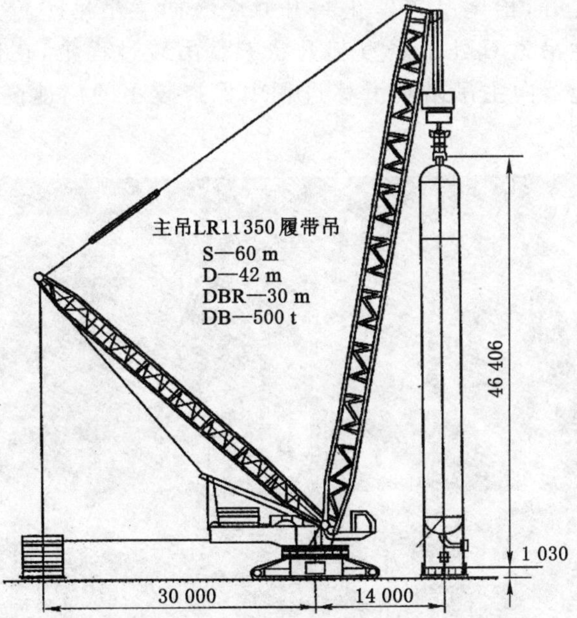


图 3-5　反应器就位状态图

(3) 始吊状态为抬尾最大受力状态,进行抬尾吊装索具和抬尾吊车的校核。

(4) 就位状态为主吊吊车最大受力状态,进行主吊吊车和吊装机具的校核。

## 四、方案实施

1. 地基处理

施工现场是回填土,地面承载力不能满足吊车吊装的需要,应进行处理。处理方法:在处理范围铺垫戈壁土，铺垫厚度 2.5 m。每 300 mm 机械夯实一次，夯实之前进行洒水，铺垫至设计标高后平整并浇水湿透，用大型压路机压实。处理完毕后，委托试验单位进行地面承载力测试，结果大于 30 t/m$^2$，满足 1 350 t 吊车在反应器就位状态下对地面压强(按支承吊车履带板的路基箱面积)的计算值 19.743 t/m$^2$ 的要求。然后在 1 350 t 履带吊和 750 t 履带吊行走路线上铺设路基箱。

2. 吊装

(1) 吊装时间

加氢反应器的吊装于 9 月 16 日 12 时开始。

(2) 检查与试吊

吊装前对所有吊装机具、设备和准备工作进行联合检查，合格后，吊装总指挥签署起吊令。

正式吊装前进行试吊。1 350 t 履带吊车抬头、750 t 履带吊车抬尾，两台吊车同时受力，将反应器吊离地面 200 mm 后停车，检查吊装机索具的受力情况。

(3) 吊装过程

确认试吊没问题后，进入正式吊装。两台吊车同时提升，待反应器离地面 500 mm 高度时，主吊吊车继续提升，抬尾吊车停止起升并缓缓向主吊吊车行走。协调好两吊车提升和行走速度，保证主吊索具处于竖直起升状态。吊装过程中，在保证裙座不碰地面的前提下，尽量控制反应器向主吊吊车滑移过程中保持较小的离地高度。图 3-6 为反应器中间吊装状态。

图 3-6 反应器中间吊装状态实景

在反应器轴线接近竖直时，主吊吊车停止起升，抬尾吊车缓缓回落吊钩，反应器逐渐由倾斜变为竖直。反应器处于竖直状态后，1 350 t 吊车停止起升，750 t 吊车摘钩。主吊吊车再起升使反应器离地面 200 mm，转动吊车臂杆，到达指定方位后向基础方向缓慢行走约 5 m。待反应器靠近基础时，再次提升反应器至器底高出地脚螺栓约 200 mm，调整好反应器的方位，吊车逐渐回钩，使反应器安装就位。

反应器吊装持续约 90 min。

### 五、方案评价

(1) 该方案为单吊车提升，底部用吊车抬送，是一台主吊车进行“滑移法”吊装的典型方法，操作简单适用，现场简洁、文明。

(2) 该方案中心点是限制和减少反应器吊装质量，最大限度满足吊装机具(吊车)承载能力的要求，达到优化方案的目的。尽量减少或简化附属吊装设施(吊装机、索具)及其质量是实现方案优化的途径，拉板是方案的关键点。

(3) 该方案成本较低，相较于“双吊车抬吊、滑移溜尾机构配合吊装”方案或采用“连接吊耳＋无接头钢丝绳圈”连接方式，经济效益较好。

(4) 主吊车负载率偏高是本方案的主要风险。编制风险评价报告和应急预案，制定消减风险措施，是实施本方案的必要保证措施。

## 第四节　大型轧机牌坊吊装技术

### 一、工程简介

天津钢铁有限公司 3 500 mm 中厚板工程中的四辊可逆轧机，其牌坊质量大、体积大、安装精度高、安装位置要求严格。粗轧机和精轧机均位于主轧跨。轧制中心线距传动侧列线 14 m，距操作侧列线 19 m。每台轧机有两片牌坊，牌坊质量大(324 t)，体积大(高 14 005 mm、宽 4 950 mm、厚 2 060 mm)。轧机底座上平面标高为－2 600 mm，轧机底座下平面标高为－3 320 mm；轧机底座长 8 400 mm，宽 1 500 mm，厚 720 mm；轧机基坑长 10 365 mm。轧机底座地脚螺栓顶面标高为－2 330 mm，露出底座上表面 270 mm；机架与底座的连接螺栓顶面标高约为－1 560 mm，露出轧机底座上表面约 1 070 mm。机架压下螺母处孔径为 1 100 mm(长 950 mm)，压下螺栓处孔径为 750 mm(长 1 450 mm)。

轧机安装的重点是牌坊吊装。主轧跨天车吊装能力不能满足牌坊的吊装要求，使得牌坊吊装成为轧机安装的难点，而且因为牌坊到达现场的具体时间不能准确确定，施工工期又很紧，所以无法提前预订大型移动式起重机，轧机基础也无法满足大型吊机进场和站位的需要，因此该公司决定机架的卸车和就位吊装采用液压同步提升技术，牌坊水平滑移采用液压推进滑移技术。

### 二、大型设备液压同步提升施工技术特点

(1) 借助机、电、液一体化工作原理，可使提升能力按实际需要进行任意组合配置，加上应用已相当成熟的预应力锚具技术，使整个提升过程或悬停状态都相当安全可靠。

(2) 采用柔性索具承重，制造钢结构塔架作为承重吊点，提升器锚具具有逆向运动自锁性，使提升过程十分安全，并且构件可以在提升过程中的任意位置长期可靠锁定。用钢绞线承重，解决了长距离连续提升要求的施工技术难题。

(3) 液压提升设备体积小、自重轻、承载能力大，形成了安装设备和构件大型化，施工机具设备小型化、简单化的特色。

(4) 设备自动化程度高，操作方便灵活，安全性好，可靠性高，使用面广，通用性强。

(5) 液压同步提升系统采用计算机控制，通过跳频扩频通信技术传递控制指令，全自动完成同步动作、负载均衡、姿态矫正、应力控制、操作锁闭、过程显示及故障报警等多种功能。

(6) 液压提升原理："液压同步提升技术"采用液压提升器作为提升设备，柔性钢绞线作为承重索具。液压提升器为穿芯式结构，以钢绞线作为提升索具。液压提升器两端的模型锚具具有单向自锁作用。当锚具工作(紧)时，会自动锁紧钢绞线；锚具不工作(松)时，放开钢绞线，钢绞线可上下活动。牌坊安装采用液压同步提升技术，技术成熟、设备安全可靠，已在多项工程中成功应用。

## 三、主要施工方法

(1) 准备工作

牌坊吊装施工准备工作量大、时间较长，需要协调的事项较多，必须提前确定方案。为减少吊装对整个项目施工进度的影响，采用两套塔架分别完成卸车和吊装工作。

准备工作主要包括：通过计算选择卸车用钢丝绳；对地锚点及缆风进行设计；准备或制作安装用提升塔架、大梁、滑移小车、尾端小车、卸车及穿过压下螺丝孔的专用吊具等临时设施；铺设滑移小车用钢筋混凝土基础、塔架基础等。

(2) 机架运输路线、运输顺序的确定

① 机架运输路线

机架通过公路运输，厂区内部的道路要满足运输车拐弯半径和对路面承压的要求。粗轧机机架的卸车位置为轧机中心线延长线与道路的相交位置。精轧机机架的卸车位置，由于过滤及泥浆处理间在土建施工，因此在过滤及泥浆处理间与轧辊间之间，与轧机中心线延长线的相交位置卸车。

② 机架的运输顺序及机架在车上的放置状态

先运输轧机的传动侧机架，装车时机架的内侧面朝上，在卸车位置时机架的顶部朝西、尾部在东；后运输轧机的操作侧机架，装车时机架的外侧面朝上，在卸车位置时机架的顶部朝西、尾部在东。

(3) 机架的卸车、滑移、吊装流程

在牌坊卸车位置(轧八路上)与轧八路成45°设置一副塔架，用于轧机机架的卸车。在轧机基础位置设置另一副塔架，用于轧机机架的安装。塔架高度为18 m。从牌坊卸车位置，经轧辊间至轧机基础位置，铺设两条QU100轨道，将滑移小车放置在轨道上。机架在卸车位置被放置在滑移小车上，用液压同步推进器将滑移小车及牌坊滑移至轧机基础位置；将牌坊前端与提升装置连接，尾端小车放置于牌坊尾端，滑移小车撤离，通过前端提升、尾端推进相结合将牌坊提升就位。

在每副塔架上设置2根提升大梁及1台额定提升能力为500 t的液压提升器；安装好传动侧牌坊后，用千斤顶将塔架滑移到操作侧机架位置安装操作侧牌坊。

## 四、方案实施

(1) 滑移轨道及混凝土基础的铺设

在卸车位置铺设轨道时，要在路面上先平铺180 mm×1 000 mm×6 000 mm钢坯一层，钢坯上铺设 Q100 轨道，铺设后为了使机架运输车辆能平稳通过，在轨道间用槽钢拉住并用碎钢渣铺平，轨道外侧用碎钢渣铺成一斜坡形式。从卸车位置轧八路边缘到换车辊沟基础北侧采用素土夯实、下铺碎石及钢坯，在钢坯上铺设两条 QU100 轨道。换车辊沟及轧机基础用钢支撑加固，在换辊沟原有基础上用 C30 混凝土浇筑临时混凝土基础至标高 −300 mm，临时混凝土基础上铺设两条 QU100 轨道，临时混凝土基础下面，在原有基础上铺设一层油毡纸或木板，对临时混凝土基础范围的设备地脚螺栓用塑料管套住进行保护，以使拆除临时基础时不对原有基础和螺栓产生损伤。轨道中心距为 2.1＋2.4＝4.5 m。用轨道压板将轨道固定在钢坯上或临时混凝土基础埋件上，见图 3-7。

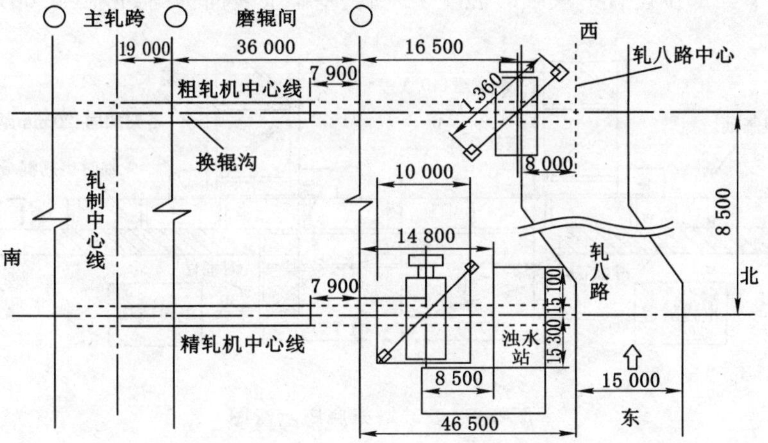


图 3-7　粗、精轧机牌坊卸车平面示意图

在轧机基坑范围底座上，该滑移轨道的支撑铺设用钢结构形式，钢架上铺设基坑钢梁，与临时滑移轨道基础上表面标高一致，基坑钢梁上铺设轨道，QU100 轨道每隔 600 mm 焊一对压板，见图 3-8。

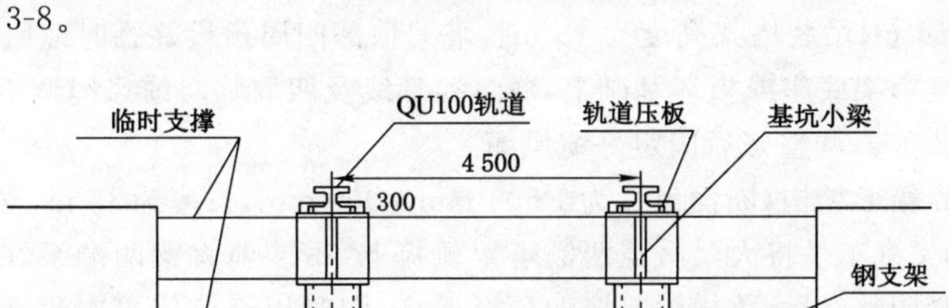


图 3-8　轧机基坑轨道铺设示意图

(2) 塔架的布置及安装

在轧八路和轧机中心线延长线的相交处，以与轧八路中心线成 45°夹角的方向设置一副卸车塔架。在塔架顶部两根大梁的中心设置 500 t 液压提升装置。且塔架周围必须设置

缆风绳，用几块钢坯作为地锚，将缆风绳与地锚连接。

在传动侧机架安装位置的中心线上设置另一副安装塔架，在塔架顶部两根大梁的中心设置 500 t 液压提升装置，液压提升器的中心要与轧机牌坊的设计中心重合。

由于塔架的底座一部分坐在了冲渣沟内，因此在轧机前后的冲渣沟侧壁上，在土建施工时埋设钢埋件，从埋件上焊接钢牛腿，用于支撑塔架底座。

设计两个横跨冲渣沟的钢结构横梁，以满足塔架在安装完传动侧机架后往操作侧滑移的需要。塔架设置在该底座上，在安装完传动侧牌坊后，使用链式起重机将塔架整体沿着该横梁上平面滑移至操作侧，进行操作侧牌坊的安装，见图 3-9。因为塔架位置的基础有地脚螺栓，所以在每个塔架下面部位设置一块临时混凝土基础（基础上表面标高约为±0.00）。

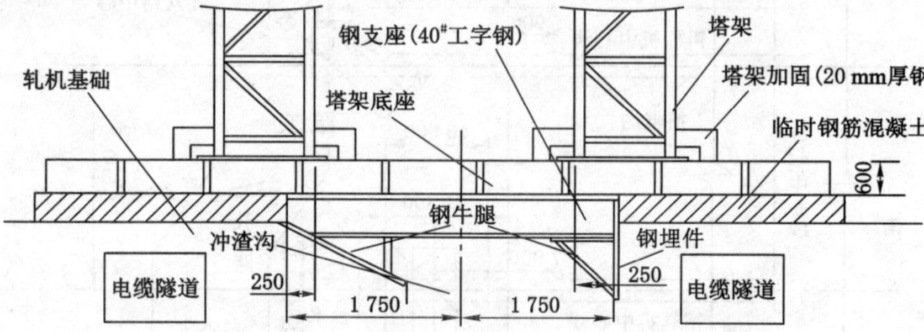


图 3-9　安装塔架底座示意图

塔架高度小于 20 m，塔架两侧面及后侧可各设一组缆风绳，采用双根 $\phi 25$ mm 的钢丝绳，缆风绳与地面夹角小于 30°；如大于 30°则需设多道缆风绳进行加固。吊装塔架借助厂房立柱基础安装缆风绳锚点。卸车塔架用 3～4 块钢坯作为地锚，将缆风绳与地锚连接。塔架采用截面 1 700 mm×1 700 mm 的角钢塔架，其中主肢角钢尺寸 200 mm×20 mm，卸车塔架高度约为 14 m，吊装塔架高度为 18 m。塔架顶部四周预设好临时缆风绳，利用 50 t 汽车吊将塔架吊至塔架底座或板坯基础上，通过铅垂线及四周临时缆风绳调节塔架垂直度，垂直度控制在 1/2 000，调整好后固定好缆风绳。

大梁断面为箱形结构，断面尺寸为 1 500 mm×900 mm，长度为 15 m，材质为 Q345b，用双根组合。120 t 汽车吊将大梁吊至两侧塔架顶板上，吊装前大梁两端系好麻绳，便于调整横梁位置。位置调整好后，将横梁与塔架顶板连接，同时用经纬仪再次测量塔架的垂直度，并调整、固定好缆风绳。液压提升系统提升速度控制在 5 m/h 左右。

（3）牌坊的卸车

牌坊进厂后沿轧八路运至塔架的正下方，用钢丝绳将牌坊的水平四点锁紧，用液压提升机构将牌坊水平提起，运输车开走，利用提升系统的水平旋转机构将牌坊逆时针水平旋转 90°，放在铺设好的滑移小车上，先将传动侧机架卸车并滑移到安装位置。操作侧机架卸车后暂时用道木堆支撑，待传动侧机架安装后，用 50 t 汽车吊把滑移小车塞到操作侧机架下面，完成操作侧机架的滑移。

（4）牌坊的垂直提升及安装

用同步液压推动器推动滑移小车逐步滑移，直至轧机基础底座上面，滑移速度约 15 m/h。

同步液压推动器将牌坊推移至安装位置，将机架吊装专用吊具穿入牌坊压下螺丝孔，用销轴将专用吊具和提升液压系统的提升装置连接并锁紧。用两个 200 t 千斤顶将牌坊后端顶起，将滑移小车从牌坊中间的空隙中吊出，将尾端小车放进牌坊的尾部。提升系统和液压推动器同时配合动作，将牌坊逐渐提升，在提升过程中必须保持提升钢绞线的垂直状态。当牌坊完全垂直后，将尾端小车移走，将牌坊就位安装。

牌坊轧线方向可通过提升器底座进行微量调节。通过严格的测量使塔架的中心线和牌坊的中心线重合。

### 五、工程施工评价

天津钢铁有限公司 3 500 mm 中厚板工程中的四辊可逆轧机，其牌坊质量大、体积大、安装精度高、安装位置要求严格，吊装难度较大。施工中采用液压同步提升技术，成功地安装了 12 片轧机牌坊。液压同步提升具有技术先进、工艺成熟、安全可靠、快速简便的特点，解决了车间天车起重能力不足、大型移动式起重机不能吊装的难题，能够满足业主对工期的要求，特别是在其他吊装方法无法实现的情况下，更能体现出液压提升技术的优越性和适用性。该牌坊的顺利安装为该技术在冶金设备安装领域的进一步推广打下了基础。

## 第五节　特高压输电酒杯杆塔吊装技术

### 一、工程概况

750 kV 官亭—兰州东输电线路工程起于青海省民和县境内的 750 kV 官亭变电站，止于甘肃省榆中县境内的 750 kV 兰州东变电站。线路经过 7 个县、1 个区。线路全长为 140.7 km，共使用铁塔 263 基，其中直线塔 228 基，其塔头为酒杯形，耐张塔 35 基，其转角塔塔头为“干”字形；最大档距为 1 235 m，平均档距 537 m，全线有 6 档档距超过1 000 m，平均耐张段长度为 4.138 km；使用到的最高塔高为 67.5 m。为保护环境，充分利用地形，尽量减少植被破坏，保持原状地形，所有塔型均采用全方位长短腿设计，并因地制宜地配合高低基础使用，力求不降或少降基面，减少土石方的开挖，确保塔基稳定，满足环保需求。

750 kV 官亭—兰州东输电线路工程所在区位于青藏高原与黄土高原的交接地带，次级地貌单元属陇西黄土高原西南部边缘。沿线以山地为主，高山大岭、平地次之。该线路的主要交叉跨越：黄河、洮河各 1 次；330 kVⅠ、Ⅱ回电力线各 1 次，110 kV 电力线 2 次；213 国道 3 次，212 国道 1 次，高速公路 1 次。

鉴于该输电线路大、跨越多，途经高山大岭为主，所建铁塔高且部件质量大，尤其是酒杯形铁塔施工难度相对大，所以有必要研究酒杯形铁塔的吊装技术。

### 二、吊装技术工艺

750 kV 线路酒杯形直线塔的组立，因铁塔塔头的高度为 28～33.2 m 左右，导线横担长度为 33.8～43.4 m，塔头部分重量在 150～236 kN 之间，导地线横担重量在 73～130 kN 之间，上下曲臂高在 8.5～11.5 m，重量在 57～72 kN，具有重量大、塔头结构高等特点和难点，一般根据不同的地形条件采用不同的吊装技术。通常输变电建设公司主要采取两种吊装技术：内抱杆外拉线分解组立和双抱杆分解组立。塔位地形条件好，抱杆可以打外拉线的采用内悬浮抱杆外拉线的吊装技术，能减少高空作业，工效也比较高；塔位地形条件比较差，无法打外拉线的情况，可采用双抱杆散组的吊装技术。

1. 抱杆组立

(1) 将木抱杆组装成人字抱杆，并打好四方拉线。

(2) 绑扎起立抱杆制动绳(可用承托钢丝套代用)和临时拉线，在抱杆上挂好临时拉线、起吊滑车及磨绳，临时拉线安装在抱杆帽上适当位置，以不妨碍起吊滑车及磨绳为宜；布置牵引系统，动力采用 30 kN 机动绞磨，准备起立抱杆，抱杆组立如图 3-10 所示。

(3) 抱杆起立后，固定四面拉线，然后再拆除临时拉线。将其他各种设备按有关要求布置妥当，采用左右或前后两侧起吊构件，起吊时另一侧起吊钢丝绳作反侧外拉线用。

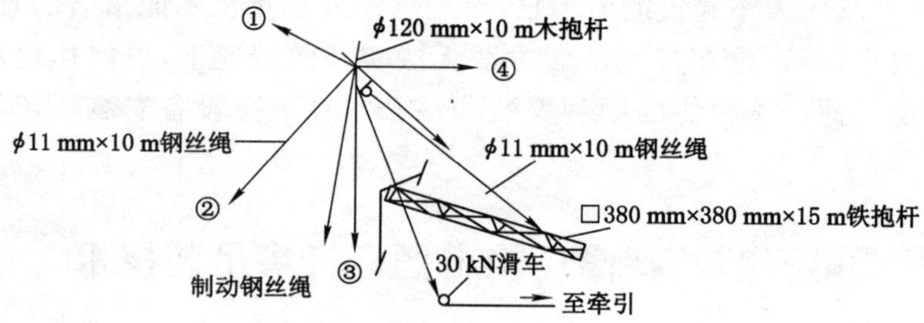


图 3-10　抱杆组立示意图

2. 吊装技术难(特)点

750 kV 输变电示范工程线路酒杯形铁塔施工主要难点是吊装铁塔平口以上的塔头部分重量大、结构高。

(1) 平口以上部分吊装，部分重量较大(最大超过 50 kN)、普通 500 kV 工程用的悬浮抱杆在起吊重量和几何尺寸上都不能满足施工需要；

(2) 导线横担长度大，最长达 43.4 m，同时铁塔平口以上高达 23 m，普通 500 kV 工程用的抱杆长度达不到要求；

(3) 平口以上部分若采用普通 500 kV 工程用的悬浮抱杆起吊，则需要对抱杆在铁塔结构内部的位置进行调整，大大增加了高空作业难度。

## 三、吊装工艺流程

用内悬浮外拉线抱杆吊塔是酒杯形直线塔的主要施工方法。这种方法应先立抱杆，用分片吊装方法安装平口以下塔身部分，然后升抱杆，把抱杆悬浮在平口，抱杆升的高度能把塔头吊装完，上曲臂和下曲臂分左右两半整体吊装，导线横担中段整体吊装，地线横担高空组装，用两地线横担分别吊装两边导线横担。最后用导线横担作支撑将抱杆落到地面。具体吊装工艺流程如下：杆塔组立准备→塔腿吊装→塔身吊装→抱杆提升→下曲臂吊装→上曲臂吊装→横担吊装→抱杆卸装→杆塔组立完成。

## 四、吊装技术要点

根据输电铁塔吊装工艺流程的要求，其吊装技术要点如下：

1．塔腿吊装

(1) 将已立抱杆前倾 10°并将抱杆拉线固定好。

(2) 起吊主材时可将两侧的斜材带上一起起吊。塔腿主材顶绑扎好临时控制绳（$\phi$16 mm 白棕绳），塔腿主材就位后，固定塔腿主材。当第二个塔腿就位后，必须与第二个塔腿连接完毕，并固定好，然后吊装下一个塔腿。

(3) 塔腿吊装完毕后，必须将塔腿段塔材连接及螺栓紧固好后，拆除临时控制绳（$\phi$16 mm 白棕绳），并将后续准备工作完成后，再起吊塔身段。

2．塔身吊装

(1) 由于塔身重量及塔身自身结构等原因，进行分片吊装时，必须采用 1-1 滑轮组进行吊装并对塔片进行补强。

(2) 分片吊装时将塔片组装在线路的前后或左右两侧，带齐或带部分辅材（根据重量而定），以减少吊装次数，抱杆最大高度不得大于 18 m，最大起吊质量不得大于 2.0 t。

(3) 塔片吊装采用两点吊，并用补强木补中吊点，吊点钢丝绳必须受力均衡，其夹角不得大于 90°。外拉线悬浮抱杆吊装塔身如图 3-11 所示。

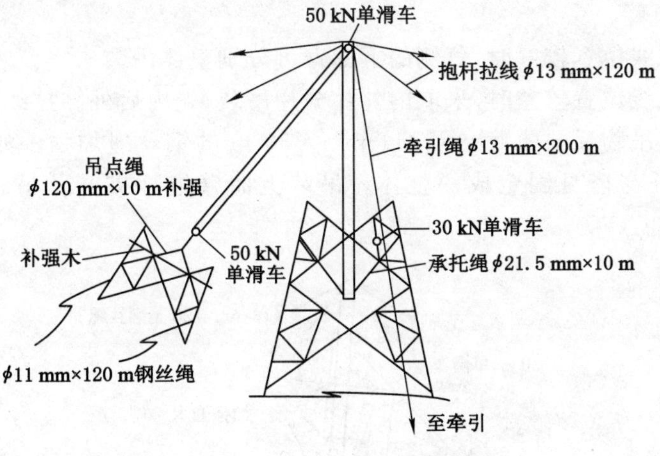


图 3-11　塔身起吊示意图

3．升抱杆

塔身安装完成后，在铁塔平口处挂好提升抱杆的滑车，打好升抱杆的腰环，用磨绳提升抱杆，四侧拉线配合调整，保持抱杆垂直上升，当抱杆提升到底部距平口 4～6 m 时，在平口的四角安装抱杆承托绳，用拉线调好抱杆，做好起吊准备工作。

4．下曲臂吊装

下曲臂分为左右两半组装在塔位的两侧面，用抱杆左右两边的吊钩分别吊装下曲臂的左右两半。ZBJ 型起吊重量是 36 kN。

吊装下曲臂时，应检查抱杆有效起吊高度及起吊质量。当地形条件较好时，采用外线悬浮抱杆吊装，可分左、右整体吊装；当地形条件限制，无拉线和施绳位置时，采用内拉线悬浮抱杆吊装须减轻起吊质量，可分 4 片吊装。外拉线悬浮抱杆吊装下曲臂如图 3-12 所示。

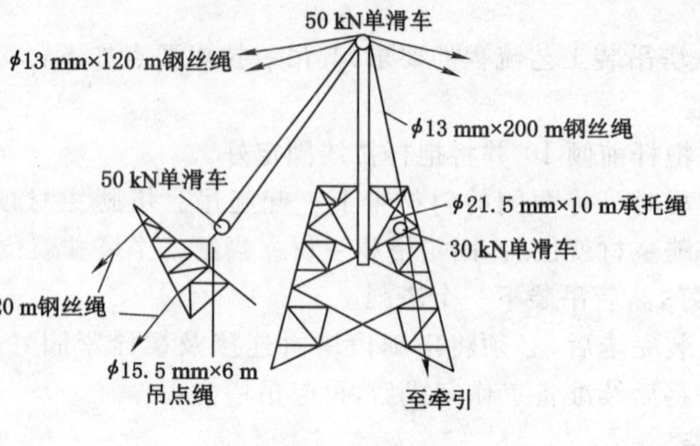


图 3-12　外拉线悬浮抱杆吊装下曲臂示意图

5. 上曲臂吊装

上曲臂分为左右两半组装在塔位的两侧，用抱杆左右两边的吊钩分别吊装上曲臂的左右两半。ZBJ 型起吊重量是 17 kN。

(1) 下曲臂吊装完毕后，将悬浮抱杆放下，在两下曲臂下平面主材上分别挂滑车，下曲臂上平面主材上绑腰绳分别提升 9～15 m 抱杆，抱杆提升到位后，将抱杆固定并打好拉线，然后分别吊装上曲臂。

(2) 当抱杆拉线位置较好时，每侧的上曲臂可分别整体吊装。

(3) 当抱杆拉线位置较差时，采取内外片分片吊装，先内后外。拉线对地夹角可控制在 60°左右，但须在起吊物反向曲臂上用 $\phi$11 mm×30 m 的钢丝绳加强。如无拉线位置，则采用捆绑方式将抱杆与塔身固定成一整体。吊装上曲臂抱杆提升及吊装上曲臂如图 3-13 所示。

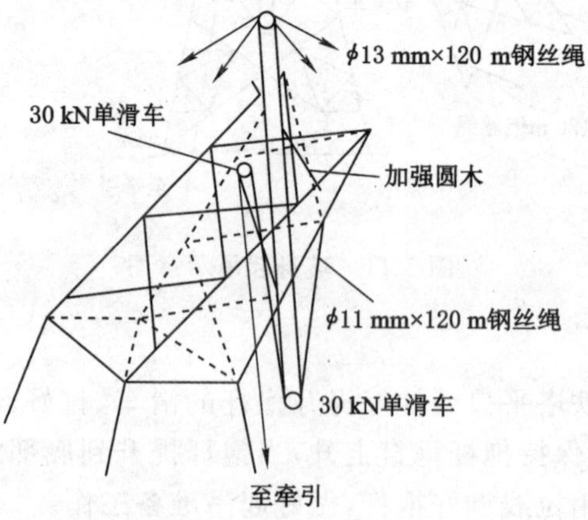


图 3-13　吊装上曲臂抱杆提升示意图

6. 横担吊装

(1) 中横担吊装

① 采用两根门形换杆抬吊，抬吊中横担前后片，无拉线时不打拉线，塔片质量控制在2.5 t 以下。吊装中横担如图 3-14 所示。

② 抱杆固定于上曲臂内侧中心轴线上，顶端悬出 4 m，抱杆 4 m 段打一道腰箍，腰箍拉线固定在上曲臂主材节点上，抱杆中段利用圆木固定绑扎，承托绳绑扎在 K 点向上的一个主材节点处。

③ 吊点绑扎点及所有受力绑扎点处必须垫圆木并包缠麻布，吊点绑扎点与攀根绳绑扎点都在同一方向，尽量与吊点滑车成一条直线。中横担吊装抱杆如图 3-14 所示。

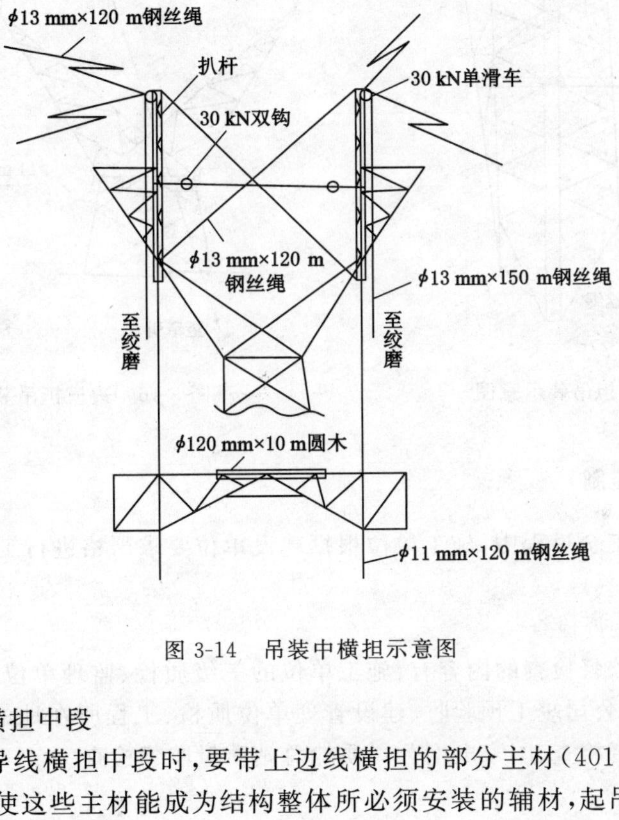


图 3-14　吊装中横担示意图

(2) 吊装导线横担中段

ZBJ 型塔吊装导线横担中段时，要带上边线横担的部分主材（401、402、405、406、501、502、505、506 号）和使这些主材能成为结构整体所必须安装的辅材，起吊重量控制在 55 kN 以内。

(3) 边横担、地线支架吊装

① 该工程由于是铁塔结构，地线支架的连接支撑点在边横担上，并不在中横担上，故必须先吊装边横担，后吊装地线支架，质量控制在 2 t 内。无拉线时不打拉线，但必须在受力后方向打一根拉线。

② 抱杆顶端悬出 7 m，承托绳绑扎在中横担下平面上，抱杆与横担接触部分必须绑圆木加强。吊装中、边横担分别如图 3-15 和图 3-16 所示。

③ 导线边横担安装。在两地线横担的挂点之间拉一条水平钢丝绳进行补强，中间串接一个手扳葫芦，通过收紧手扳葫芦使水平钢丝绳适当受力，作为吊装导线过横担的补强绳。ZBJ 型塔先将已吊装的部分边线横担的辅材安装完，将未吊装的那部分边线横担在塔位的两侧面组装成整体结构，在地线横担的挂点上挂上 1～2 滑车组，用来吊装边横担的外侧部分塔材。不允许用单滑车挂在地线横担的挂点上起吊，避免地线横担的挂点承受 2 倍起吊重量。

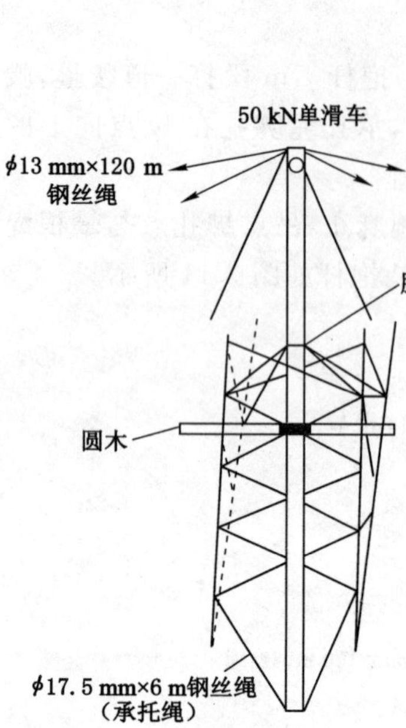


图 3-15　中横担吊装示意图

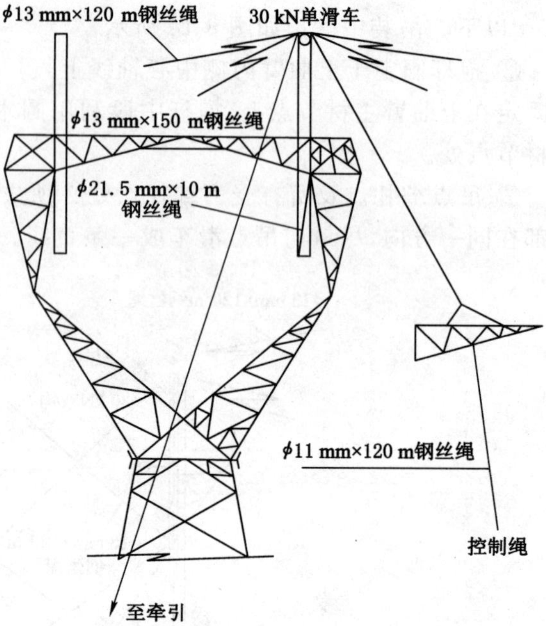


图 3-16　边横担吊装示意图

## 五、吊装质量控制

在铁塔架设施工全过程中，施工单位根据建设单位要求严格进行工程质量控制，具体做法有：

（1）七级质量监督检查

工程质量七级监督检查的内容有：施工单位的三级质检、监理单位质检、运行单位中间验收、西北电网有限公司竣工预验收、建设管理单位质检、工程所在地的电力建设工程质量监督中心站质量监督检查、国家电网公司质检总站质量监督检查。

（2）样板开路

工程施工过程中认真贯彻坚持样板开路的做法，即采用通过“先做标准样板，再推广施工全面实施”的方法。工程在基础、铁塔、架线三个阶段的每个施工单位和施工单位内部每个施工班组开展首基试点工作，通过试点对操作方法、操作程序、劳动组织、质量保证措施、现场布置和管理进行一次全面检验，并对试点工作进行全面总结，提出下一步工作的具体要求，为工程的全面展开创造条件。

（3）加大检查力度

按照西北电网有限公司 750 现场指挥部的要求，在工程预验收工作中要实现三个100％的全检，即施工单位必须按要求做到 100％的全检，监理单位初检也要做到 100％的登塔检查，竣工预验收工作也做到 100％的登塔检查，并认真组织消缺工作。

（4）实现“零缺陷”目标

因为施工工程的质量严格控制，全线工程质量优良率达 100％，质量总体达到了质量评定规程的优良级标准，实现了质量“零缺陷”目标。

# 第六节　大型门式起重机整体提升施工技术

## 一、技术特点

(1) 大型门式起重机整体提升施工技术解决了门式起重机整体提升的难题,实现了机、电、液一体计算机远程控制,实景监控的全过程程序控制,实现了门式起重机整体提升施工的自动化操作,提高了门式起重机整体提升操作的准确性和安全性。

(2) 采用跟携法提升新技术,实现了门式起重机两侧刚性和柔性支腿随大梁的提升同步上升并同步自然就位,解决了刚性支腿高空组装和空间滑移行走的难题。

(3) 采用柔性铰链的连接技术,实现了跟携法整体提升技术完整实施,促使刚性支腿随大梁提升而随时自动调整接口连接,避免了连接卡塞和错位,保证了安装就位精度。

(4) 采用液压和传感技术,预紧塔架缆风绳受力数据量化,实现所有缆风绳受力均匀,保证塔架提升平稳、同步、安全。

(5) 应用聚四氟乙烯薄膜并涂上润滑剂,使柔性支腿在跟携法提升中随梁移动摩擦力减小,降低了塔架提升安装附加载荷。

## 二、适用范围

该技术适用于600～1 500 t各类门式起重机整体提升安装施工。此外,还可以用于大型炼钢高炉,大型化工塔、器和大型桥梁的整体提升安装施工。

## 三、工艺原理

(1) 计算机控制液压同步提升工艺原理

计算机控制液压同步提升的工艺原理是利用钢绞线与夹持器装置把重物、千斤顶连接起来;利用千斤顶、夹持器交替动作和千斤顶活塞与油缸、钢绞线的相对运动,使重物达到上升或下降的目的。控制系统按相应的液压提升工法控制液压泵站驱动千斤顶的油缸、夹持器动作,形成一个闭合循环。经过一个闭合循环,重物升高或降低一定高度,周而复始,直至重物提升到预定高度。系统由计算机操作控制。

(2) 液压同步提升控制原理

主控计算机除了控制所有提升油缸的统一动作外,还必须保证各提升吊点的位置同步。在提升体系中,设定主令提升吊点,其他提升吊点均以主令提升吊点的位置作为参考来进行调节,它们都是跟随主令提升吊点决定整个提升系统的提升速度,通过液压泵站的流量分配实现提升速度的均衡,从而保持各吊点的同步提升。

(3) 提升动作原理

在提升油缸数量确定之后,在每台提升油缸上安装一套位置传感器,传感器可以反映主油缸的位置情况、上下锚具的松紧情况。通过现场实时网络,主控计算机可以获取所有提升油缸的当前状态。根据提升油缸的当前状态以及主控计算机综合用户的控制要求(如手动、顺控、自动)可以决定提升油缸的下一步动作。

(4)“跟携法”提升工艺原理

在门式起重机整体提升钢结构大梁的过程中，门式起重机两侧的刚性腿和柔性腿跟随大梁的提升一起自然到位，实现整台门式起重机整体一次提升。施工中，将两侧支腿跟随大梁提升自然到位的提升称为跟携法。

(5) 柔性铰链工艺原理

由于门式起重机两侧支腿安装最后高度将近 100 m，实现"跟携法"整体同步提升，则需要将支腿分段组装后，通过柔性铰链实现自然到位。柔性铰链的工艺原理就是将钢制销轴柔性连接两段支腿，支腿随大梁同步提升时，下部支腿通过销轴旋转自然垂直到位，如图3-17所示。

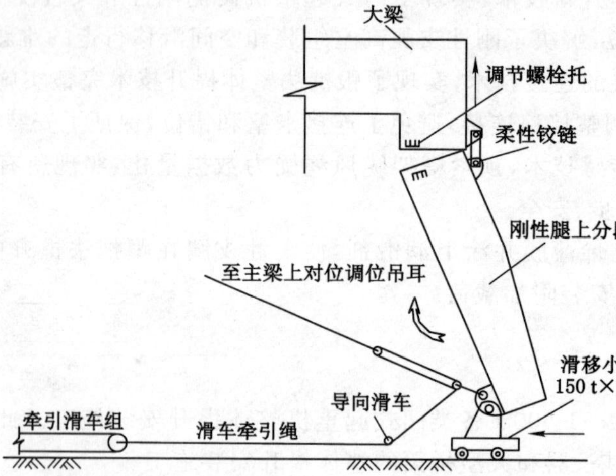


图 3-17　刚性腿上分段对位示意图

(6) 塔架缆风绳预紧工艺原理

缆风绳预紧是通过液压油缸(千斤顶)、夹持器等动作拉紧缆风钢绞线，使缆风绳预紧缩，而通过油压压力表读数量化的统一数据，达到各组缆风绳受力一致，从而保证塔架受力均匀。

(7) 门式起重机支腿滑移工艺原理

将支腿底部粘上摩擦因数只有 0.01 的聚四氟乙烯板，使其摩擦力极小，从而降低整体提升过程中的横向受力，保证提升安全，如图 3-18 所示。

## 四、施工工艺流程及操作要点

### (一) 施工工艺流程

大型门式起重机整体提升的施工工艺是一种技术比较复杂、工程质量要求极高、施工安全特别重要的工艺过程，因此，选择先进合理的施工工艺流程，是保证工程质量、施工安全及提高工程进度的关键。以 900 t 门式起重机为例，其提升施工工艺如图 3-19 所示。

### (二) 操作要点

900 t 门式起重机一般跨度在 208～230 m，宽度 63～70 m，高度 98～110 m，整体提升质量为 6 500～8 000 t(不含索具和辅助吊具质量)。

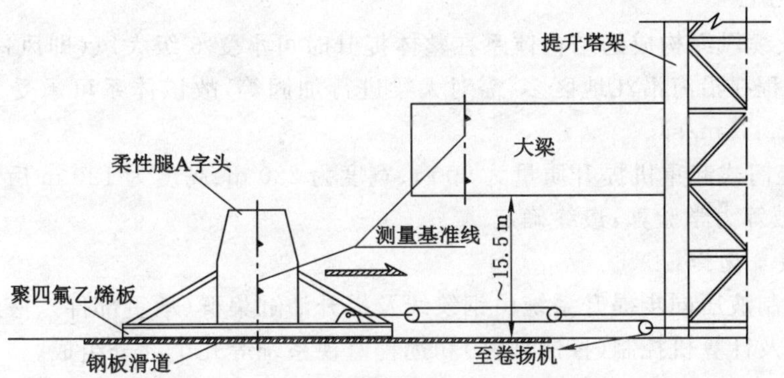


图 3-18　柔性支腿移动工艺原理

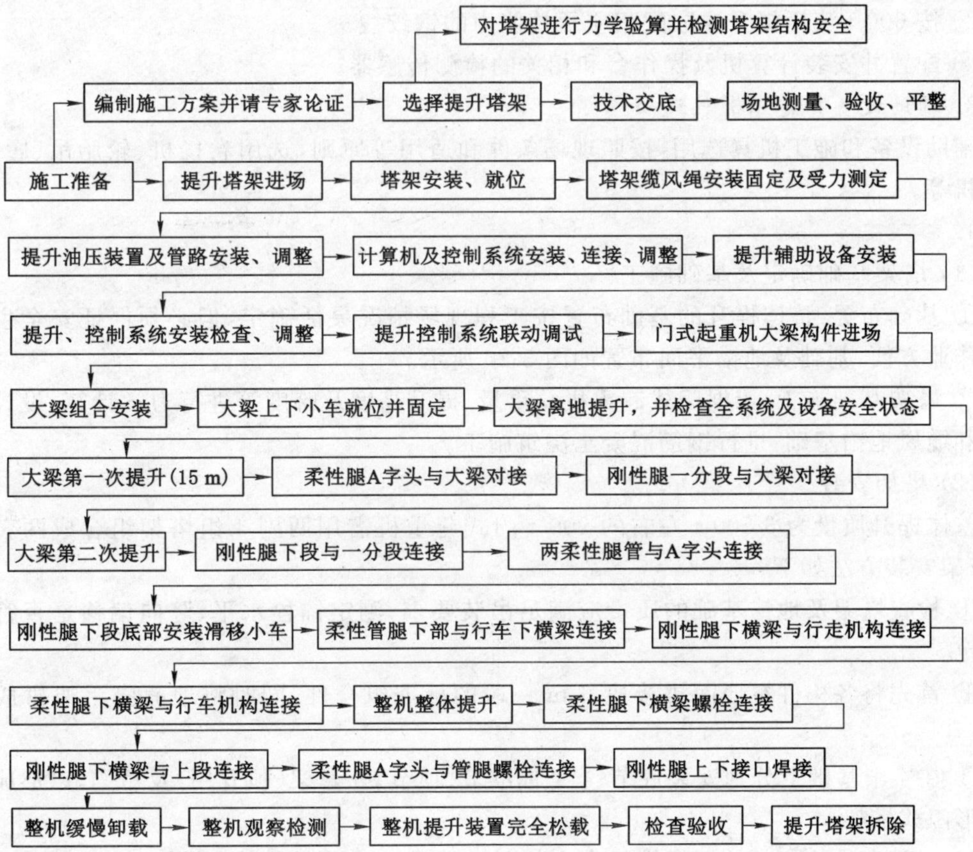


图 3-19　900 t 门式起重机整体提升工艺流程

1. 塔架性能指标确定

① 依据 900 t 门式起重机的整体提升质量（包括起重机总质量和吊具索具及辅助材料质量）和安装高度及宽度选择 2 副，即 4 个塔架组成 2 副提升门式架，整体提升门式起重机。

② 塔架断面为 5 m×5 m，高度为 120 m，4 组塔架组成两副门式塔架，总提升能力为

9 000～ 12 000 t。

③ 塔架及缆风绳构成的结构体系在整体提升时可承受 6 级大风(即风速为 13.8 m/s)作用。因该工程在沿海沿江地区多,需对大梁进行加固等,故该体系可承受 10 年一遇的强风(即风速为 25.3 m/s)。

④ 在确定门式起重机提升质量为 900 t、宽度为 220 m、高度为 120 m 后,应对塔架进行强度、断面系数等力学验算,最终确定。

2. 提升装置选择

计算机控制液压同步提升系统由钢绞线及提升油缸集群(承重部件)、液压泵站(驱动部件)、传感检测及计算机控制(控制部件)和远程监视系统等几个部分组成。

① 本技术按总提升质量为 6 500 t 时选用 16 套每套提升能力为 600 t 的液压提升油缸,16 套提升油缸的提升总能力为 9 600 t,因此安全系数为 1.48,提升油缸的提升能力利用系数为 0.68。

② 按 600 t 液压提升油缸配相应承拉能力的钢绞线。

③ 配置并安装计算机及操作台和相关的检测传感器。

3. 辅助设备和施工机具选择

辅助设备和施工机具选用,按照现场条件和适用等原则,选用卷扬机、轮胎吊、履带吊、电焊机等。

4. 塔架安装

(1) 塔架基础确定及基础施工

① 基础布置:整体提升的基础布置按工程现场情况灵活确定,但必须保证安全生产和流水作业方便,基础及地锚平面布置如图 3-20 所示。

② 塔架基础施工:依据门式起重机总重量、提升高度及跨度等进行力学计算,设计塔架基础和缆风地锚基础,进行钢筋混凝土浇筑施工。

(2) 塔架安装

整体提升质量为 6 500 t 左右的 900 t 门式起重机需用两副 4 组塔架组合成两套门式架,塔架安装方法如下:

① 检查塔架及地锚基础的质量应满足吊装要求;测定锚栓水平、竖向偏移是否符合设计规定。

② 首先将各构件在地面拼接成 6 m 一段的标准组合件,同时将地面脚手架拼成两个整体。

③ 在 4 个基础上分别安装底节、4 个标准节、顶节、外套架(顶升用)及短梁,以形成两组四边形门式塔架。

④ 在两个吊装架顶的短梁之间先安装两榀脚手架,并将其间的支撑连梁托梁固定。

⑤ 分 6 段吊装提升大梁,大梁中间搁支在托梁上,并逐段测定位置后用花篮连接螺栓紧固。箱形梁内侧花篮螺栓则由梁端平台进入箱梁内侧紧固。紧固短梁与大梁底面的连接螺栓中间有橡胶垫板。与此同时,在塔架顶部分别安装 2 台 50 t 小吊车,以配合塔架自身安装和施工用。

⑥ 固定两大梁两端上表面的连接板,固定大梁外侧与脚手架之横向连接板,固定大梁与上脚手板之间的压缝板。

说明：
1. 图中尺寸均以mm计。
2. 各编号锚点所采用地锚另见详图。
3. 各编号锚点对应的地锚顶面与该地锚所在场地位置的整平场地标高齐平。
4. 图中编号A、A′、B、B′为塔架基础，D、D′为1.6 m扒杆基础，E、E′、F、F′、H、H′、G、G′、I、I′、K、K′为相应缆风绳地锚，J、J′、L、L′为10级大风时龙门吊大梁的专用抗风地锚，并且分别与I、I′、K、K′合用一地锚。
5. 各锚点的平面定位须经过龙门吊安装单位和业主方确认后方能施工。

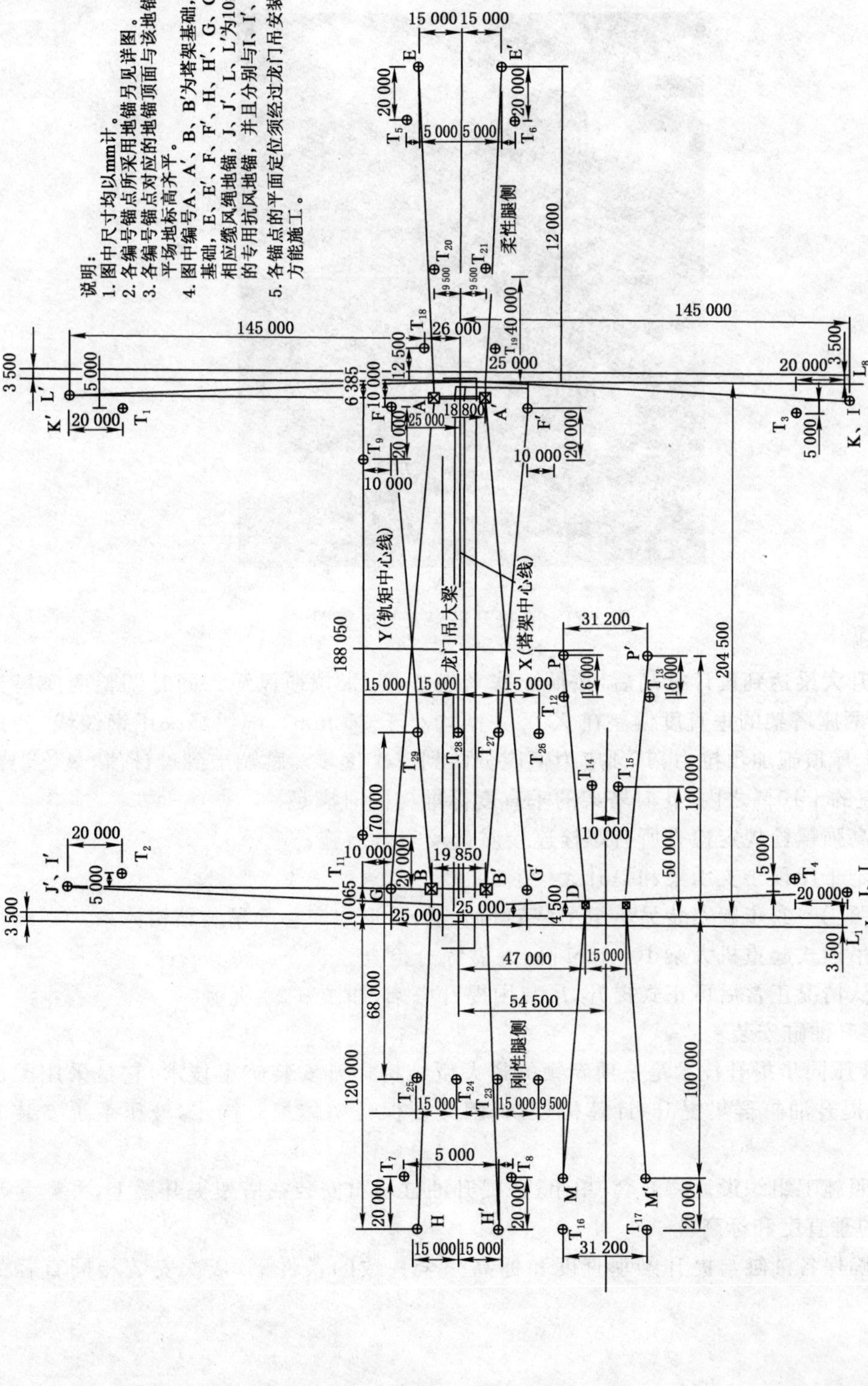


图3-20　塔架基础及地锚平面布置图

⑦ 连接大梁两端下表面中心的T形风绳连接板。

⑧ 提升外套架，每次3 m，两次安装一个塔架标准节，两个塔架同时提升。标准节装入后及时用高强度螺栓固定。

⑨ 继续提升外套架，插入标准节，要求一个门式桅杆吊装架同时升高。提升塔架安装过程如图3-21所示。

图3-21　自提升塔架安装过程图

⑩ 提升大梁达到设计标高后，按照工作状态连接，张拉缆风绳。同时调整两座塔架的垂直度，使两座塔架的垂直度偏差在$X$、$Y$方向均小于30 mm。缆风绳采用钢绞线，使用穿心式液压千斤顶施加预拉力，其预应力值应分两到三次逐步对称调节到设计值，最终误差控制在设计值的±10%之内，此时塔架的垂直度标准应同时满足。

⑪ 按高强螺栓规定检查所有螺栓连接质量及安全措施。

⑫ 固定千斤顶于支承梁和提升大梁上。

⑬ 按照①～⑫步骤安装另一组吊装架和大梁，并形成完整的吊装结构体系。

⑭ 试吊门式起重机大梁100 mm高，并做综合检查。

⑮ 确认情况正常后可正式提升，吊装用提升塔架，如图3-22所示。

(3) 提升油缸安装

由于液压同步提升技术是一项新颖的超大型结构提升安装施工技术，它是采用柔性钢绞线承重，提升油缸群集提升，计算机控制，因此要保证整体提升同步，液压系统安装非常重要。

① 按照施工组织设计将8套(单组边)提升油缸均布安装在塔架提升梁上，并测量油缸与提升梁的垂直度和标高。

② 在确保各油缸与提升梁垂直度和标高完全一致的条件下，依次安装相同直径的钢绞线。

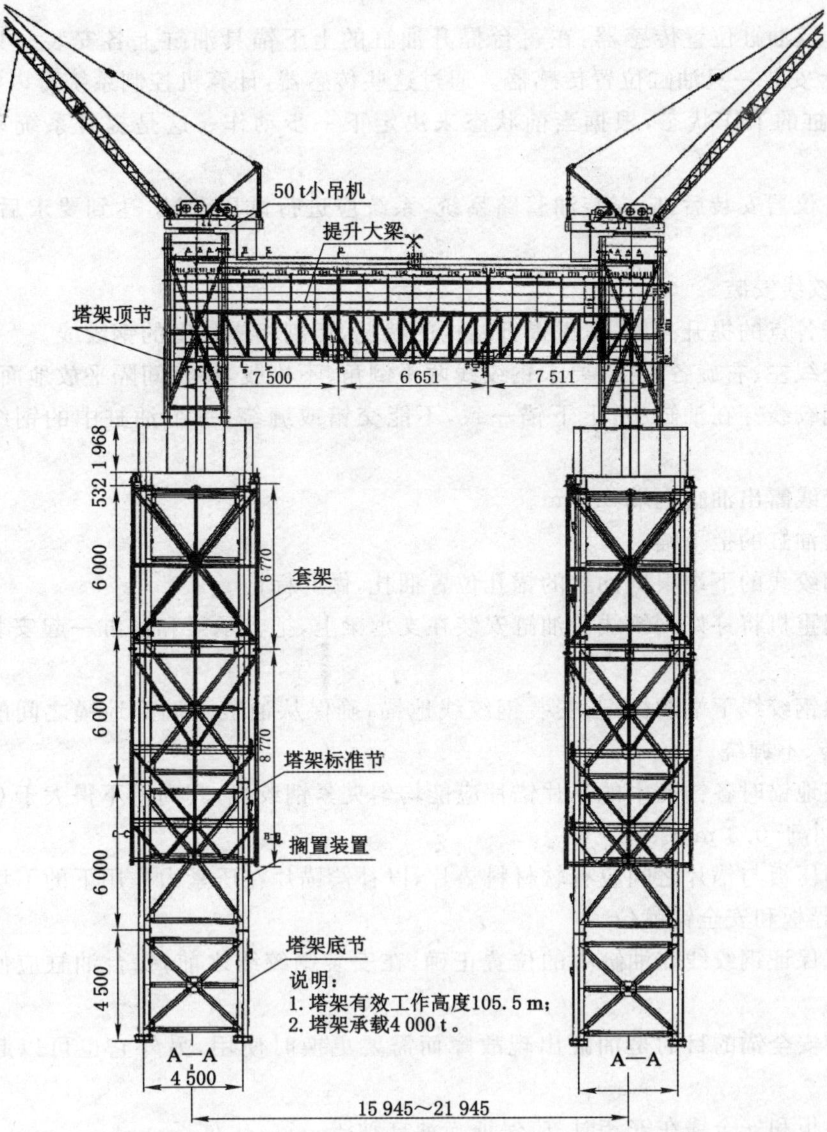


图 3-22　单组提升塔架示意图

③ 将 4 台 160 t/min 的油泵分别安装在 4 个塔架的顶部(距油缸越近、越对称越好)，保持相同的流速，并控制 16 个油缸同步提升，而提升速度均衡保持在 10 m/h 左右。

④ 传感器安装：

a. 激光测距仪：在每个提升吊点处，选择适当的位置，安装 1 台激光测距仪。激光测距仪放置在地面上，激光打在被提升结构上，随着被提升结构的提升，激光测距仪的测量距离越来越长。激光传感器量程为 300 m，测量精度可达 1.5 mm。

b. 压力传感器：在提升过程中，为了监视每台油缸的载荷变化，在每台油缸上安装一个压力传感器，这样计算机控制系统可以实时地感知油缸载荷大小。根据采集的载荷数据，计算机控制系统可准确地协调整个提升系统工作，并对提升系统载荷的异常变化作出及时处理。

c. 锚具及油缸位置传感器：在每台提升油缸的上下锚具油缸上各安装一只锚具传感器，在主缸上安装一只油缸位置传感器。通过这些传感器，计算机控制系统可以实时地知道当前提升油缸的工作状态，根据当前状态来决定下一步动作。这是提升系统动作同步的基础。

⑤ 设备仪器安装后，应安装油管路系统，系统应进行试压调试，达到要求后，进行泵油检查等。

(4) 钢绞线安装

① 根据各点的提升高度，考虑提升结构的状况，切割相应长度的钢绞线。

② 钢绞线左、右旋各一半，要求钢绞线两头倒角、不松股，将其间隔平放地面，理顺。

③ 将钢绞线穿在油缸中，上下锚一致，不能交错或缠绕，每个油缸中的钢绞线左右旋相间。

④ 钢绞线露出油缸上端 0.3 m。

⑤ 压紧油缸的上下锚。

⑥ 将钢绞线的下端根据油缸的锚孔位置捆扎，做好标记。

⑦ 用起重机将穿好钢绞线的油缸安装在支承梁上，把支承梁和油缸一起安装在两支大梁上。

⑧ 按照钢绞线下端的标记，安装钢绞线地锚，确保从油缸下端到地锚之间的钢绞线不交叉、不扭转、不缠绕。

⑨ 安装地锚时各锚孔中的三片锚片应能均匀夹紧钢绞线；其高差不得大于 0.5 mm，周向间隙误差小于 0.3 mm。

⑩ 地锚压板与锚片之间应有软材料垫片，以补偿锚片在压紧力作用下的不均匀变形。

(5) 疏导板和安全锚就位

① 为了保证钢绞线在油缸中的位置正确，在安装钢绞线之前，每台油缸应使用一块疏导板。

② 安装安全锚的目的是油缸出现故障而需要更换时使用，另外它也可以起安全保护作用。

③ 疏导板和安全锚在安装时，应保证与油缸轴线一致、孔对齐。

(6) 油缸与钢绞线疏导

① 所有油缸正式使用前，应经过负载试验，并检查锚具动作及锚片的工作情况。

② 油缸就位后的安装位置应达到设计要求，否则要进行必要的调整。

③ 油缸自由端的钢绞线应进行正确的导向。

④ 钢绞线预紧，在地锚和油缸钢绞线穿好之后，应对钢绞线进行预紧；每根钢绞线的预紧力为 15 kN。

(7) 计算机控制系统连接

① 地面布置一台计算机控制柜，从计算机控制柜引出泵站通信线、油压通信线、油缸信号通信线、激光信号通信线、工作电源线。

② 通过泵站通信线将所有泵站联网。

③ 通过油缸信号通信线将所有油缸信号盒通信模块联网。

④ 通过激光信号通信线将所有激光信号通信模块联网。

⑤ 通过油压通信线将所有油压传感器联网。

⑥ 通过电源线给所有网络供电。

⑦ 当完成传感器的安装和现场实时网络控制系统的连接后，计算机控制系统的布置就完成。

## 五、900 t 门式起重机整体提升

1. 门式起重机整体提升系统力学计算

门式起重机整体提升系统的力学计算包括：地锚锚点力学分析，锚点基础受力分析，提升塔架横梁结构验算及辅助脚手架结构计算等（此处略）。所有计算均应确保受力安全可靠。

2. 门式起重机大梁第一次提升——900 t 门式起重机整体提升步骤

提升具体步骤见表 3-3。

(1) 先按设计要求，将大梁进行地面组合安装。

(2) 选用大吨位履带吊车或变幅桅杆将大梁上的两个小车分别吊装到大梁的轨道上面，并在计算好的配置平衡位置固定在大梁上面，封车并把小车的夹带器扎紧在轨道上。

(3) 大梁第一次提升，即采取分级加载的方法，直至大梁提升离开组装胎架，待大梁离地后观察和检查两副塔架及缆风等的受力和变形状态。此时，既是整体提升前的提升塔架状态检验，又是整体提升的开始。该过程保持大梁离地 200 mm，持续 12 h。此阶段应详细检查观测塔架垂直状态及各受力点、各梁、各构件、各开孔部位等是否出现异常，检查塔架基础、地锚基础是否出现异常，待全部检查无异常后，进行第一次大梁整体提升，并检查各提升点同步状态，以保证整体提升时结构安全和施工安全。

(4) 当全部检测无误后，大梁开始缓慢提升至 8～15 m（大梁底部距地面距离），然后停车，锁住油缸，准备刚性支腿上分段和柔性支腿 A 字头的连接安装。

3. 门式起重机支腿安装

900 t 门式起重机支腿分为刚性支腿（左侧）和柔性支腿（右侧），刚性支腿采取方形钢结构，柔性支腿采取钢管柱形结构。

(1) 跟携法提升

① 所谓跟携法提升技术，即是门式起重机两支腿随大梁的整体提升而自动提升自然到位。

② 按门式起重机设计的要求，支腿分 4～5 段组装提升，即分 5 次提升才能完成整体提升安装。

③ 按设计要求，待 5 段组装完成后，逐一跟携提升，如图 3-23 所示。

④ 柔性支腿也逐一组装后跟携提升自然自动到位。

(2) 柔性铰链安装

柔性铰链是支腿跟携法整体提升过程中临时采用的技术手段，它的作用是：

① 在支腿上段和下段分别临时焊接 4 组铰链连接板，连接板开孔穿上锁轴。

② 为减少提升时的牵引提升力和滑移阻力，柔性支腿在跟携法提升时，使用聚四氟乙烯板将滑移摩擦力降至最低，以保证其提升安全，参见图 3-18。

表 3-3　900 t 门式起重机整体提升步骤

| 步骤 | 工作过程 | 塔架功能 | 部件安装步骤展示 | | | 说明 |
|---|---|---|---|---|---|---|
| | | | 左部展示 | 正面展示 | 右部展示 | |
| 步骤 1 | 提升大梁 | 提升 | 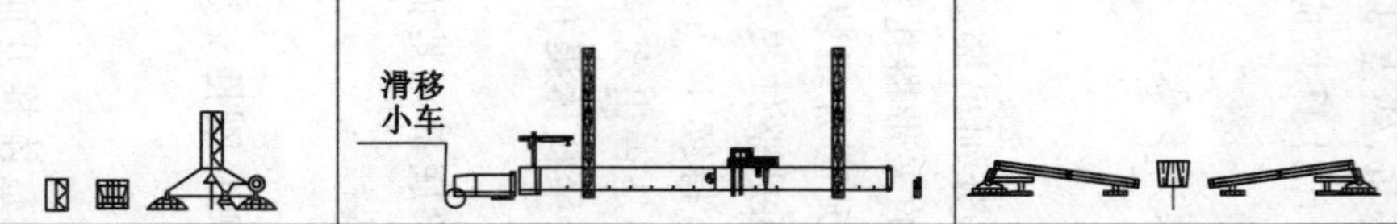  | | | 安装维修吊，扒杆吊装上下小车，呈可提升状态 |
| 步骤 2 | 扒杆把刚性支腿下分段翻身，在轨道一侧就位 | 提升 | 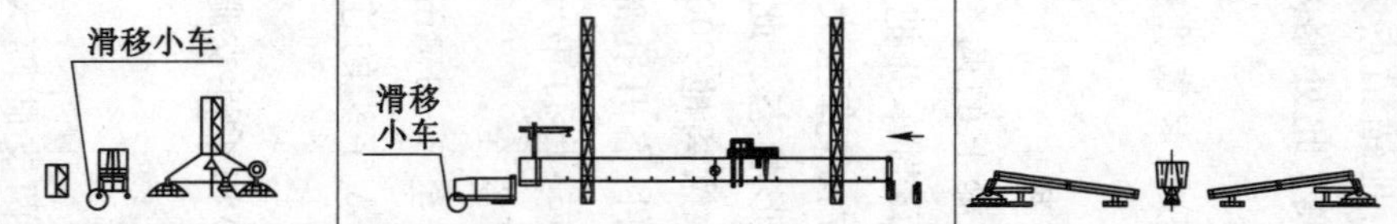  | | | 第一次提升，柔性支腿 A 字头滑移与大梁铰接，连接固定腿的各个部件及支撑的架设、行走机构等 |
| 步骤 3 | 安装下滑移小车，行走机构腿的铰接 | 提升 | 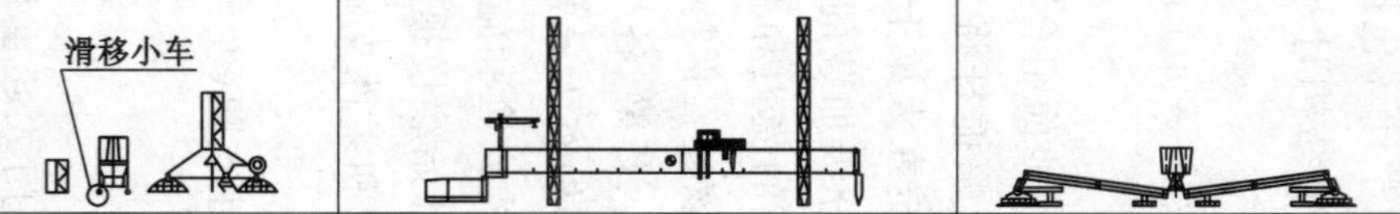  | | | 固定腿，焊接支架 |
| 步骤 4A | 提升大梁 | 提升 | 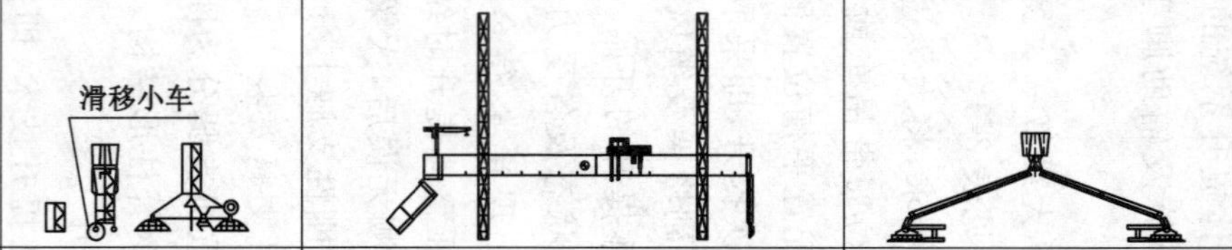  | | | 固定腿及行走机构随提升合拢 |
| 步骤 4B | 提升大梁 | 提升 | 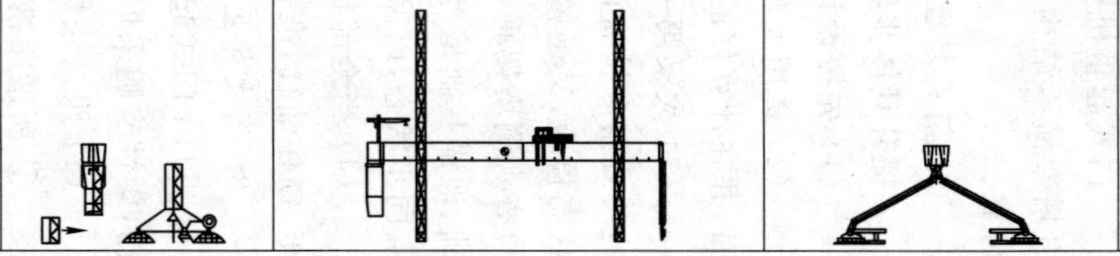 | | | 柔性支腿随提升缓慢合拢，将刚性支腿三分段滑移至侧腿四分段下面 |

表 3-3(续)

| 步骤 | 工作过程 | 塔架功能 | 部件安装步骤展示 | | | 说明 |
|---|---|---|---|---|---|---|
| | | | 左部展示 | 正面展示 | 右部展示 | |
| 步骤 5 | 下腿焊接和螺栓连接,行走机构到位 | 提升<br>下降 | 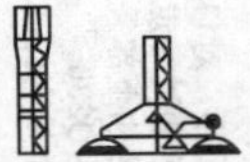 | 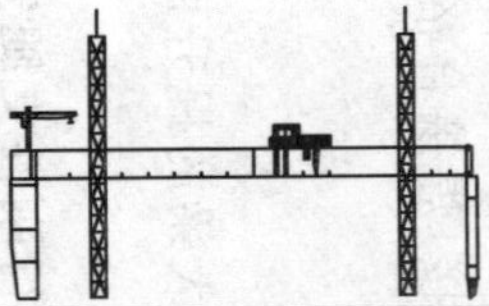 | 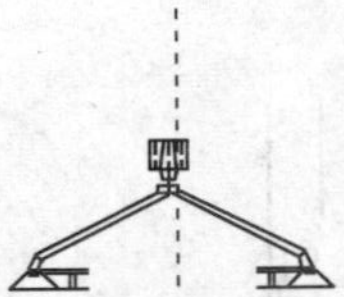 | 柔性支腿随提升合拢,刚性支腿三分段与四分段焊接 |
| 步骤 5A | 固定腿,提升大梁 | 提升 | 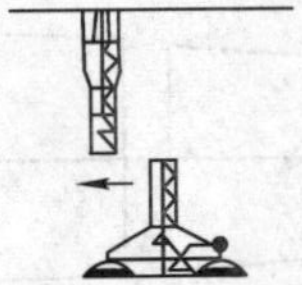 | 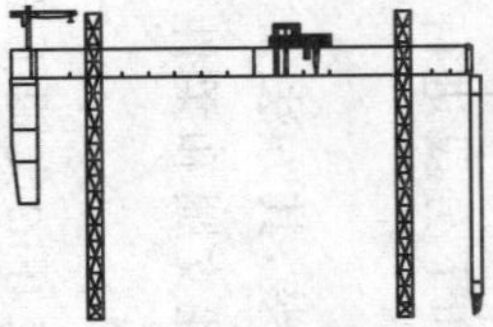 |  | 随提升合拢 |
| 步骤 6 | 行走机构到位 | — | 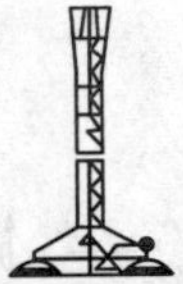 | 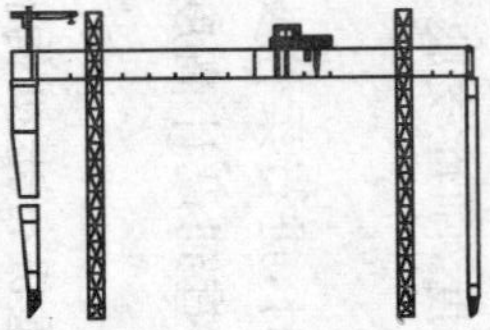 |  | 随提升合拢 |
| 步骤 7 | 下放大梁,与腿连接 | 下降 |  | 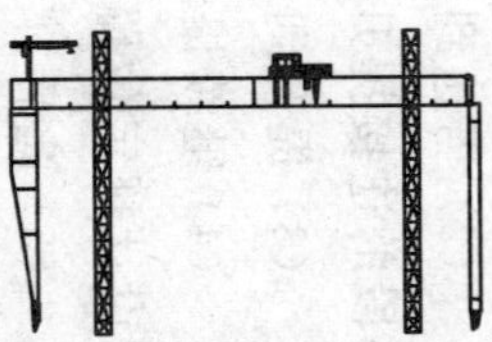 | 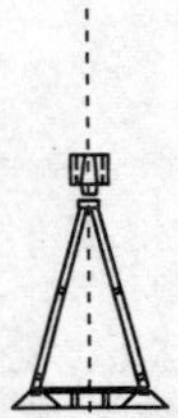 | 最终合拢对位 |
| 步骤 7A | 腿与行走机构的焊接 | 下降 | | | | |

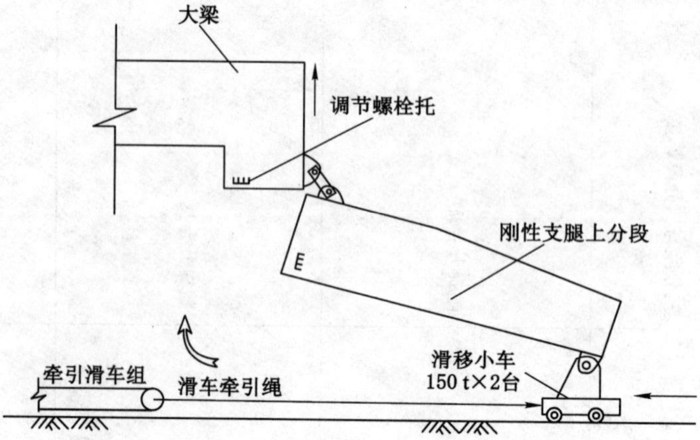


图 3-23　刚性支腿上分段滑移吊装示意图

4. 门式起重机第二次整体提升

(1) 随着刚性支腿和柔性支腿的逐段安装，高度增加，因此，门式起重机大梁也随之不断提升高度，双侧支腿也随之升高。

(2) 当达到预定高度，刚性支腿上分段和下分段进行连接焊接，焊接合格后，再进行下一段的连接提升。

(3) 提升到 35 m 时，进行柔性支腿的安装，其方法如上所述。

(4) 继续提升大梁直到设计高度，而刚性支腿和柔性支腿随大梁的提升而自然到位达到设计规定位置。

(5) 此后，门式起重机行走机构拉入安装好的支腿下面，先进行刚性支腿安装、焊接、固定，如图 3-24 所示，再进行管状柔性支腿与行走机构的连接安装。

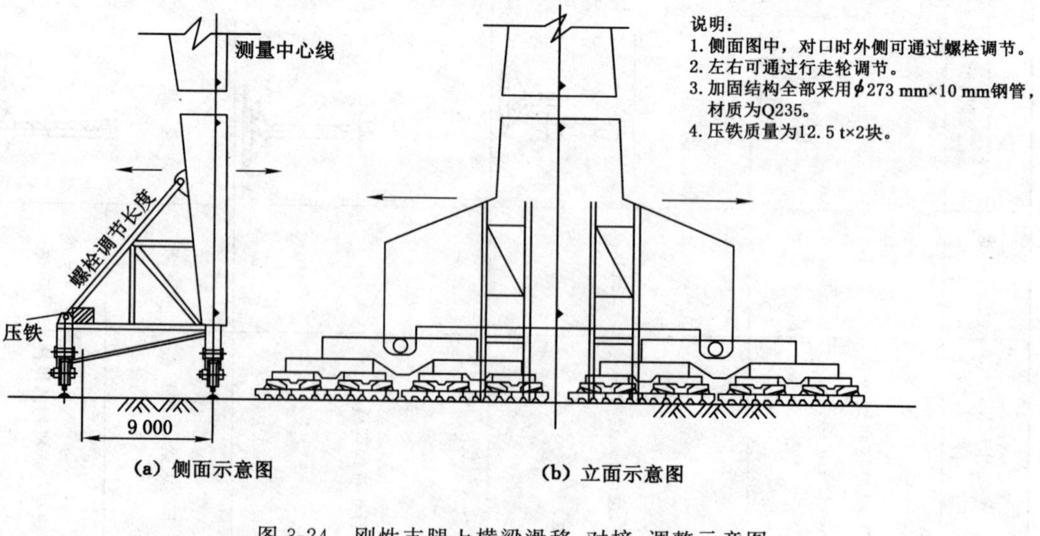


图 3-24　刚性支腿上横梁滑移、对接、调整示意图

(6) 柔性支腿由两组管状结构组成 A 字形钢结构，与行走机构连接时柔性支腿管上口用法兰与 A 字头连接，同时下口与柔性支腿下横梁也用法兰连接，柔性支腿下横梁断口处焊接连接，至此，柔性支腿与大梁提升同时完成安装，如图 3-25 所示。

(7) 全部完成提升后，将连接固定点全焊好，螺栓连接或高强螺栓连接的全部紧固，并观测安装质量或变形情况，经监理、业主等各方代表共同检测验收签字认可后，进行下一道工序。

图 3-25　柔性支腿安装

### 六、门式起重机卸载

所谓卸载，包括提升塔架的负载卸载和 900 t 门式起重机因安装、焊接、紧固等产生应力的结构卸载两种。即将提升塔架分别采取分级卸载的方式使门式起重机的结构分别分级承受自身结构重量，最终达到起重机上下小车、维修吊、大梁等全部重量的承载，直至达到设计要求。在整个卸载过程中要观测大梁等受力部件结构状态的变化。提升装置卸载注意事项是：

(1) 在单点下降过程中，严格控制下降操作程序，防止油缸偏载而造成塔架瞬间不对称超载。

(2) 在单点卸载过程中，还要严格控制和检测各点的负载增减状况，防止某点不均匀过载。两组塔架的提升点要同步卸载。

(3) 观察油顶的压力，通过计算机读数监视两点的平衡。

(4) 如果出现两点高差不同时，应由计算机操作人员及时调整两点的平衡值，使其两点基本等值，最终达到同时卸载的目的。

(5) 待门式起重机全部落地并能行走自如后，观察一段时间后将提升塔架全部依序拆卸,至此,门式起重机整体提升全部完成。

(6) 材料与设备:该技术需用大量的厚钢板和圆钢等作为安装的手段用料和技术措施用料,还需要相当数量的结构型钢和基础、锚点混凝土等材料,此处不一一叙述了。

## 七、安全措施

(1) 严格安全技术交底,施工前所有施工人员要对施工方案及工艺进行了解,熟悉操作过程和具体步骤。在施工过程中,任何人不得随意改变施工方案的作业要求,如有特殊情况进行调整,必须通过一定的程序以保证整个施工过程安全。

(2) 所有施工人员(焊工、起重工、操作工等)要严格培训,合格后方可上岗,进入施工现场要遵守“现场六大纪律”。确定每个人员的岗位职责,做到每天班前教育、班前检查、班后总结,所有施工人员必须严格遵守现场条令及集团公司有关场外作业安全规章制度。

(3) 所用起重吊索具要有6倍以上的安全系数,捆绑钢丝要有10倍以上的安全系数。

(4) 在施工区域拉好红白带,专人看管,严禁非施工人员进入。吊装时,施工人员不得在构件、起重臂下或受力索具附近停留。

(5) 严禁在风速5级以上时进行安装工作。

(6) 起重人员要遵守“十不吊”原则,指挥人员要口令清晰,指挥正确,操作人员要集中精力认真操作,听从指挥。任何人不得随构件升降,构件起升要平稳,速度要慢,避免振动和摆动。

(7) 钢绞线在安装时,地面应画好安全区,以避免重物坠落,造成人员伤亡;在正式提升时,也应画出安全区,未经许可不得擅自进入施工现场;主梁提升空间内不得有障碍物;在提升过程中,应采用挂牌制,一人一锚观察地锚、安全锚、油缸、钢绞线、缆风绳的工作情况,若有异常,直接通知控制中心。

(8) 施工前对所有的链条葫芦、钢丝绳、滑车、卸卡、卷扬机等工器具要仔细检查记录,合格后方可使用。

(9) 卷扬机的第一个滑轮中心应与卷扬筒中心线垂直,且与卷筒间距大于卷筒宽度的20倍。卷扬机操作人员持证上岗,并定期检查。卷扬机固定采用和埋件焊接方法,如采用坑锚等方式,要经过计算。

(10) 现场指挥系统必须统一,信号要做到统一清楚。高空、地面、操作等一切施工单位必须配置统一频率的对讲机通信工具。

(11) 由计算机控制读数,此工作需由认真负责操作、有专业知识的人负责。

## 八、效益分析

(1) 节约成本、缩短工期:超大型起重机整体提升新施工技术的成功实施,大大地缩短了超大型设备的施工周期。国内单塔架吊装施工方法以南通中远、葫芦岛渤海造船厂、外高桥造船厂和沪东造船厂等的5台吊车的安装周期为例,因塔架不能自顶自卸,需用大型吊机配合。该公司自主研究的设备仅这两项就节省总工程款约40%。另外工艺改变,如原本使用钢丝绳拉缆风绳,现使用钢绞线,钢丝绳的价格高于钢绞线20%。这两项措施,直接节约成本45%左右。

(2) 安全性高:双塔架本身能承受门式起重机的自重,塔架底部与基础采用螺栓连接,缆风绳采用钢绞线通过油缸收紧，使用液压垂直提升的油缸施工是成熟的技术，十分安全，还节省了一半的施工时间。

(3) 双塔架、大吨位、超高门式吊的实施，为超高、大吨位的设备吊装创造了方便。2011年在内蒙古成功一次性整体吊装了直径 8 m、高 100 m、质量 1 800 t(重)的化工塔，开创了我国化工行业大型塔类整体吊装的先例，社会意义重大。

(4) 社会贡献率大。

由于采用双塔油缸同步提升，因此节省了大型吊车的昂贵台班费和进出厂费用，既可节约安装成本 40%左右，又节油和减少二氧化碳排放量。

节省数吨钢脚手架和钢平台，节约大量钢材，节省了建设成本。

由于采用聚四氟乙烯板减小支腿位置摩擦因数，取消润滑油，因此消除了油污染，保护了环境。

上述措施为业主节省了投资，社会效益、经济效益极好，深受业主欢迎。

# 第四章 高强钢的焊接技术

## 第一节 高强钢的用途及发展

### 一、低合金高强钢的用途

目前世界钢产量中有70%以上属于工程结构用钢，而工程结构用钢中60%以上属于低合金钢。由于国民经济各行业使用的工程结构用钢对钢材性能的要求越来越高，因而低合金钢的发展相当迅速，所占比例还将不断提高。

1. 普通低合金钢的应用

普通钢结构指一般用途的各种钢结构，如建筑、桥梁和车辆等，这类钢通称为普通低合金结构钢。其中大部分是C-Mn钢、C-Mn-V钢、C-Mn-Nb钢和C-Mn-V-Nb钢。对于抗拉强度在600 MPa以下的钢，一般为热轧状态供货。对于强度级别较高或对冲击韧性有特殊要求的钢材，应以正火状态或调质状态供货。对于利用沉淀强化机制提高合金强度的低合金钢，必须以正火状态供货。

为了保证钢材具有良好的焊接性，钢中的碳含量应控制在0.2%以下。热轧状态的结构钢的碳当量一般不应超过0.44%。

碳当量高于0.44%时，在12 mm试板上单道焊缝热影响区的最高硬度超过350 HV时应采用预热焊接。当低合金钢用于桥梁、海上建筑和起重机械等重要焊接结构时，应根据结构的最低工作温度提出冲击韧性的要求。对于在大气温度环境下工作的低合金结构钢，冲击吸收功(O、V形缺口冲击试样)至少应达到27 J的最低要求。

低合金钢焊接结构的零部件通常需要经过加工成形—焊接—焊后热处理等工序，这就要求钢材具有良好的工艺性能。工艺性能包括金属的焊接性，切削性能，冷、热加工性能，热处理性能，可锻性，组织稳定性及大截面的淬透性等。在考虑材料成本的同时还应考虑材料加工、焊接难易程度不同对制造成本的影响。

不同强度级别低合金结构钢的用途和特性见表4-1。

**表4-1 低合金结构钢的用途和特性**

| 钢号 | | 用 途 | 特 性 |
|---|---|---|---|
| Q345 | 16Mn | 各种大型船舶、车辆、桥梁、管道、锅炉、压力容器、石油储罐、起重及矿山机械、电站设备、厂房钢架等承受动载荷的焊接结构。−40 ℃以下寒冷地区的各种金属结构件，可代替15Mn作渗碳零件 | 强度级别为345 MPa，在热轧或正火状态下使用。综合力学性能、焊接性及低温韧性、冷冲压及切削性均较好，与Q235钢相比，强度提高50%，耐大气腐蚀性能提高20%～38%，低温冲击韧性也比Q235钢优越，但缺口敏感性较碳钢大，价廉，应用广泛 |

表 4-1(续)

| 钢号 | | 用途 | 特性 |
|---|---|---|---|
| Q345 | 14MnNb | 工作温度为－20～450 ℃的容器及其他焊接件 | 强度级别为345 MPa,在热轧或正火状态下使用。综合力学性能良好,特别是塑性、焊接性能良好,低温韧性相当于16Mn |
| Q390 | 15MnV | 中高压锅炉汽包、高中压化工容器、大型船舶、桥梁、车辆、起重机及其他较高载荷的焊接结构件,可代替12CrMo用作锅炉钢管,也可用作低碳马氏体淬火钢制作受力较大的连接构件 | 强度级别为390 MPa,在热轧或正火状态下使用。与16Mn相比,强度级别有所提高,520 ℃时有一定的热强性,焊接性良好,但缺口及时效敏感性比16Mn大,冷加工变形性能也较差,综合性能以薄板最好,推荐使用温度范围为－20～520 ℃,低温冲击载荷较大场合使用时最好经正火处理 |
| | 15MnTi | 可代替15MnV钢制作承受动负荷的焊接结构件,如汽轮机发电机弹簧板、水轮机蜗壳、压力容器及船舶、桥梁等 | 强度级别为390 MPa,在正火状态下使用。性能与15MnV基本相同,但在正火状态下的焊接性、冷卷及冷冲压加工性能均优于15MnV,且易进行切削加工,热轧状态时厚度大于8 mm的钢板,其塑性、韧性均较差 |
| | 16MnNb | 大型焊接结构,如容器、管道及重型机械设备 | 强度级别为390 MPa,在热轧或正火状态下使用。性能和16Mn相同,但因加入少量铌,故比16Mn有更高的综合力学性能 |
| Q420 | 14MnVTiRE | 大型船舶、桥梁、高压容器、重型机械设备及其他焊接结构件 | 强度级别为440 MPa,在热轧或正火状态下使用。综合力学性能、焊接性能良好,特别是低温韧性良好 |
| | 15MnVN | 大型船舶、桥梁、电站设备、起重机械、机车车辆、中或高压锅炉及压力容器,以及其他大型焊接结构件(小截面钢材在热轧状态下使用,板厚或壁厚大于17 mm的钢材经正火后使用) | 强度级别为440 MPa,在热轧或正火状态下使用。力学性能比15MnV高,但热轧状态时的厚钢材(大于20 mm)塑性、韧性较低,正火后则有所改善,热轧状态焊接脆化倾向比较严重。冷热加工性能较好,但冷作时对缺口敏感性较大 |

近30年来低合金高强钢受到世界各国的普遍关注,并仍将成为今后20～30年材料发展的基本方向。

应用低合金高强钢的目的,是减轻焊接结构的重量,节约材料和缩短焊接工期,使焊接产品和结构不但经济,而且可以提高生产效率和使用性能。低合金钢焊接产品和结构的可靠性和安全性是特别值得关注的。使用高强度钢的工业部门,有船舶、海洋结构、建筑、石油、石化、电力、冶炼、桥梁、锅炉及压力容器、工程机械等。

2. 低合金调质钢的应用

科学的发展和技术进步,使焊接结构设计向高参数、轻量化及大型化发展。低合金钢由于性能优异和经济效益显著,在焊接结构中得到越来越广泛的应用。

低合金调质钢广泛应用,在工业生产和国防建设的各个领域都取得了十分明显的经济效益和社会效益。这类钢强度高、韧性好,为节约钢材和减轻焊接结构自重创造了条件。对于车辆、船舶、工程机械等运行结构，由于减轻自重，可以节约能源、提高运载能力和工作效率。采用焊接性好的低合金调质高强度钢可促进工程结构向大型化、轻量化和高效能方向发展。由于壁厚减薄，重量减轻，从而减少焊接工作量，为野外施工、吊装创造了条件。这类钢强韧性和综合性能好，可以大大提高设备的耐用性，延长其使用寿命。

焊接无裂纹钢在日本已普遍用于制造城市液化气的球罐，焊接这类钢时采用超低氢焊材后，在板厚 50 mm 以下或在 0 ℃都可以焊前不预热。WCF-80 钢是我国继 WCF-62 钢之后，开发的焊接裂纹敏感性小的高强度焊接结构钢，这种钢具有很高的抗冷裂性能和低温韧性，主要用于大型水电站、石化和露天煤矿等。

抗拉强度 700 MPa 的低合金调质高强度钢具有较好的缺口冲击韧性，可用于在低温下服役的焊接结构，如露天煤矿的大型挖掘机及电动轮自卸车等。抗拉强度 800 MPa 的低合金调质高强度钢主要应用于工程机械、矿山机械的制造中，如推土机、工程起重机、重型汽车和牙轮钻机等。抗拉强度 1 000 MPa 以上的低合金调质高强度钢主要用于工程机械高强耐磨件、核动力装置及航海、航天装备上。

## 二、低合金钢的发展

具有铁素体＋珠光体组织的低合金钢，经过固溶强化和沉淀强化，在保持较好的综合力学性能的条件下，其屈服强度最高可达 470 MPa。若希望获得强度更高的低合金钢，就要考虑获得其他类型的基体组织，因而发展了低碳贝氏体型低合金钢、低碳索氏体型低合金钢、针状铁素体型低合金钢、低碳马氏体型低合金钢。另外，还可通过控制轧制方法来获得较高强度的低合金钢。

### 1. 发展低碳贝氏体型低合金钢

低碳贝氏体型低合金钢的主要特点是使大截面的结构件在热轧空冷（正火）条件下，获得单一的贝氏体组织。发展贝氏体型低合金钢的主要冶金措施是向钢中加入能显著推迟珠光体转变而对贝氏体转变影响很小的元素，从而保证热轧空冷（正火）条件下获得贝氏体组织。

目前，贝氏体型低合金钢多采用 Mo0.5％＋B0.003％为基本成分，以保证得到贝氏体组织，此外加入 Mn、Cr、V 等元素是为了进一步提高钢的强度及综合性能。这些元素的作用是：

(1) 产生固溶强化作用；

(2) 降低贝氏体转变温度，使形成的贝氏体及其析出的碳化物更加细小；

(3) 强烈推迟 C-曲线中的珠光体转变，进一步提高贝氏体的淬透性；

(4) 提高回火稳定性(Mo 和 V 最有效)。

低碳贝氏体型低合金钢的焊接性能很好。这是因为贝氏体的转变温度较高(大于 300 ℃)，可使组织应力得到充分消除，而且体积效应较小，不易出现焊接脆性。

### 2. 低碳索氏体型低合金钢

提高低合金钢强度的另一途径是采用低碳低合金钢淬火获得低碳马氏体，然后进行高温回火，获得低碳回火索氏体组织，以保证钢材具有良好的综合力学性能和焊接性能。生产这种钢有一定困难，因为钢材在淬火时容易变形，所以钢板和型钢必须在专用淬火设备上进行淬火处理，而截面厚度大的钢板不易完全淬透。

与热轧或正火状态使用的铁素体＋珠光体型普通低合金钢不同，低碳索氏体型低合金钢的强度主要取决于碳含量及钢的回火稳定性。所选用的合金元素及其含量应保证钢材具有足够的淬透性、较高的回火稳定性和良好的焊接性能。

低碳索氏体型低合金钢易于焊接，焊前不预热，具有良好的焊接性能。低碳索氏体型低合金钢已经在工程机械、重型载重车辆、桥梁、水轮机及舰艇等方面得到应用。我国在发展低碳索氏体钢方面做了大量的工作，取得快速发展并成功地应用于导弹、火箭等国防工业中。

3. 控制轧制钢的应用

在普通低合金钢中加入微量的碳化物形成元素（Ti、Nb、V 等），可以产生显著的沉淀强化效果，但同时也使钢的冷脆倾向增大。所以，为了充分发挥 Ti、Nb、V 等元素的沉淀效果，必须相应地采取韧化措施，即采用控制轧制工艺。

控制轧制是将普通低合金钢加热到高温（1 250～1 350 ℃）进行轧制，但必须将终轧温度控制在 $Ar_3$附近。

国外已成功地对含 Nb 的普通低合金钢进行了控制轧制，使钢材屈服强度 $\sigma_s$达到 500 MPa 以上，而脆性转变温度下降到－100 ℃以下，从而获得了良好的强韧化效果。

目前控制轧制在冶金厂广泛用以生产钢板、钢带和钢棒。经常采用的是“粗轧→待温→终轧”工艺，即在高温快速再结晶区内轧几道，待温度降低一些再进行终轧。待温阶段主要是保证终轧在无再结晶区和两相区进行。

4. 发展针状铁素体型低合金钢

为了满足在北方严寒条件下工作的大直径石油和天然气输出管道用钢的需要，目前世界各国正在发展针状铁素体型低合金钢，并通过轧制获得良好的强韧化效果。针状铁素体钢控制轧制后可使屈服强度 $\sigma_s$达到 490 MPa 以上，而脆性转变温度在－100 ℃以下。而且其焊接性能相当良好，可以用普通电弧焊进行焊接。

针状铁素体型低合金钢合金化的主要特点，一是采用较低的碳含量（0.04%～0.08%），二是主要用 Mn、Mo、Nb 元素进行合金化，三是对 V、Si 等元素以及 N、S 含量加以适当限制。

研制针状铁素体型低合金钢的着眼点在于：

(1) 通过轧制后冷却时形成的非平衡针状铁素体（实际上是无碳贝氏体），提供大量的位错亚结构，为以后碳化物的弥散析出创造条件，并可保证钢管在原板成形时有较大的加工硬化效应，以防止强度降低。

(2) 利用 Nb(C、N)为强化相，使之在轧制后的冷却过程中，以及在 575～650 ℃时从铁素体中弥散析出造成弥散强化，可使基体屈服强度 $\sigma_s$提高 70～140 MPa，但又相应使脆性转变温度提高约 8～19 ℃，为此需要采取相应的补救措施。

(3) 采取控制轧制细化晶粒，将终轧温度降低至 740～780 ℃（$Ar_3$附近），并使在 900 ℃以下的形变量达到 65%以上。在每道轧制后用喷雾快冷，以防止碳化物从奥氏体中析出而减弱时效强化效果。

## 第二节　超超临界锅炉受热面管 T92 钢焊接技术

随着经济技术的发展和电网容量的扩大，高效率、低污染、高参数、大容量的 600 MW、1 000 MW 超临界和超超临界机组不断发展，SA213-T92(以下简称 T92)钢是在 T91 钢的基础上加入 1.5%～2.0%的 W，同时降低 Mo 含量，降低 C、S、P 含量使钢质纯净化，添加微量的 Nb、A1、N、V 进行微合金化和采用控轧控冷工艺(TMCP)得到的细晶强韧型马氏体耐热钢。凭其高的强韧性、抗高温蠕变性，越来越多地应用于该类机组的高温过热器、高温再热器、屏式过热器等主要部件中。但 T92 钢的焊接性能较差，易氧化起渣、产生裂纹等，危害很大。为了适应我国大型、高效、环保型超临界和超超临界火电机组建设发展的需要和确保焊接质量，某电力建设工程公司针对 T92 钢焊接性能做了充分研究和分析，完成了焊接工艺试验与评定，制定了详细的焊接工艺方案，正确指导了所承建工程的 T92 钢焊接施工。其焊接技术为推动超(超)临界机组采用新型钢作出了重要贡献，创造了可观的经济效益和社会效益。

T92 钢焊接技术首次应用于某发电厂一期 2×600 MW 工程 1 号机组，该机组锅炉为哈尔滨锅炉厂生产的超超临界参数变压直流炉、一次再热、平衡通风、半露天布置锅炉。末级过热器部分管材为 SA213-T92 钢，现场焊口规格为 $\phi$57 mm×12.7 mm，共有焊口 816 只，施焊时间为 2007 年 3 月。焊口经 100%外观检查和射线拍片检验，一次合格率 99.75%。焊口在水压试验、点火冲管和整套试运过程中未发生任何泄漏、爆管等焊接质量事故。

该焊接技术如今已经成功推广和应用于 660 MW 以及 1 000 MW 超超临界机组工程锅炉受热面管 T92 钢的焊接。

### 一、焊接技术工艺

1. 焊接材料选择

按照焊缝金属的化学成分和力学性能应与母材相当的原则，同时满足焊接材料熔敷金属的下转变点应与被焊母材相当的原则选择焊接材料。SA213-T92 钢选用的焊丝型号为 ER90S-G(符合 AWSA5.28 标准)，规格为 $\phi$2.4 mm；焊条型号为 E9015-G(符合 AWSA5.5 标准)，规格为 $\phi$2.5 mm。

2. 预热和保温

预热和保持层间温度是为了降低焊接残余应力、减缓马氏体转变时的冷却速度，防止生成碎硬的粗大的马氏体，从而达到防止焊缝产生冷裂纹的目的。斜 Y 形坡口拘束冷裂纹试验和插销冷裂纹试验结果表明，T92 钢的临界冷裂温度为 100～150 ℃。为了防止冷裂纹，T92 钢的预热温度控制在 100～200 ℃，层间温度控制为 150～250 ℃即可。过高的预热温度和层间温度，对防止冷裂纹没有必要，而且还会因在焊接热循环的共同作用下，使焊缝金属在高温(1 100 ℃以上)停留时间长，晶粒长大变脆，致使焊缝韧性降低。

3. 线能量控制

焊接线能量大，焊缝金属在高温(1 100 ℃以上)停留时间长，晶粒长大变脆，焊缝韧性降低。因此，焊接选用 $\phi$2.4 mm 的焊丝打底、$\phi$2.5 mm 的焊条填充和盖面。焊接时通过有效控制焊层厚度和焊接速度达到控制热输入的目的。线能量控制在 22 kJ/cm 以内，焊道厚度控制在 2～3 mm，焊道宽度不得超过焊材直径的 3 倍。

4. 焊后热处理

T92 钢马氏体转变终了温度大约为 100 ℃，因此，确定焊口施焊完毕冷却至室温后 1 h（待马氏体完全转变后）进行焊后热处理。热处理恒温温度为(760±10) ℃，恒温时间为 1 h（管子壁厚≤12.5 mm 时）或 2 h（管子壁厚＞12.5 mm 时），热处理升降温度为 150 ℃/h，保证焊缝马氏体得到充分回火形成回火马氏体。

5. 焊接工艺特点

(1) 选用手工钨极氩弧焊打底、手工焊条电弧焊填充和盖面的工艺，在确保焊接接头具有良好的焊缝组织和综合性能的同时，具有较高的焊接工作效率。

(2) 选用带有高频引弧与电流衰减功能的焊机和氩弧焊枪施焊，可有效避免高合金钢焊接起弧和收弧处出现焊接缺陷。

(3) 采用管子内部充氧保护，根部用氩弧焊焊两层的工艺，防止根层高合金钢焊缝高温氧化和烧穿，确保了根层质量。

(4) 操作性强。通过有效地控制焊层厚度及焊接速度达到控制热输入的目的，并通过控制热处理时机与热处理温度达到控制焊缝组织形态，提高了焊缝金属的冲击韧性，保证了焊接接头的强度指标和优良的综合性能，对今后 T92 钢现场焊接施工具有指导意义。

## 二、焊接工艺流程

锅炉受热面管 T92 钢焊接工艺流程如图 4-1 所示。

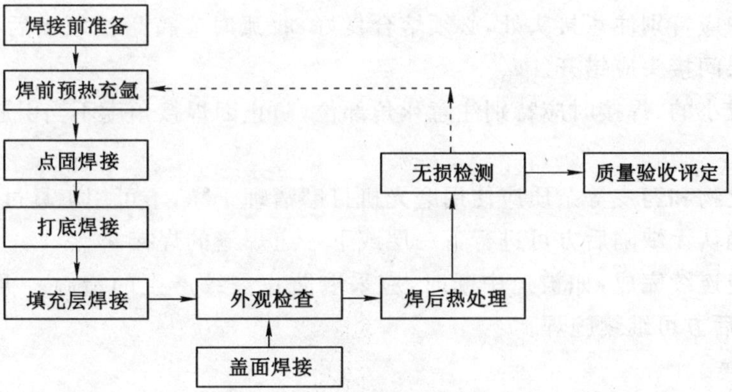


图 4-1　T92 钢焊接工艺流程图

## 三、焊接技术要点

1. 焊前预热

预热从对口中心开始，每侧不少于焊件厚度的 3 倍，且不小于 100 mm。预热应采用中性焰加热，并不断均匀移动烘把，严禁火焰局部停止不动。预热过程中，应采用便携式红外线测温仪测温，并记录温度。预热温度控制为 100～200 ℃，达到规定的温度应恒温 3 min 后方可开焊。层间温度应不低于预热温度，且不高于 250 ℃。

2. 点固焊接

点固焊接应与正式焊接要求相同，采用直流正接法，并采用高频引弧装置。点固焊接位置应在不影响视线便于操作处，长度不超过 10 mm，厚度不超过 3 mm。

点固焊接时氩弧焊枪应提前送氩、滞后断氩；电弧熄灭以后应继续对熔池进行氩气保护直到溶池冷却到看不到暗红色方可移开焊枪。

点固焊接后应检查点焊质量，如有缺陷应立即清除，重新进行点固焊接。点固焊接将作为打底焊的一部分，因此必须保证熔合良好。

3. 打底焊接

焊接时铝箔纸应逐步揭开，揭一段焊一段，以确保管内气体保护效果。

打底过程中应密切注意焊枪的角度，使氩气流能充分保护熔池。添加焊丝时，应注意沿一定的角度送入，切忌干扰氩气对溶池的保护。添丝完毕，焊丝头部不应立即脱离氩气的保护范围，以防高温部分被氧化。

打底焊应确保根部熔透和坡口边缘熔合良好，要防止产生焊瘤或焊丝头，打底时应控制好电弧，焊枪摆动及送丝要均匀，不能靠送丝的力量来突出根部。打底层厚度一般为 2.4～3 mm。

打底焊结束应及时进行表面检查，确认无表面缺陷时再进行填充层焊接。

4. 填充层焊接

打底焊结束应及时进行加厚层焊接，为了防止烧穿和根层氧化，第二层仍采用氩弧焊工艺。随后的填充层焊条电弧焊采用 $\phi$2.5 mm 焊条施焊，控制焊层厚度不大于 2.5 mm，单层焊道摆动宽度不大于 10 mm，焊接线能量控制在 22 kJ/cm 以内。

施焊过程中应特别注意接头处，必须熔合良好，收弧时应待熔池填满后再收弧，防止产生弧坑裂纹。层间接头应错开。

管子间距较小的，焊接时应特别注意死角部位，防止因焊接角度不当引起未熔、气孔、咬边等缺陷。

层间的氧化物和药皮等杂质应使用磨光机打磨清理干净，不可用工具过重敲击焊缝，防止产生裂纹。确认无缺陷后方可进行下一层或下一道焊缝的焊接。

施焊过程应连续完成，如被迫中断时，应采取防止裂纹产生的措施。再焊前应仔细检查，确认无裂纹后方可继续施焊。

5. 盖面焊接

盖面层焊接前，检查填充层是否将坡口基本填满，一般以低于坡口平面 1 mm 为宜。如果填充层焊缝超出坡口平面或不平整时，可进行适当的打磨和补焊，以保证焊缝表面成形美观。

盖面层焊接时，若坡口较宽，应按照工艺要求进行多道焊，焊道厚度控制为 2～3 mm、宽度≤8 mm 为宜，每一个焊道之间不允许有明显的沟槽。

盖面层焊接时，要注意控制好熔池的温度，一般情况下坡口两侧停留时间是焊缝中心的两倍。

焊接位置困难时，盖面层焊接要遵循先焊困难位置，后焊容易位置的原则，以防影响盖面焊缝成型。

6. 焊后热处理

(1) 焊口施焊完毕冷却至室温后 1 h(待马氏体完全转变后)进行高温回火处理。

(2) 焊后高温回火处理的具体方法和参数。加热方法:采用远红外电加热。升降温速率:要求 150 ℃/h。恒温温度:限定在(760±10) ℃。恒温时间:控制在 1 h(管子壁厚≤12.5 mm 时)或 2 h(管子壁厚>12.5 mm 时)。加热宽度:要求≥120 mm。保温宽度:要求≥440 mm。保温厚度:限定在 40～60 mm。T92 焊接和热处理温度控制示意可见图 4-2。

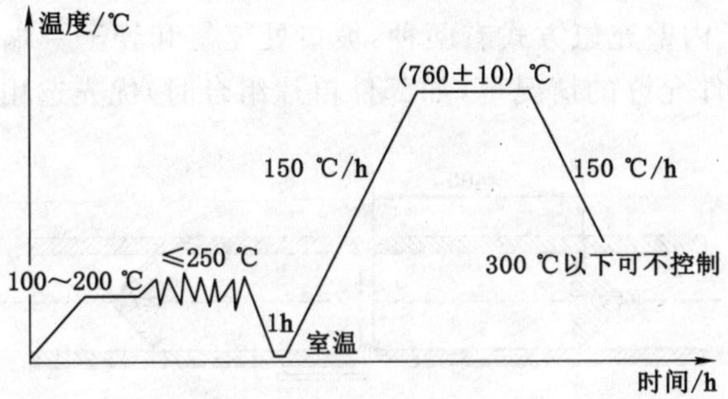


图 4-2　T92 焊接和热处理温度控制示意图

(3) 根据热处理管件的规格选择型号为 WRNK-191 型的热电偶,$\phi$=2.5 mm,$L$=1 000 mm,分度号为“K”型,采用点固焊的方式固定,同时应采用隔离措施保证加热器的电阻丝不会干扰测温。热电偶必须布置在有代表性的焊口上,每炉不少于两点。

(4) 加热器布置的宽度应比要求的加热宽度每侧多 60～100 mm,加热器的技术要求应符合《火力发电厂焊接热处理技术规程》(DL/T 819—2010)中附录 A 的规定,加热范围内任意两点的温差不得超过 20 ℃。

(5) 开机前应仔细检查恒温温度、恒温时间、升降温速率设定是否符合工艺要求;加热范围,保温层宽度、厚度是否符合工艺要求;热电偶的选择、安装方法、位置、数量是否符合要求;加热器的选择、温度控制分区是否合理,连接线是否正确,警戒线警示牌是否悬挂,所有上述项目确认无误后方可开机。

(6) 降温至 300 ℃以下时,可不控制,在保温层内冷却至室温。

(7) 热处理结束后应仔细检查热处理工件表面有无裂纹,热电偶有无损坏、位移,记录曲线与工艺卡上的工艺参数是否吻合,并签字确认。

(8) 无损检测及焊接接头质量验收。焊后热处理完成后,应委托检测单位进行无损探伤检验,经检验合格后,由焊接质量检查人员按工程验收程序进行焊接接头质量验收。

## 四、焊接质量控制

1. 施工人员资格控制

焊工必须持有上岗证且在有效期内,应工作作风严谨、技术成熟、有Ⅲ类钢小口焊接经验。正式焊接前应进行模拟练习与考核,考核合格后方可正式上岗焊接。

热处理工必须经过专门培训考核取得相应资格证书,且能独立从事热处理工作。

2. 坡口检查及环境要求

管子在组对前，应将坡口边缘 10～15 m 范围内的油、漆、锈、垢等清理干净，直至露出金属光泽，并检查管端应无重皮、裂纹、毛刺等缺陷。

施焊区域应有挡风、防雨、防雪、防寒、防潮等措施，并采取切实可行措施满足以下环境要求：焊接环境温度应在 5 ℃以上；焊接时的风速应符合手工电弧焊小于 8 m/s、氩弧焊小于 2 m/s 的要求；焊接电弧 1 m 范围内相对湿度应不大于 90%。

3. 充氩装置检查

T92 钢焊接时管子内壁充氩方式有两种：坡口处充氩和管子一端充氩，分别见图 4-3 和图 4-4。在部件安装条件允许的情况下（如部件单片组合时）优先选用管端充氩方式。

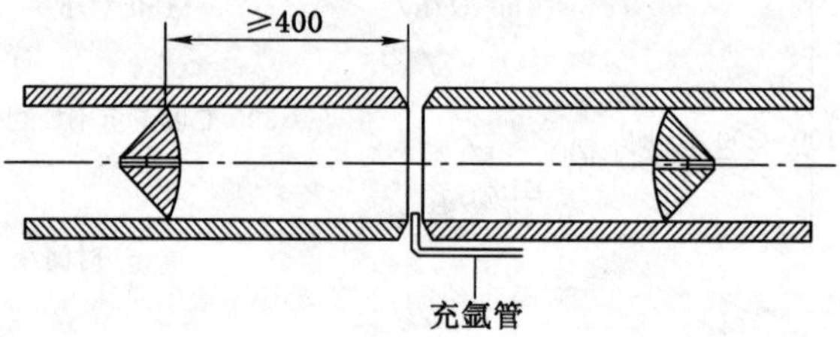


图 4-3　坡口充氩示意图

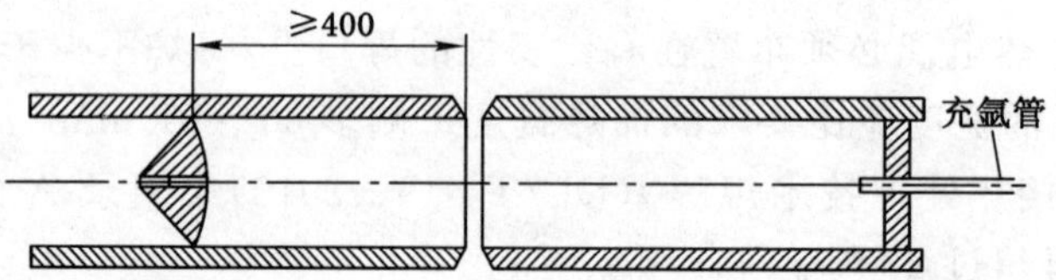


图 4-4　管端充氩示意图

采用坡口充氩时，对口前必须在管子内部设置充氩气室。气室深度应不小于 400 mm，以防止在预热或焊接时烧损。采用管端充氩时，将另一侧管子用可溶纸进行封堵，深度应不小于 400 mm。坡口处理用单层铝筒纸裹上，并留有长约 5 mm 的缺口（水平固定管留在水平位置），便于空气排出。

管内封堵用的可溶纸上应有 $\phi$2 mm 的小孔，便于气室内的空气排出和防止气室压力过大对根部成型不利。

4. 对口检查

焊前应检查对口装配情况，坡口型式和尺寸应符合图纸要求（均为 60°～70° V 形坡口，间隙 2～3 mm，钝边 0.5～1 mm）；对接管口端面应与管子中心线垂直，其偏斜度 $\Delta f$ 不得超过 0.5 mm；焊件对口时应做到内壁齐平，如有错口，则局部错口值不得超过壁厚的 10%，且不大于 1 mm。

5. 充氩及检查

开始充氩时，氩气流量可为 20 L/min，当氧气已经充满气室后，应将氩气流量调低至 6～8 L/min。

焊接前应检测氩气是否充满气室，方法为将打火机的火焰靠近铝筒缺口，如果火焰熄灭，说明氩气已经充满气室，可以焊接。

6. 焊缝外观质量

焊缝外观检查质量标准执行《火力发电厂焊接技术规程》(DL/T 869—2012)的规定，应符合：焊缝成型，即焊接过渡圆滑、匀直、接头良好；焊缝余高，平焊在 0～2 mm 之间、其他位置≤3 mm；焊缝余高高差≤2 mm；焊缝比坡口增宽＜4 mm；焊缝宽窄差≤3 mm；表露缺陷，不允许有裂纹、未熔合、根部未焊透、气孔、夹渣；咬边深度≤0.5 mm，焊缝两侧总长度≤10%焊缝全长且≤40 mm；根部凸出≤2 mm；内凹≤1.5 mm；外壁错口小于 10%，并且≤1 mm；角变形小于 1/100 等。

7. 焊缝无损检测

焊接接头实行 100%无损检测，其中 RT(射线检验)不低于 50%。RT 标准为《金属熔化焊对接接头射线检测技术和质量分级》(DL/T 821—2017)，合格质量级别为Ⅱ级；UT(超声波检验)标准为《管道焊接接头超声波检验技术规程》(DL/T 820—2002)，合格质量级别为Ⅰ级。

8. 缝硬度检验

焊接接头热处理完毕，应对焊接接头的焊缝和母材做 100%硬度测定。每个部位测定不少于 3 点，硬度测定平均值的合格标准应为 180～270 HB。

9. 焊接质量缺陷的预防及返修措施

(1) 严格按焊前、焊接过程中、焊接结束后 3 个阶段进行仔细的质量检查。班组和焊工应对焊缝表面进行 100%自检，合格后再逐级检查验收。

(2) 焊接场所要做好挡风、防雨、防雪、防寒、防湿等，并采取措施保证焊接场所的环境温度不低于 5 ℃，认真清理坡口两侧，焊丝清理干净，以防产生气孔、裂纹等缺陷。

(3) 操作时焊枪角度要正确，操作要熟练，以防产生未焊透、未熔合等缺陷。

(4) 为防止产生咬边，焊接到母材边缘时焊枪应指向母材金属，焊丝在焊缝两侧应填满。手工电弧焊时，焊条角度要适当，摆动时在坡口边缘要稍慢些。

(5) 手工电弧焊时，正确有规则地运条，搅拌熔池，促使铁水与熔渣分离，层间清理认真仔细，防止产生夹渣缺陷。

(6) 焊缝表面检查时，若焊缝成型不好，过渡存在突变现象，应打磨成圆滑过渡；若有表面超标缺陷，应打磨消除，必要时补焊。

(7) 焊接接头内部有超标缺陷需返修时，必须采用机械方法去除缺陷，但同一位置的返修次数一般不得超过两次并应遵守：彻底清除缺陷；返修后应重做热处理，热处理工艺和返修前一样；凡是不能用局部补焊法修复的缺陷，可采用机械法割除，重新加工坡口，对口焊接，焊接工艺和返修前一样；返修完毕，按原焊缝质量标准、方法进行检验等。

## 第三节　长距离输气管道焊接技术

西气东输二线管道所用材质为 X80 钢，是一种新型控轧控冷的低合金高强钢，具有高强度和良好的抗延性断裂能力，是输气管道中的高强级管材，其化学成分见表 4-2。

**表 4-2　X80 管线钢的化学成分(质量分数)**　　单位:%

| 钢号 | C | Si | Mn | Nb | V | Ti | S | P | N | O |
|---|---|---|---|---|---|---|---|---|---|---|
| 207 | 0.025 | 0.24 | 1.56 | 0.039 | 0.019 | | 0.000 6 | 0.002 | 0.006 2 | 0.004 3 |
| 5502 | 0.031 | 0.28 | 1.26 | 0.149 | 0.035 | 0.014 | 0.000 6 | 0.000 9 | 0.005 2 | 0.000 9 |

X80 钢采用了微合金化(加入微量 Nb、V、Ti)和控制轧制等新技术,达到了细化晶粒和沉淀强化相结合的效果。焊接中的主要问题是焊缝区合金元素的保护和热影响区的脆化问题。焊接过程中,基于对焊缝区合金成分的保护,根焊时采用合伯特公司的 MET-ALLOY 80N1 金属粉芯焊丝打底,来保证焊缝区的合金成分和强度。填充和盖面采用自保护药芯焊丝半自动焊,使用合伯特公司的 E81T8-Ni2J 自保护药芯焊丝。

## 一、焊前准备

管材直径为 1 219 mm,壁厚 18.4 mm。焊接位置为水平固定 5G 位管道向下立焊。复合坡口形式如图 4-5 所示。焊前将坡口面及坡口两侧 20 mm 范围内用钢刷打磨出金属光泽。

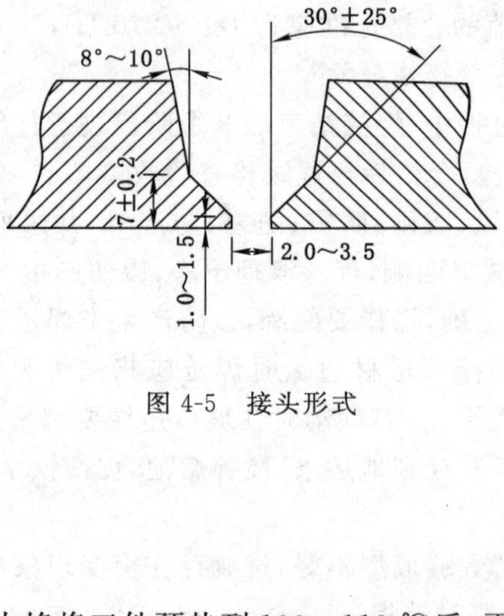


图 4-5　接头形式

## 二、焊接过程

1. 预热及层间温度

焊前清理完毕后,利用火焰将工件预热到 100～110 ℃后,再进行施焊。焊接时,层间温度不小于 60 ℃。

2. 根焊

引弧时,焊丝干伸长控制在 10 mm 左右,与工件间应保持一定的距离。在坡口的一侧,采用撞击引弧,防止产生气孔。平位焊时焊枪与焊接方向的夹角约为 70°～80°,立位焊接时焊枪与焊接方向的夹角约为 85°～90°,仰位焊接时焊枪与焊接方向的夹角约为 80°～90°。将待焊接头处用磨光机打磨成斜面,在斜面顶部 10 mm 处引弧。引燃电弧后,将电弧移至斜面底部进行焊接。焊接结束前,在弧坑已填满、电弧已熄灭的情况下,使焊枪在弧坑处停留几秒钟后离开,保证熔池凝固时得到可靠的保护。焊接工艺参数见表 4-3。

**表 4-3　X80 钢的焊接工艺参数**

| 焊层 | 焊丝直径 /mm | 焊接电流 /A | 焊接电压 /V | 焊丝干伸长 /mm | 保护气体 | 气体流量 /(L·min$^{-1}$) | 极性 |
|---|---|---|---|---|---|---|---|
| 根焊 | 1.2 | 160～180 | 14～17 | 10～15 | 80%Ar+20%$CO_2$ | 25 | 直流反接 |
| 热焊 | 2.0 | 180～200 | 18～20 | 15～25 | | | 直流正接 |
| 填充焊 | 2.0 | 200～270 | 18～20 | 15～25 | | | 直流正接 |
| 盖面焊 | 2.0 | 200～270 | 18～22 | 15～25 | | | 直流正接 |

3. 热焊和填充焊

根焊结束后的第一道填充称为热焊，根焊与热焊的间隔时间不超过 10 min。

(1) 引弧。引弧点在管上方 12 点位置。起弧点与根焊接头错开 10～20 mm，以避免焊道重叠产生缺陷。在收弧弧坑焊接方向反方向 5～10 mm 引燃电弧，如图 4-6 所示。

(2) 运弧。引弧后做锯齿形摆动。焊枪角度为 70°～80°，焊丝位于熔池的前沿朝焊接方向移动。焊丝摆动至坡口两侧时稍作停留，保证坡口两侧熔合良好。立焊时焊速要快，防止焊速过慢造成铁液下淌。当焊接的仰脸位为 5～6 点位时，焊枪角度为 100°～110°，如图 4-7 所示。此时采用 U 形挑弧摆动焊接法，如图 4-8 所示。

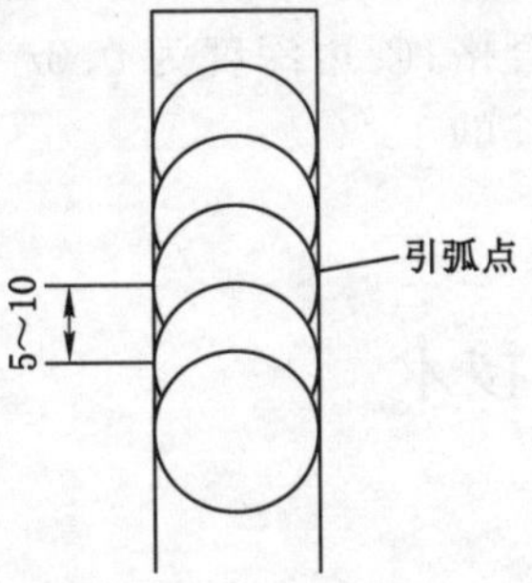


图 4-6　引弧位置

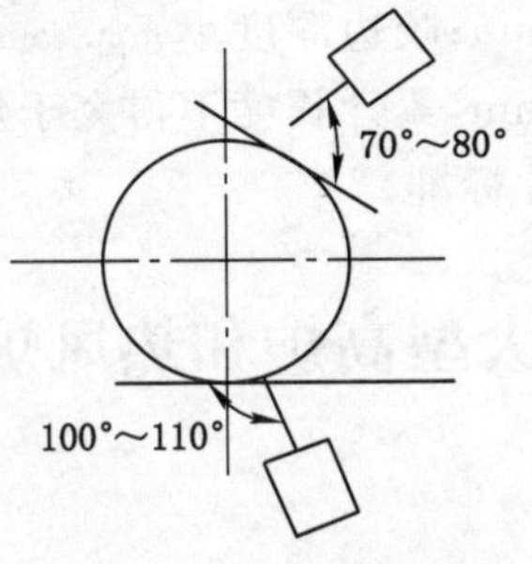


图 4-7　焊枪角度

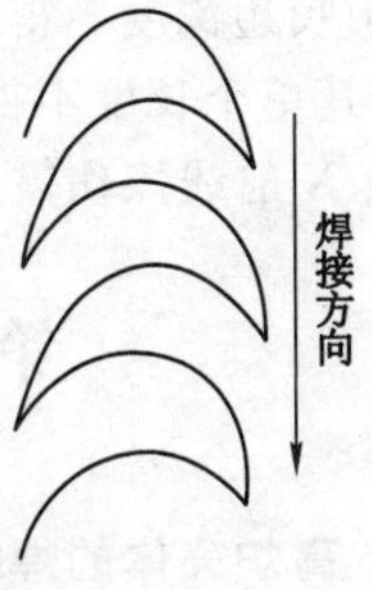


图 4-8　摆动方法

仰焊时在保证电弧稳定燃烧的同时，可适当增加焊丝的干伸长，以降低焊接电流，利于控制熔池温度及形状。最后一遍填充时不能过高，以填充厚度低于母材表面 1.0 mm 为宜。可根据坡口情况适当摆动，但不能破坏坡口边缘，以保证盖面焊缝成形美观。

盖面层焊接前，可在两侧 3 点和 9 点立焊位置进行补焊，使填充焊道距母材表面不低于 0.5 mm，以保证盖面焊时立缝成形饱满。每层填充焊后必须用角向磨光机和电动钢丝刷将焊缝表面的熔渣、飞溅及表面缺陷清理干净，将焊道打磨成两边稍高、中心略低的 U 形，可有效防止夹渣等缺陷的产生，如图 4-9 所示。

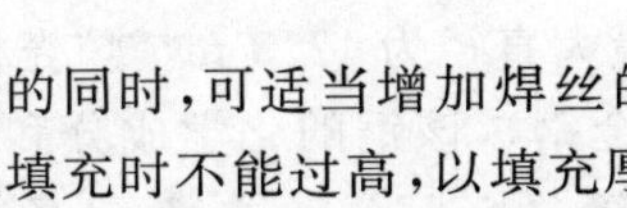

图 4-9　焊道充填形状

(3) 收弧。焊接过程中收弧时松开焊枪开关熄灭电弧，后半周与前半周扣头收弧时将弧坑填埋再熄弧。

4. 盖面焊

盖面焊的引弧、运弧和收弧过程同热焊和填充焊。盖面焊时焊丝摆动以满足焊缝外观成形的目的，即做锯齿形摆动电弧，以使坡口两侧母材充分熔化，焊缝宽度以坡口每侧熔化1.5～2 mm为宜。注意母材两侧停留时间，减少焊缝表面咬边缺陷，保证焊缝顺直。

### 三、焊后清理及外观检验

1. 焊后清理

利用钢丝轮和角向磨光机清理焊道表面的熔渣、粉尘及飞溅。打磨时不得伤及母材，不得破坏焊道原始表面。

2. 焊接检验

焊接检验包括以下几个方面：

(1) 焊缝外观成形均匀一致，焊缝及其附近表面不得有裂纹、未熔合、气孔、夹渣、飞溅、焊瘤和未焊透等缺陷。

(2) 焊缝表面不应低于母材表面，焊缝余高不大于1.6 mm，局部不得大于4 mm，焊后错边量不大于1.6 mm，焊缝宽度比外表面坡口宽度每侧增加0.5～2.5 mm，背面凹坑深度不大于1.4 mm，总长度不大于68 mm。

(3) 咬边深度不得超过0.5 mm；咬边深度小于0.3 mm为合格；咬边深度为0.3～0.5 mm时，其单个长度不得超过30 mm，累计长度不得大于焊缝全长的15%。

(4) X射线探伤需达到Ⅱ级片标准。

## 第四节　大型高炉和热风炉焊接技术

### 一、高炉壳体的焊接

随着我国现代化钢铁企业的发展，高炉容量不断扩大。某钢铁公司的1号和2号高炉，容积达4 063 $m^3$，高83 m，炉体最大直径为17.3 m。炉壳板厚范围为32～90 mm。炉壳材料为BB502钢(490 MPa级低合金钢)，该钢的化学成分和力学性能见表4-4。现场横焊缝共14条，其中对接焊缝13条，焊缝总长574 m；立缝48条，焊缝总长183 m。

**表4-4　BBS02钢的化学成分和力学性能**

| 化学成分(质量分数)/% | | | | | | | 力学性能 | | | | |
|---|---|---|---|---|---|---|---|---|---|---|---|
| C | Si | Mn | S | P | Nb | N | 板厚/mm | 抗拉强度/MPa | 屈服强度/MPa | 伸长率/% | 冲击功/J |
| 0.14～0.19 | 0.30～0.60 | 1.25～1.55 | ≤0.02 | ≤0.025 | 0.015～0.045 | ≤0.006 | 0～16 | 500～620 | ≥330 | ≥17 | ≥47 |
| | | | | | | | 16～40 | | ≥320 | ≥21 | |
| | | | | | | | >40 | | ≥300 | ≥23 | |

高炉壳体绝大部分为40～90 mm中厚钢板，结构刚性大。为了防止变形，在焊前装配

时，错边要严格控制在允许范围内，焊接时应采用对称焊和同时焊。为了防止产生焊接缺陷，构件装配时，应将横缝的装配间隙控制在 3 mm 以下。

1. 横缝焊接工艺及接头力学性能

(1) 焊接材料及坡口形式

焊条电弧焊打底采用超低氢 YT506AH 焊条，盖面采用低氢 YT506A 焊条。两种焊条熔敷金属的化学成分见表 4-5。

**表 4-5 电弧焊焊条 YT506AH 和 YT506A 熔敷金属的化学成分**

| 焊条牌号 | C | Si | Mn | S | P |
|---|---|---|---|---|---|
| YT506AH | 0.07 | 0.16 | 1.00 | 0.007 | 0.017 |
| YT506A | 0.08 | 0.24 | 1.16 | 0.005 | 0.023 |

高炉壳体横缝对接焊时，采用 K 形坡口。由于高炉壳体板厚不同，炉壳又有斜度，所以坡口形状、尺寸有些差异。坡口角度都开在上面板上。当两块板厚度不同时，厚钢板要削薄过渡。

(2) 焊接工艺

焊前对坡口间隙大于 3 mm 处，要堆焊一层使其间隙小于 3 mm。对炉缸带与风口带的横缝焊接时，为确保装配精度，在坡口间隙大于 3 mm 处，其内面焊上马架加以固定，定位焊在高炉壳体外面(即小面)进行。为了减少定位焊时高炉壳体的变形，某些定位焊位置两端要放置间隙衬垫，定位焊后去掉坡口内侧的间隙衬垫。

高炉壳体预热温度与板厚的关系见表 4-6。外侧预热，内侧测温。用红外线加热器进行加热，由集中电源供电，热电偶测温反馈自动控制。热电偶焊在内侧坡口上，加热器放置在离焊缝中心 100 mm 以外。加热电源可同时加热 6～12 处。

**表 4-6 高炉壳体预热温度与板厚的关系**

| 板厚/mm | 预热温度/℃ | 板厚/mm | 预热温度/℃ |
|---|---|---|---|
| 0～20 | 10 | 40～65 | 100 |
| 20～40 | 60 | >65 | 150 |

高炉壳体横缝焊接时，先焊内侧，内侧焊完后，立即对外侧进行碳弧气刨清焊根，并把间隙衬垫全部刨掉，然后焊接高炉壳体外侧。高炉壳体横缝焊条电弧焊的工艺参数见表 4-7。

**表 4-7 高炉壳体横缝焊条电弧焊的工艺参数**

| 焊条直径/mm | 焊接电流/A | 焊接电压/V | 焊接速度/($cm \cdot s^{-1}$) | 焊接热输入/($kJ \cdot cm^{-1}$) |
|---|---|---|---|---|
| 1 | 180～220 | 25 | 0.2 | 25～30 |
| 4 | 250～300 | 25 | 0.2 | 25～30 |

(3) 焊接接头的力学性能

高炉壳体焊条电弧焊横焊缝接头及焊缝金属的拉伸、V 形缺口冲击和冷弯性能见表 4-8。

表 4-8 高炉壳体焊条电弧焊横焊缝接头及焊缝金属的拉伸、V 形缺口冲击和冷弯性能

| 抗拉强度/MPa | 屈服强度/MPa | 伸长率/% | 冲击功 $A_{ky}$/J | | | | 冷弯($d=3a$,100°) | | |
|---|---|---|---|---|---|---|---|---|---|
| | | | 温度/℃ | 焊缝中心 | 熔合区 | 热影响区 | 正弯 | 背弯 | 侧弯 |
| 620 | 520 | 26 | 25 | 244 | 140 | 133 | 合格 | 合格 | 合格 |
| | | | 0 | 222 | 108 | 111 | | | |
| | | | −10 | 293 | 94 | 106 | | | |
| | | | −20 | 209 | 84 | 89 | | | |
| | | | −40 | 146 | 60 | 57 | | | |
| | | | −60 | 72 | 37 | 34 | | | |

2. 立缝电渣焊工艺

高炉壳体立缝电渣焊工艺有两种，即丝极电渣焊(KES)及管状焊条丝极电渣焊(SES)。两种方法都可在高空进行焊接，每带炉壳的立缝都要对称进行焊接。

(1) 焊接材料及坡口形成

丝极电渣焊采用 YCM(Mn-Mo 系，日本产)焊丝，焊丝直径 24 mm，焊剂为 YF15(日本产)；管状焊条丝极电渣焊采用 YZ4 管状焊条($\phi$12 mm×4 mm)，YCM 焊丝($\phi$2.4 mm)，焊剂为 YF1(日本产)。炉壳立缝电渣焊不同焊接材料的焊缝金属化学成分见表 4-9。

表 4-9 炉壳立缝电渣焊不同焊接材料的焊缝金属化学成分

| 焊接方法 | 焊接材料 | | | 焊缝金属化学成分(质量分数)/% | | | | | |
|---|---|---|---|---|---|---|---|---|---|
| | 管状焊接 | 焊丝 | 焊剂 | C | Si | Mn | S | P | Mo |
| 丝极电渣焊 | | YCM | YF15 | 0.15 | 0.38 | 1.38 | 0.012 | 0.017 | 0.15 |
| 管状焊条丝极电渣焊 | Y24 | YCM | YF1 | 0.14 | 0.36 | 1.40 | 0.010 | 0.015 | 0.15 |

高炉炉壳立缝电渣焊典型的坡口形式见图 4-10。

当高炉壳体板厚大于 55 mm 时，为了改善焊接接头的力学性能，特别是热影响区的冲击韧性，采用 X 形坡口进行两次电渣焊。先焊壳体立缝内面，后焊外面。当焊壳体立缝外面时，相当于对内面热影响区起到了一次焊后热处理作用。

(2) 丝极电渣焊(KES)焊接工艺

焊前检查组装精度，根据要求，装配间隙为 0～2 mm，错边量小于 3 mm。在外侧安装Π形马架。定位焊缝在内面，焊缝长 100 mm 左右，间距 400～500 mm。引出板材料与高炉壳体相同，焊后打磨平。焊接时，因无法装引弧板，可直接在下一带炉壳上引弧，引弧段焊后刨去，用焊条电弧焊修补。炉钢带立缝焊接时，因机头无法降至壳板下端平面，所以需要在坡口内垫一块高 350～400 mm 的垫块作引弧用，焊后刨去，用焊条电弧焊进行修补。

焊接时，保持渣池表面距滑块上沿 5～10 mm。焊接结束时，将电流、电压略微减小，避免因上端散热差而使熔宽加大。高炉壳体立缝丝极电渣焊的工艺参数见表 4-10。

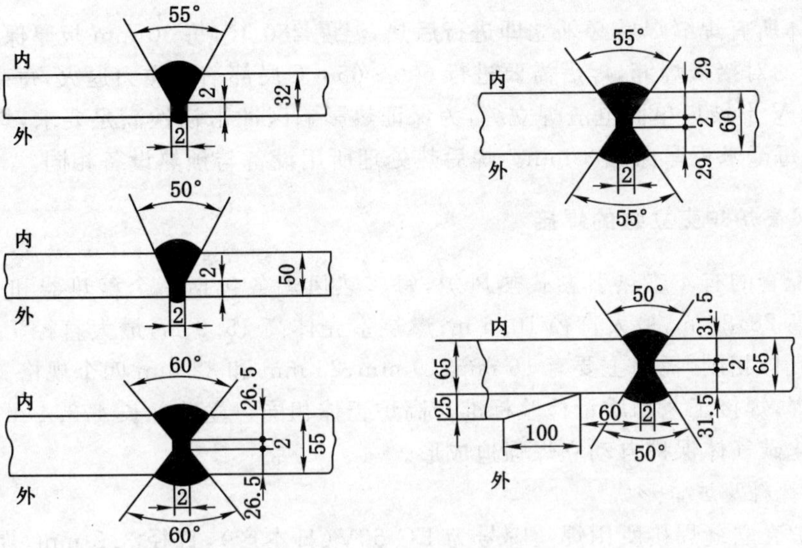


图 4-10　高炉壳体立缝电渣焊典型的坡口形式

**表 4-10　高炉壳体立缝丝极电渣焊的工艺参数**

| 板厚/mm | 坡口形状 | 焊丝直径/mm | 焊接电流/A | 焊接电压/V | 渣池深度/mm | 焊接速度/($cm \cdot s^{-1}$) |
|---|---|---|---|---|---|---|
| 40 | V | 2.4 | 430～450 | 40～44 | 36～40 | 0.055 |
| 65 | X | 2.4 | 420～470 | 42～44 | 35～40 | 0.060 |

(3) 管状焊条丝极电渣焊(SES)焊接工艺

高炉风口带有 3 条立缝，采用管状焊条丝极电渣焊焊接工艺，先焊风口带内侧，后焊外面，3 条焊缝同时进行焊接。马架、引出板的安装及定位焊方法，均与丝极电渣焊工艺相同。

管状焊条长度不够，可用两根拼连。管状焊条过长引起的电压降低会影响熔池的宽度，因而需要用中间导电夹头。管状焊条下端距引弧点位置为 20 mm，焊丝端头距引弧点位置为 5～10 mm。在焊至接近管状焊条中间导电夹头时，须将导电夹头割除，注意切割痕迹不能过高，否则影响滑块与炉壳的紧贴程度。当焊接结束时，与丝极电渣焊工艺相同，必须适当减小焊接电流和焊接电压。

3. 焊后清理和质量检验

焊后将吊耳、马架、导轨、引弧板和引出板割除。气割前对高炉壳体焊接处进行预热，预热温度与焊接时相同。气割后用砂轮磨平。

焊缝表面质量检验标准按《冶金机械设备安装工程施工及验收规范》的相关标准执行。焊缝内部质量检查用超声波探伤，按《钢焊缝的超声波探伤试验方法》(JIS Z 3060—2002)，Ⅲ级为合格。焊条电弧焊横焊缝抽查率为 10%，电渣焊立缝抽查率为 5%，但 T 形接头处要求进行全部探伤(其长度分别计入 10%和 5%内)。

4. 后热和焊后热处理

高炉壳体所有焊缝焊后必须立即进行后热，温度 250 ℃，每 30 mm 板厚保温 1 h。厚度超过 60 mm 的对接横焊缝，焊后需要进行 600～650 ℃局部消除应力退火，每毫米板厚保温 3 min。对于 V 形坡口单面电渣焊立缝，为保证热影响区冲击韧性满足要求，焊后需要进行 550 ℃退火，每毫米板厚保温 3 min。焊后热处理所用设备与预热设备相同。

## 二、热风高炉炉壳立缝的焊接

与高炉配套的有 4 座热引燃式热风炉，每座热风炉各包括一个蓄热器和一个燃烧室。蓄热器壳体高 28.84 m，最大直径 10.6 m；燃烧室壳体高 15.9 m，最大直径 7.28 m。壳体材料与高炉壳体相同，板厚主要有 16 mm、19 mm、25 mm 和 32 mm 四个规格。横缝全部采用焊条电弧焊，焊接工艺和质量检验标准与高炉壳体相同。立缝总长 473.4 m，全部采用药芯焊丝二氧化碳气体保护自动立焊强迫成形。

1. 焊接材料及坡口形式

热风炉炉壳立缝焊接所用焊丝牌号为 EG-50V（日本产），直径 3.2 mm，焊缝金属的化学成分和力学性能见表 4-11。焊丝使用前需要进行 250～300 ℃焙烘，保温 1 h。焊接过程中用光电管控制熔池深度，并自动控制焊接速度。

**表 4-11　EG-50V 焊丝焊缝金属的化学成分和力学性能**

| 化学成分（质量分数）/% | | | | | | 力学性能 | | | |
|---|---|---|---|---|---|---|---|---|---|
| C | Si | Mn | S | P | Mo | 抗拉强度/MPa | 屈服强度/MPa | 伸长率/% | 冲击功 $A_{kv}$(0 ℃)/J |
| 0.10 | 0.40 | 1.48 | 0.013 | 0.017 | 0.21 | 568 | 436 | 30 | 66 |

热风炉炉壳立缝均采用单边 V 形坡口，坡口角度为 20°，间隙为 10 mm。

2. 焊接工艺

焊接施工在组合平台上进行。每带炉壳的立缝需要对称进行焊接。对接接口在焊前用高速砂轮磨光。焊接开始时需要间断起弧，一般起弧电压比焊接电压高 1～2 V，焊接电流比起弧电流大 50 A 左右。热风炉炉壳立缝药芯焊丝二氧化碳气体保护自动立焊的工艺参数见表 4-12。

**表 4-12　热风炉炉壳立缝药芯焊丝二氧化碳气体保护自动立焊的工艺参数**

| 板厚/mm | 焊接电流/A | 焊接电压/V | 气体流量/(L·$min^{-1}$) | 焊接速度/(cm·$s^{-1}$) |
|---|---|---|---|---|
| 16 | 560～580 | 30～33 | 35～40 | 0.22～0.28 |
| 19 | 560～600 | 30～33 | 35～40 | 0.15～0.18 |
| 25 | 640～660 | 34～36 | 35～40 | 0.12 |
| 32 | 660～680 | 36～38 | 35～40 | 0.10 |

3. 焊后清理和质量检验

方法与高炉壳体立缝相同。

# 第五节 厚壁加氢反应器焊接技术

随着炼油深加工的发展,为降低建设费用、运转费用和提高能源利用效率,保证石油化工行业规模效益、节能和环保的要求,设备大型化将是未来发展的必然趋势。这种发展趋势对未来装备制造业提出了重大的挑战,同时也为装备制造业的发展提供了良好的机遇。大型厚壁加氢反应器的焊接是现今压力容器焊接技术的代表。

## 一、结构和技术要求

加氢反应器按《钢制压力容器分析设计标准》(JB 4732—1995)及《固定式压力容器安全技术监察规程》(TSG 21—2016)进行设计、制造、检验及验收。结构示意图见图 4-11。

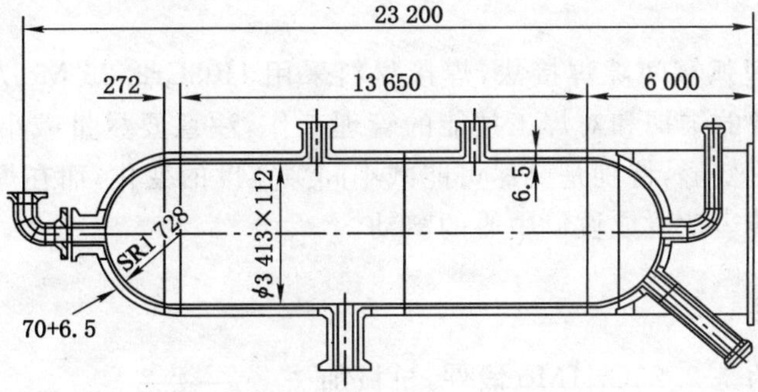


图 4-11 加氢反应器结构简图

加氢反应器的设计参数为:设计压力 9.5 MPa,设计温度 435 ℃,介质为 $H_2S$+油气+$H_2$,焊接接头强度系数 1.0,水压试验压力(卧)14.3 MPa,体积 45.6 $m^3$,质量 216 370 kg。

主体材料采用 2.25Cr-1Mo 钢,筒体厚度 112 mm,封头厚度 76 mm。接管和法兰均为 2.25Cr-1Mo 锻件。无损检测要求焊缝 100%射线、超声波和磁粉探伤,堆焊层 100%超声波和渗透探伤,焊后进行整体热处理。

## 二、制造过程

材料验收→下料→成形→坡口加工→纵缝组对及焊接→中间退火→无损检测→内表面检测及堆焊→中间退火→无损检测→环缝(筒体与筒体及与封头)组对及焊接→中间退火→无损检测→壳体接管组对及焊接→中间退火→无损检测→最终焊后热处理→无损检测→水压试验→无损检测→涂漆包装。

## 三、筒体的焊接

在焊接工艺评定合格的前提下进行筒体纵、环缝的焊接,坡口形状见图 4-12,筒体纵缝坡口采用自动切割小车进行切割后,手工打磨(必须保证将坡口处的渗氮、碳层打磨干净)。环缝坡口采用机械加工,以保证坡口的尺寸精度。

纵缝采用 E6015-B3(R407)焊条进行电焊弧。焊前进行预热,预热气炬应离坡口适当

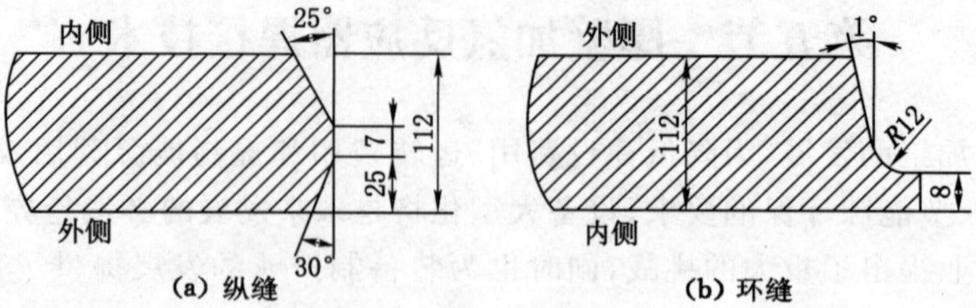


图 4-12　筒体的坡口形式

的距离，同时要覆盖保温材料进行均匀预热。反应器焊前预热温度不宜低于 200 ℃，层间温度不低于 350 ℃。为了保持均匀的预热温度，焊接时在坡口两侧放置包以铝箔的保温材料，防止母材辐射热并改善焊接环境。在坡口内侧进行点固焊，保证间隙宽度的变化在 1 mm 以内。

环缝焊接采用埋弧窄间隙焊接法，焊接材料采用 H08Cr2.25-MolA＋HJ250。焊接过程中要做好焊接设备的维护和对焊工技能的管理工作，注意要尽量减小单节筒体纵缝焊接时由于预热造成的热变形，特别是要尽可能减小间隙宽度的变化，而在焊接环缝时要尽量减小由于转胎架的回转运动造成坡口中心的窜动。

## 四、接管的焊接

筒体接管采用的是 2.25Cr-1Mo 锻件，机械加工成品后与筒体焊接，焊接方法为焊条电焊弧。

焊前将焊接坡口清理干净，并进行磁粉探伤检查，其坡口形式见图 4-13。由于接管锻件与筒体的焊接采用两端伸出的嵌入式 T 形全熔透焊接接头，而且筒体壁厚较大，结构刚性大，所以焊接约束应力也较大，因此焊前必须预热 200～250 ℃。焊接过程中用煤气或液化气补充加热，以保证层间温度不低于 150 ℃。

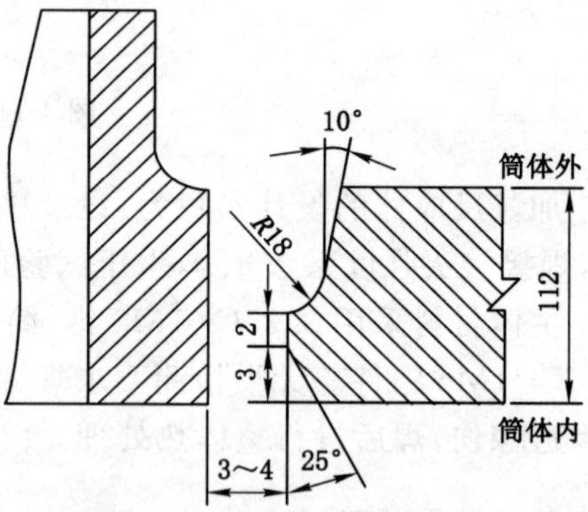


图 4-13　接管与筒体的焊接坡口形式

外壁焊完后，进行 350 ℃×1.5 h 中间消应力热处理，以降低焊接应力，然后再进行内壁焊接，整体焊接完毕后进行 690 ℃×2 h 的焊后最终整体热处理，目的在于消除应力和改善焊接接头的力学性能。

## 五、抗腐蚀堆焊

对于承受高温高压和硫化氢作用的加氢反应器，为使其具有耐蚀性，在整个容器内表面进行不锈钢双层堆焊，过渡层材质为 E309L，表面层材质为 E347L，表面层有效厚度不小于 3 mm。

(1) 筒体内表面堆焊

筒体内表面堆焊的特点是堆焊面积大，采用高效率的宽带极堆焊方法。堆焊工艺参数见表 4-13。

（2）封头堆焊

封头采用宽带极堆焊和大型变位机。由于封头堆焊时采取圆圈状堆焊，圆圈内径随堆焊位置的不同而异。而带极位置变化会影响到焊道形状和熔深，从而影响到堆焊金属的成分，并且容易造成焊道搭接处发生缺陷。因此，带极位置从封头端部直径较大的地方逐渐向封头中心移动，爬坡量控制在 50～20 mm，效果较好。堆焊工艺参数见表 4-13。

**表 4-13　筒体及封头内表面带极堆焊工艺参数**

| 焊带规格(厚×宽)/(mm×mm) | 焊接参数 | | | | 有无下坡倾斜角 | 预热温度/℃ |
|---|---|---|---|---|---|---|
| | 焊接电流/A | 焊接电压/V | 焊接速度/(cm·s⁻¹) | 电极伸出长度/mm | | |
| 0.5×60 | 600～650 | 35～40 | 0.22～0.25 | 40 | 有 | ≥150 |
| 0.7×60 | 700～800 | 35～40 | 0.25～0.28 | | | |

（3）接管堆焊

对于内径为 150 mm 以上的较大接管，内表面堆焊时，采用气体保护焊（GMAW），焊丝直径为 1.2 mm，能获得高效率高质量的堆焊。

对于内径在 55～150 mm 的接管（由于长径比很大，不可能进行焊条电弧堆焊），采用小直径接管内壁自动 TIG 法堆焊机进行堆焊，堆焊效率高，堆焊表面平整美观。

## 六、无损检测及焊后热处理

在零部件制造过程中，每一道工序完成后均应进行外观和无损检测。焊接前坡口 100％磁粉探伤检测，焊后焊缝按要求做 100％射线和超声波检测，无损检测由持有相应种类和技术等级资格证的人员担任。

制造完成后在全计算机程控的 6 m×6 m×30 m 的热处理炉内整体最终热处理。为了确保设备的实体温度达到技术要求，在设备的主体焊缝上布置热电偶进行实体测温，对法兰密封面采取保护措施以防止法兰密封面氧化和变形。

## 七、水压试验

反应器制造完毕后按图样进行总装，组装后进行水压试验。水压试验时需劳动部门监检人员和专业检查人员在场。水压试验介质为洁净水，氯离子质量浓度不超过 25 mg/L，水温大于 15 ℃。试压装置上压力表的量程为试验压力的 2 倍。试验压力达到规定试验压力后保压 30 min，然后将压力降至规定试验压力的 80％，保持足够长的时间对所有焊缝和连接部位进行检查，确认是否合格。

# 第五章 建筑安装工程案例分析

## 第一节 上海中心大厦机电安装工程

2011年6月始，上海市安装工程集团有限公司(以下简称上安集团)承建了632 m高度的上海中心大厦的机电安装工程，在超高层摩天大楼的机电安装工程建造领域谱写了崭新的篇章。见图5-1。

图5-1 机电安装施工中的上海中心大厦

## 一、机电工程简介和特点

上海中心大厦机电工程涵盖了给排水、消防、供配电、照明、冷暖空调、送排风、智能控制、综合布线等机电方面几乎所有的机电系统，且各个专业系统中绿色节能的四新技术应用几乎一应俱全，诸如给排水系统中的废水回收、中水处理系统，虹吸雨水排水系统，同层排水系统，消防系统中的高压细水雾灭火系统、泡沫灭火预留系统，供配电的电能管理系统，智能照明管理系统，LED 泛光照明系统，风力发电系统，地源热泵系统，燃气冷热电三联供系统，冰蓄冷系统等。

由于上海中心大厦的超高层垂直分区特性，机电系统各类子系统众多，组合应用方式多变，形成了机电系统庞大复杂的特性，如：给水和消防系统的垂直叠加供水、分区重力给水型，排水系统的高低区分段收集、接力式排水型，冷源系统的高低分区、多冷源组合型，热源系统的蒸汽干管、分区换热型，通风空调系统的区域独立型，电力系统的垂直供配、分区供电型等。

## 二、建造难点及应对技术

(1) 上海中心大厦垂直分区多，建造面积大，管理难度大，上安集团采用分区建造管理模式，按地下室、裙房、办公区和酒店塔冠区四大区域展开施工和管理。

(2) 机电专业深化设计要求高，设备、管线布置难度大，与各中标设备供应商和系统供应商的专业配合程度高。上安集团以 BIM 模型为先导，以管井、标准层、设备层、机房间为序，逐步开展图纸深化工作，满足现场施工进度需求。

(3) 超高层建筑的垂直特性，给机电设备和材料的运输吊装带来很大难度，可利用的吊运设备单一、量少，主要依靠塔吊和施工电梯，还要与土建、结构、装饰单位同时使用。上安集团将机电材料设备进行分类处理，采用最合理的运吊方案和技术措施。

(4) 总量 57 万平方米的机电安装，涉及管道、电气、通风系统大量的实物工作量，加工预制的工作量也随之增大。而超高层的特性是楼层面积小，不利于设置预制场地，且上海中心大厦的双层幕墙的结构特性造成空气流动性差，对施工环境控制的要求高。上安集团对上海中心大厦确定的总体技术路线是加大厂外预制深度和预制量，现场尽量多地装配施工，减少现场焊接和油漆作业。工厂化预制的全面应用为上海中心大厦的顺利建造发挥了重要作用。

(5) 上海中心大厦垂直分区多的特点，造就了系统的叠加性和庞大性。而分区施工管理又把系统进行了分割施工，给水电风各系统的构成开通调试带来了很大的困难。因此，上安集团根据各专业的系统调试需求，以子系统构成开通调试为基本单元，开展机电系统完整性检查和子系统收尾；以正式通水、通电，临水临电切换为先机，以低区冷热源系统、高区冷源系统、消防系统调试验收为主线，开展系统完善收尾调试工作。

(6) 在上海中心大厦的机电建造实施过程中，基本建造程序和其他项目相比并无特殊性，但需确定相关的关键过程，作为建造过程中里程碑目标实现的关键工序过程，确保进度、质量、安全三统一进行。例如以变配电站的高压受电确定的垂直电缆吊装过程，地下室机房设备的吊装过程，幕墙部位的 V 槽 LED 电子屏和翅片散热系统的安装过程。关键过程的确定和实施，保证了机电系统的整体安装的进度、质量和安全。

(7) 弱电系统在本项目共配置13大系统,约30个子系统。运用的特点是系统规模大,应用技术复杂且同时运行的系统多、维护和保养任务重。传统情况下通常需要大量的专业技术人员来保证各个系统的正常运转。机电总承包方为突破自身各类资源及相关条件的限制,且为更好地完成总承包合同履约,引进了总集成管理思路及办法。

采用总集成管理能融合非己所长,充分利用各参建单位、企业的软硬件产品及相应的专业技术支持团队的力量。总集成管理主要分为技术集成、要素或资源集成和智力集成,还存在信息集成、管理文化集成等形态。技术集成是整个系统总集成的核心关键。

(8) 机电系统已完工未交付,又不得不提前使用投运的系统,例如永久电梯、高低压变配电站、生活消防给水系统、冷冻站冷却塔系统等均提前投运。如何保证运行管理和施工生产的合理结合,上安集团在上海中心大厦引入了物业化管理概念,把提前投运系统和系统施工有组织地结合和分离,确保机电系统的运行有序和施工安全。

### 三、BIM建模和机电深化设计

(1) 以BIM为基础的深化设计工作是提高施工质量、控制工程进度的最好支持。上海中心大厦外形轻盈流畅,似一条盘龙直上云霄,然而独特的外形必定带来不同寻常的复杂结构。同时,上海中心大厦在机电设计中的众多超新理念又使得整个机电系统极其纷繁复杂。尤其是在几大施工的重点难点部位,例如:高、低区能源中心,塔冠设备区,各区设备层乃至与幕墙、钢结构配合紧密的极小细节,如果没有BIM的三维设计模型,无法想象机电各专业系统之间、机电与土建、钢结构、幕墙之间是如何搭建各种空间关系的。其次,在机电安装的实施过程中,由三维模型导出的二维深化设计图纸,使得深化设计质量得到了保证;以三维形式的施工交底和以四维形式为基础的工艺安排与施工方案的确立,已经适时地渗透到安装工程的管理过程中。此外,以BIM参数化设计为基础的管道预制加工,使得机电安装工程的模块化、工厂化进程也进入了数字化、信息化的阶段。由于BIM的介入使"上海中心"机电深化设计以及施工管理工作更加地直观,也为后续深化设计提供了坚实的基础和保障。

(2) 以BIM串联起的协调平台,是优质深化设计服务最佳方案。上海中心大厦的BIM工作平台是一项多专业、多工种协调沟通平台,相通的语言与相同的标准成为最大限度确保模型信息准确性与即时性的重要保证。因此,上安集团积极与总承包部BIM团队保持协调一致,全面采用Autodesk Revit与Navisworks系列软件并与总包同步升级。同时,将这一要求传达至各专业分包、系统供应商以及主设备供应商,并对没有条件的分包、供应商提供技术支持。

(3) 基于BIM的管线综合。传统的管线综合设计都是以二维图纸为基础,在本项目中利用BIM的三维可视化进行设计。在三维环境下将建筑、结构以及机电等专业的模型进行叠加,将其导入Navisworks软件中进行碰撞检测,并根据检测结果加以调整。通过BIM三维可视化的特点弥补个人空间想象不足,实现复杂区域管线合理高效排布,确保各深化区域的可行性和合理性。

(4) 基于BIM的管线优化。在三维环境下,可以通过任意角度查看模型中的任意位置,所以,通过BIM软件进行方案对比,可以根据实际情况选择最优的管线排布方式,创建更加合理美观的管线排列。在不影响原管线机能及施工可行性的前提下,将机电管线进行适当调整,优化空间,快速解决碰撞问题,管线合理布留。同时,通过高效的现场资料管理工作，即时修改快速反映到模型中，获得一个与现场情况高度一致的最佳管线布局方案，有效提高一次安装的成功率，减少返工。

(5) 基于BIM的设计成果检测。在制定施工图纸阶段，若相关各专业没有经过充分的协调，可能直接导致施工图出图进度的延后，甚至进一步影响到整个项目的施工进度。BIM技术则通过将各专业模型汇总到一起之后应用碰撞检测的功能，快速检测到并提示空间某一点碰撞，同时可高亮显示，便于快速定位和调整管路，大大提高了工作效率。本项目中利用Navisworks软件的碰撞检测功能，直观地观察到了管线的碰撞检测情况和位置。然后，返回到Revit软件中根据碰撞的情况将各个碰撞点一一调整解决，调整完成之后再次对模型进行第二次的检测，如有碰撞则继续进行修改，直至最终检测结果为"零"碰撞。BIM碰撞检测流程的制定为上海中心大厦这一超大型项目的管线综合提供了有效保障。

(6) 图纸会审、技术交底。项目施工前，上安集团项目部对施工图进行初步熟悉与复核，通过深入了解设计意图与系统情况，为施工进度与施工方案的编制提供支持；通过对施工设计的了解，查找项目重点、难点部位，制定合理的专项施工方案；将施工设计中不明确、不全面的问题记录下来，与设计院、业主进行沟通与讨论，例如系统优化、机电完成标高以及施工关键方案的确定等问题。本项目中，利用BIM模型的设计能力与可视性进行技术交底，减少各方的沟通障碍，提供最为便利、直观的沟通方式，从而提高工作效率。

基于BIM技术的工程出图在确保模型"零"碰撞的情况下，利用模型指导深化设计出图。根据调整后的模型，有效指导深化设计出图，每一类图纸都有其固定的出图流程以确保图纸的准确性及可靠性。

通过BIM模型辅助深化设计出图，不仅能够确保图纸的精确性，便于施工安装，还能利用BIM模型的三维可视性模型配图方式，方便现场施工人员理解辨认系统。上海中心大厦项目部根据现场实际情况配以剖面、平面、轴测、大样图等多种形式辅助施工人员施工，有效提升施工效率。

### 四、工业化建造、预制技术

由于施工现场面积有限，故管道的加工采用工厂预制的形式。上海中心大厦的空调通风系统的风管加工，分为标准件和加工件，全部由上安集团的暖通设备加工厂在工厂内完成加工生产；楼层内水、风、强电、弱电的各类支吊架全部采用轻型组合支吊架，只进行切割作业和组合安装，避免了焊接和油漆等作业大量的声、光、味的环境影响；管道安装涉及沟槽、螺纹等非焊接连接的安装，各区域就近建立小型预制场地，尽量加大预制深度，高比例的工厂化预制施工技术切实推进了安装实物量的进程。

风管工厂加工实现了机械化流水线生产，工人只要将风管的尺寸参数输入计算机，车床就可根据输入的信息进行切割。另外，风管的咬口、翻边和角码贴附等工作也使用机械装置，跟传统的手工捶打成形相比，不仅提高了生产效率，也保证了产品质量。

空调水管的预制加工主要以塔冠区的DN800冷却水管为主，制作中以业主确认的深化图为依据，现场管理人员经过实地复核后，将图纸中的管段尺寸转化到单线图中；绘图员根据施工员出具的单线图或尺寸复核图，绘制管段加工图；加工图得到确认后，交付后方预制加工组；后方管道加工工厂根据项目部提供的加工图和现场施工计划，按时保质完成相应管段成品或半成品的预制加工工作。

支吊架的预制加工，传统工艺制作支吊架的方式为现场切割、钻孔、焊接，对于材料的用量不易控制，经常会造成严重浪费，且无法做到统一的外观，切割、焊接和涂装都会产生外观的缺陷。本工程中各类轻型管槽支吊架采用工厂化预制，制作流程为型材切割、煨弯、焊接、钻孔，最后进行刷漆。大部分支吊架的预制都经过镀锌、热浸锌或喷塑的表面处理，送至现场安装时就已是美观大方的成品。同时，支吊架加工后送至现场，无须动火，支架重量轻，组装方便。

## 五、垂直运输管理和技术

(1) 设备和大宗材料吊装和运输的工程量巨大，楼层材料垂直吊运 4 000 t，楼层设备吊运、安装共 3 500 t，地下室材料垂直吊运 2 000 t，地下室设备吊运、安装共 2 500 t，总计 12 000 t。设备安装的数量多，且接收单位复杂；施工周期和施工高峰期长；垂直吊运机械资源紧张；设备层的物资进场难，外部施工协调困难；大型设备吊装的高度高，施工环境复杂，技术难度也大。

(2) 在设备、大宗材料垂直吊运和设备安装的施工机械准备上，上安集团项目部根据上海中心的业务范围、特点和难点，对机械和机具做了精心准备。常规的吊机、铲车、卷扬机、液压搬运车、葫芦、钢丝绳等机械和机具，一应俱全。

针对高空吊装的特点，定制了 10 t 级(尺寸 5 500 mm×3 500 mm)与 20 t 级(尺寸6 000 mm×3 500 mm)两套吊装平台。

此外还添置了 6 t 级电动牵引车、5 t 级液压搬运车和 5 t 级加长液压搬运车，设备在吊装平台内定位和吊装。这一做法在平台到楼面口后的定位中发挥了奇效。

2013 年 4 月，地下 5 层的冰蓄冷设备大批排管，由于没有吊装孔，排管只能从坡道运入地下室。由于排管的几何尺寸较大，卡车装太高，叉车运太长，小平车运没有刹车不安全，为此添置一台低重心大车盘 2 m×6 m 挂车。

为了提高施工电梯使用效率，满足大批量散件的运吊，项目上定制了 9 辆 1 t 级的手推厢式搬运车。厢式搬运车尺寸为长 1.3 m、宽 0.8 m、高 0.6 m。该车的前、后两扇门为翻板式，需要时可运 4 m 长的材料，图 5-2 所示为 1 000 kg 厢式搬运车。

(3) 材料和设备吊装、运输主要采用设备吊运重心位移法和设备吊装移动平台拖运法(见图 5-3)。

图 5-2 厢式搬运车

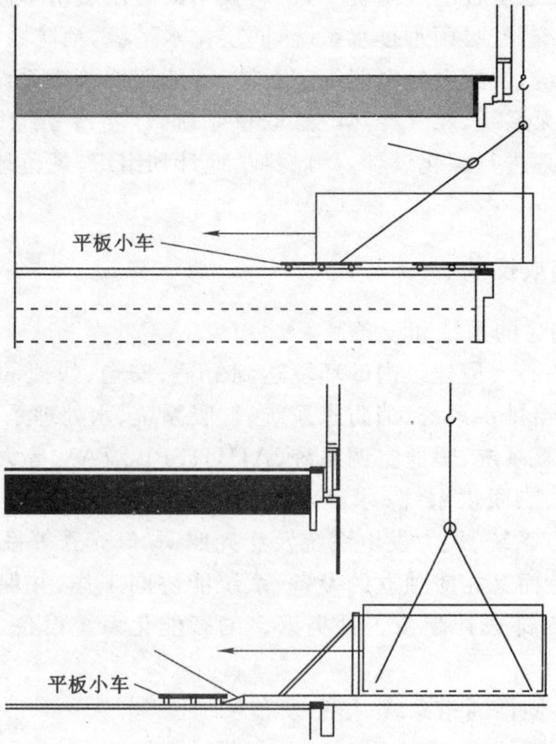


图 5-3　吊装、运输方法

## 六、关键建造过程的确定和机电四新技术实施

关键建造过程的确定和实施，保证了机电系统整体安装的进度、质量和安全。例如，图5-4中，V形槽口的双层施工吊篮和环梁双层施工吊篮，其本身作为结构环梁和外层幕墙的施工作业平台，一旦环梁和外幕墙施工完毕，机电必须跟进，将附属在V形槽和环梁的LED电子屏和翅片散热系统跟进实施，否则将失去最佳安装时机。为此项目部和环梁与幕墙施工单位协商，确定紧密衔接施工工序和平台共享计划，保证了LED电子屏和翅片散热系统的安装顺利实施。

图 5-4　双层施工吊篮应用

在上海中心大厦机电工程的各系统中，四新技术的应用层出不穷，诸如给排水系统中的废水回收、中水处理系统，虹吸雨水排水系统，同层排水系统，消防系统中的高压细水雾灭火系统、泡沫灭火预留系统，供配电的电能管理系统，智能照明管理系统，LED 泛光照明系统，风力发电系统，地源热泵系统，燃气冷热电三联供系统，冰蓄冷系统等。项目部正确理解各系统的原理，合理准确地进行深化设计，严谨科学地计划组织，规范地施工管理实施，最终实现系统的功能合并。

## 七、弱电工程总集成技术

(1) 安装了各种用途的系统和设备

项目部为使上海中心大厦建筑内的环境达到舒适、安全、快捷的目的，配置安装了各种用途的系统和设备，如给排水系统、消防水系统、虹吸系统、水处理系统(中水、雨水)、高压细水雾灭火系统、大堂地暖系统、暖通空调系统(AHU、FPB、VAV 等大型设备)、防排烟系统、送排风系统、加药系统、三联供系统、冰蓄冷系统、地源热泵系统、变配电系统、电气火灾系统、应急照明系统、SPD 系统、风力发电系统及泛光照明、灯光秀等系统。

为使上述这些复杂而又相对独立的设备、系统能协同工作，并保证各系统自动化、正常通信、稳定地运行，项目部设计配备了种类繁多的智能化系统设备，项目上共配置 13 大系统，约 30 个子系统，如：

① 综合布线系统、固话通信系统、信息发布系统；

② 无线对讲系统(消防用、物业用)；

③ 卫星通信系统、卫星电视系统、有线电视系统；

④ 消防报警系统、公共/应急广播系统；

⑤ 一卡通系统(含出入口控制及电子巡更、访客管理、速通门、梯控)、电子钥匙管理系统；

⑥ 安全防范系统(含视频监控系统、防盗报警系统、视频分析系统)；

⑦ 车库管理系统、防爆安全检查系统；

⑧ 楼宇自控系统(BAS)、能源计量管理系统；

⑨ 多能源管理系统(CPMS)；

⑩ 智能建筑管理系统(IBMS)；

⑪ 合同能源管理(EMC)系统；

⑫ 通信配套系统、室内无线覆盖；

⑬ 会议系统、扩声系统、舞台灯光系统等。

这些机电及弱电系统在本项目上运用的特点是系统规模大，应用技术复杂且同时运行的系统多、维护和保养任务重，传统情况下通常需要大量的专业技术人员来保证各个系统的正常运转。为了解决这个问题，引进了总集成管理思路及办法。

(2) 采用系统总集成管理

本项目采用系统总集成管理，除了能发挥取长补短、资源整合、集中调配等优势外，其根本性目的是为了：

① 集中管理：对各系统进行集中统一监视和管理，将各集成系统的信息统一存储、显示和管理在同一平台上，并为其他信息系统提供数据访问接口。

② 分散控制：各系统进行分布式控制，保持各系统的相对独立性，利于分离故障、分散风险，便于排查和管理。

③ 系统联动：以各系统的状态能数为基础，要根据可设置的条件实现各系统之间的相关硬件、软件联动。

④ 优化运行：在各系统运行良好的基础上，提供设备节能控制、运行计划制定，优化策略设定、实施、评估等功能。

3. 本项目中组成系统总集成管理的基本类型

总集成管理可以主要分为技术集成、要素或资源集成和智力集成，技术集成是整个系统总集成的核心关键，根据技术集成管理办法梳理了以下界面内容：

(1) 系统功能界面；

(2) 系统操作平台接口与界面；

(3) 系统应用软件的界面；

(4) 设备材料、软件供应界面；

(5) 系统的技术接口界面；

(6) 施工安装界面。

根据工程不同的承包方式，对上述各道工序由谁来负责施工和指导应该事先予以明确。主要管理内容包括以下几点：

(1) 明确并落实主要设备安装负责人。

(2) 明确并落实末端设备安装负责人。

(3) 明确并落实执行机、阀门等控制设备安装、施工负责人及配合单位负责人。

(4) 明确并落实线槽、管线敷设负责人。

(5) 各子系统单体调试负责人。

集成系统的调试，由系统集成商负责。

## 八、物业化管理融入技术

上海中心大厦项目中机电系统已完工未交付，却又不得不提前投运的系统，有永久电梯、高低压变配电站、生活消防给水系统、冷冻站冷却塔系统等。上安集团项目部引入机电临时物业管理概念，组建施工过程中的机电物业化管理体系，保证关键部位和设施的正常运行。

1. 电梯运行管理

随着临时施工电梯的逐步退出，正式电梯逐步进入提前使用，按照原规划的 Y1～Y9 电梯，分批投入使用，由机电临时物业开始管理永久电梯临时使用，纳入工程协调部的统一管理。

项目部对依次投入运行的 9 台电梯进行 24 h 运行维护管理，具体如表 5-1 所列。

**表 5-1　电梯运营情况表**

| 编号 | 名称 | 代号 | 额定载重/t | 机房位置/层 | 启用时间 |
|---|---|---|---|---|---|
| Y1 | 低区消防服务电梯 | FR/FLL | ≥1.35 | 46 | 2013-02-16 |
| Y2 | 服务电梯 | FLO | ≥1.35 | 46 | 2013-02-16 |
| Y3 | 低区服务电梯 | FRL | 3.5 | 52 | 2013-02-16 |
| Y4 | 酒店服务穿梭电梯 | GX-1 | ≥1.6 | 86 | 2013-09-16 |

表 5-1(续)

| 编号 | 名称 | 代号 | 额定载重/t | 机房位置/层 | 启用时间 |
|---|---|---|---|---|---|
| Y5 | 酒店服务穿梭电梯 | GX-2 | 1.6 | 85 | 2013-09-16 |
| Y6 | 酒店服务穿梭电梯 | GX-3 | 1.6 | 86 | 2013-09-16 |
| Y7 | 高区消防服务电梯 | FR/FLH-1 | ≥1.35 | 124 | 2014-04-01 |
| Y8 | 高区消防服务电梯 | FR/FLH-2 | ≥1.35 | 124 | 2014-04-01 |
| Y9 | 高区服务电梯 | FRH | 3.5 | 124 | 2014-04-01 |

电梯运行管理：电梯轿厢内运行维护人员负责每日电梯的开启、关闭、操作、人员出入核实、材料运行检查等工作，确保每台运行的电梯外观完好，运行平稳，施工用梯安全、有序、规范。

电梯维护管理：电梯运行管理人员做好电梯及轿厢内设施日常的清洁、维护管理，同时在运行过程中发现电梯故障，做好记录，上报主管部门，并配合专业维修单位做好维修、保养工作，确保电梯设备全生命周期管理。

2. 变配电站运行管理

在10 kV变配电站施工完成，高压端受电完成，低压端准备向大楼开始供电之前，由机电临时物业人员接手管理变配电站。他们从施工状态中提前脱离，进入正式移交使用前的准工作状态，以确保此类关键部位和设备设施处于安全受控临时使用状态。

为了保证上海中心大厦已经投入运营的10 kV变电站安全、正常运行，项目部派驻变电所运行人员对10 kV变电站进行24 h运行管理，确保变电所运行从施工到正式运行的无缝链接，具体管理范围和工作如表5-2所列。

表 5-2　变电所管理范围和工作

| 序号 | 楼层 | 变电所数量/座 | 运行模式 | 备注 |
|---|---|---|---|---|
| 1 | B3 | 1 | B1 设驻守点 | |
| 2 | B2 | 1 | | |
| 3 | B1 | 3 | | |
| 4 | L6 | 1 | L35 设驻守点 | |
| 5 | L20 | 1 | | |
| 6 | L35 | 1 | | |
| 7 | L50 | 1 | L66 设驻守点 | |
| 8 | L66 | 1 | | |
| 9 | L82 | 1 | | |
| 10 | L99 | 1 | L99 设驻守点 | |
| 11 | L116 | 1 | | |

每天至少4次对所有变电站设备进行巡视检查，做好巡视记录，包括：高压进线的电压、电流及低压总开关电流的计量，变压器温度等相关记录，并负责已投入运行变配电站的日常操作、维护，紧急故障处置汇报，突发事故处理，停、送电操作。

3. 冷冻机房运行管理

在低区冷冻机组完成调试以后，低区冷源系统进入调试阶段，为保证机组设备的有序管理和运行安全，由专业物业管理人员介入，接手冷冻机房内的机组开关、控制室、系统阀门的开关等工作，并做好相关记录，参与整个系统的调试工作。

**九、总结**

上海市安装工程集团有限公司承建了上海中心大厦的全部水、风、强电、弱电的机电安装工程，为公司在超高层摩天大楼的机电建造方面积累了宝贵的经验，施工管理技术也得到了长足的发展，可为今后的其他工程建设提供借鉴。

## 第二节　首都机场三号航站楼机电安装工程

**一、工程概况**

首都机场 3 号航站楼是由世界著名建筑大师——英国的诺曼·福斯特设计的，是第 29 届夏季奥运会配套设施，是目前世界上规模最大的单体航站楼，位列 2007 年世界十大工程之一，参见图 5-5。该工程中机、电、管等各专业系统采用了机电功能末端集成单元箱(罗盘箱)这一具有创新意义的设计概念和技术措施，具体表现其独一无二的建筑功能、效果。机电功能末端集成单元箱(罗盘箱)的施工技术就是基于管线综合布置技术实施的。

图 5-5　首都机场 3 号航站楼夜景

**二、工程范围**

首都机场 3 号航站楼南北长 2 900 m，宽 790 m，高 45 m，总建筑面积 98.6 万平方米，由 T3A 主楼，T3B、T3C 主楼，T3D、T3E 国际候机廊和楼前交通系统组成。

T3B 主楼主要安装工程为空调风系统、空调水系统、动力系统、排烟及正压送风系统、排气系统、防雷接地系统等全机电系统。主要包括高低压配电室 19 个，盘、箱、柜 3 076 台，变压器 34 台，冷冻机 3 台，发电机 8 台，水泵 115 台，空调机组 141 台，风机(箱)474 台，风机盘管 1 906 台，风管 201 037 m，电缆桥架 45 000 m，电缆 700 km，水管 140 000 m，电管 320 000 m。

工程于 2004 年 10 月开工，2008 年 2 月 29 日竣工，首都机场 3 号航站楼正式通航投入使用。

## 三、应用过程介绍

首都机场 3 号航站楼(T3B)工程，由于空间大，净空高，为满足建筑空间功能及装饰效果的需要，各种机电设备末端的安装既要满足设备功能要求，又要保证建筑空间内环境参数要求及建筑空间功能。首都机场 3 号航站楼采用机电功能末端单元集成施工技术，将许多设备末端集中布置于罗盘箱内，集水、电、风、消防、信息、广播等功能为一体。其中，水、电集中在一个合成空间，这在国内尚不多见。如何保证各系统功能既相互独立，又满足各专业的规范和安全要求，这是施工的关键。首都机场 3 号航站楼机电功能末端集成施工通过深化设计、精细施工、末端顺序调试，最终在国内首次实现了超大空间机电末端功能单元的集成。

(1) 管线综合排布技术的应用(图 5-6)

罗盘箱的设计，除建筑外观及内部要容纳风管、配电盘等设备外，主要是空调送风方面的设计，这是设计的核心和技术难点部分。施工前认真熟悉暖通空调等专业图纸，掌握罗盘箱工作原理，对各专业管线进行综合排布。该工程在罗盘箱的施工安装过程中，充分利用了管线综合排布技术，取得了良好的施工效果。

图 5-6　管线综合布置排布技术的应用

(2) 机电集成单元(罗盘箱)的功能

首都机场 3 号航站楼机电集成单元(罗盘箱)是一个机电专业齐全并集中布置的机电设备单元，内部容纳了通风空调送回风风道、消防水管线、消火栓、灭火器等设施，同时还包括了强、弱电竖井，配电盘，智能建筑模块箱等电气设施。

罗盘箱四面为穿孔压型铝板构造，内部安装柱状扬声器。底部为压型铝踢脚板，布置电源插座等接口，顶面设可拆卸百叶，侧面开送风口。除了满足必要的建筑功能外，还与许多服务用途的功能结合起来，外表用彩釉玻璃饰面，集成了广告、电子地图、标识、时钟、登机显示屏、安防监控摄像头等。它的主要优点是消除大厅内与结构功能无关的隔墙、辅助吊顶、吊支桁架、竖井等，减少了机电设备、管道空间占用率，在航站楼诸如办票厅、候机厅等大空间区域将机电设备各系统集中布置。将各机电功能区集中，可以增大建筑空间，实现建筑美学和功能的巧妙结合，极大地缩减了机电设备对建筑空间的干扰，创造了全新的室内效果。

罗盘箱其内部的机电设备、管路基本组成有：风管（空调送风、回风、排风）、风口、风量调节阀、防火阀、风量调节阀；消防水管、消火栓箱、消防水炮管及水炮；采暖水管，分、集水器；照明配电箱、事故照明箱、动力配电箱、专用配电箱、强电桥架、配管、电源插座；弱电桥架、配管、消防模块箱、综合布线架、航显屏、时钟、广播、无线转发、800 M 对讲系统、信息插座、楼宇控制箱；接地端子箱、等电位接地；广告等系统。不同位置使用不同型号的罗盘箱，其内部设备数量、器具数量、管路排列、规格等方面均有所不同，但主要功能基本相同。

(3) 罗盘箱内机电系统的深化设计

罗盘箱作为一种综合机电设备安装单元，箱内包含：通风、空调、采暖、消火栓、水炮、动力、照明、综合布线、广播、航显、时钟、广告等十多个系统，三十多个专业子项，管路及设备交叉多变，操作空间狭窄，施工难度非常大，在国内首次采用。由于设计图纸中未明确各系统管路及设备的具体安装方式和位置，因此，在罗盘箱内设备管路安装前，必须先进行深化设计，对各种设备和管道进行详细的排列、定位，避免出现管路间、设备间及设备与建筑物之间交叉干涉，造成无法施工和重复施工。

在罗盘箱中，最主要的管路为空调送回风管及排风管，它占据罗盘箱大部分空间，并居于罗盘箱的中间位置，因此需首先将风管定位。风管距罗盘箱外框架钢结构的距离及风管间的距离需预留出罗盘箱钢骨架横梁位置及其他专业管道安装位置空间。

罗盘箱内两侧为电气竖井，为强电专业桥架安装区域。强电专业桥架与其他专业管线无交叉。

采暖系统管道与消防系统管道位于罗盘箱横向位置，在大截面风管的侧面，水管路占据罗盘箱横向一侧位置，不能超越罗盘箱横向截面的中线。

弱电系统桥架与水管位于罗盘箱同一方向，占据罗盘箱横向另一侧位置，称为弱电单元区域。

以 02 型罗盘箱为例，安装于罗盘箱内的机电集成单元占用空间为 5 300 mm×1 500 mm，回风兼排烟管为 1 800 mm×450 mm，送风管为 800 mm×450 mm，送风管与周围的射流喷口相连，风口间距为 500 mm，均匀布置，90%回风由顶部百叶进入，故把回风管布置于罗盘箱的中间，送风管沿罗盘箱大边方向布置于回风管两边。罗盘箱的短边下端设置消火栓箱，上端设置配电柜，顶端设置消防水炮。送风管与配电柜间为强电电气线槽通道，弱电配电线架与采暖供回水管、消火栓管、消防水炮管并排于回风管旁边，地沟式散热器的分集水器对称于回风管的另一侧。罗盘箱的四周根据机场航站楼的功能需要布置时钟、航显、广告、广播、消防按钮及无线接入点。罗盘箱布置图如图 5-7 所示，施工效果图见图 5-8。

(4) 机电集成单元（罗盘箱）制作和安装

① 机电管路安装。罗盘箱内机电管路安装前，先根据设计图纸核查楼板预留洞的规格及位置，保证管路定位准确。

由于罗盘箱内机电管线大部分为竖向管路，罗盘箱内空间狭小，各专业管线没有多余空间单独设置支架，管线固定需利用钢框架的龙骨，因此罗盘箱施工的第一步是罗盘箱钢结构的制作和安装。为保证罗盘箱内部大规格机电管线及设备的安装，罗盘箱钢结构施工前，先与专业图纸核对，在大型风管、变风量末端装置、大截面风口等位置，罗盘箱钢结构的次龙

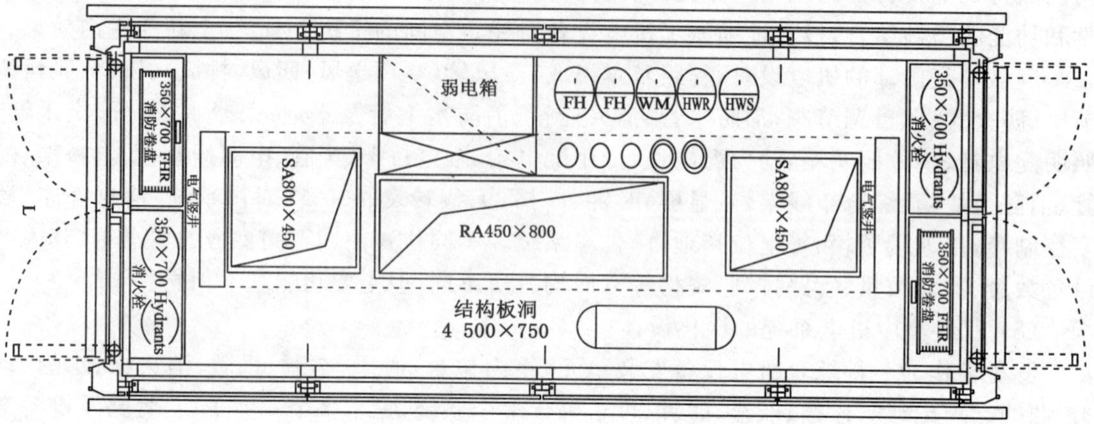


图 5-7 罗盘箱布置图

图 5-8 罗盘箱施工效果图

骨、横梁等先暂缓安装，只施工框架主龙骨，预留出设备和部件运输、安装空间，待其安装完成后再进行完善。

罗盘箱钢结构主框架施工完成后，可进行风管的制作、安装和保温。由于强电竖井在罗盘箱的两端，位置独立，与其他专业无交叉，因此强电系统的桥架可同时进行施工。在风管安装基本完成后，消防水管、采暖水管、弱电桥架即可进行施工。对于跨越两层或三层的罗盘箱，消防水管、采暖水管、电气管线、弱电桥架在向上层伸展时会碰到风管、喷口风箱等，这些管路需要利用旁边空间进行绕行后，再回到原位置。

② 弱电单元的定位。在设计图纸中，同一型号的罗盘箱按不同编号分布在不同区域，每个相同型号的罗盘箱的平面布置方向均不同。相对区域的同一型号罗盘箱之间存在镜向关系，在通风专业风管施工和水专业水管路施工时要予以注意，否则，弱电单元均在同一位置就会与回风口和分集水器的安装位置矛盾。施工前要先明确每个罗盘箱的方向，明确了弱电单元、分集水器、回风口的安装位置，及时对风管、水管或弱电桥架进行调整。

③ 机电设备、部件安装。各专业管线基本安装完成后，进行配电箱、消火栓箱、分集水

器、回(排)风口、变风量末端装置等的安装。每个不同型号、不同编号的罗盘箱及其配电箱、消火栓箱的规格、安装位置均有所不同。配电箱、消火栓箱均先安装箱壳。

消火栓箱安装在外围钢框架结构的第一层，紧贴主龙骨内侧安装，采用在横梁上焊接搭接角钢进行固定。

大部分配电箱均安装在消火栓箱上部，为保证用电安全，专业设计在强电专业配电箱安装区域设计了配电箱封包箱，采用 $\delta=2$ mm 厚铜板焊接成一个封包箱，内涂防锈漆两遍，防火涂料两遍。为了配电箱配管、穿线方便，在配电箱后面又设置了分线箱，同样涂防锈漆两遍，防火涂料两遍。分线箱和配电箱安装在封包箱内，将配电箱与风管、消火栓箱等其他专业管线和设备完全隔离，起到防火、防水的作用，确保用电的安全。

与强电专业相同，弱电单元区域也采用镀锌钢板进行包封，形成专门的隔离区与其他专业管线和设备完全隔离，确保弱电设备的运行安全。

④ 等电位接地安装。为满足等电位的要求，该工程所有的罗盘箱钢结构在与每层楼板交接处均与楼板钢筋作等电位连接，为确保工程质量，要求对每一个点进行检测、验收，并形成检测记录，符合验收标准后，则进行隐蔽并进行下一道工序施工。

为保证弱电系统的运行安全，在弱电区域设置专用等电位端子箱，采用 ZR-YJY-1×50 $mm^2$ 的电缆由相应区域内变电站总等电位箱引来，罗盘箱内的每个弱电系统采用 ZR-BY-25 $mm^2$ 的黄绿双色线与其连接，以确保弱电系统的安全运行。

⑤ 消防施工。罗盘箱上下层的防火处理，采用防火枕和防火泥对罗盘箱内管道周围的结构洞口进行了封墙，厚度≥240 mm。

在每一个罗盘箱内均设置消防模块箱，一个或两个消火栓箱，箱内同时配有手动报警、消防泵启动按钮及灭火器，主要是解决罗盘箱周边区域的消防问题，同时也解决罗盘箱本身的消防问题。

(5) 功能末端顺序调试

由于罗盘箱机电系统齐全复杂，各系统的功能必须独立实现且在运行中不能对其他系统造成干扰和影响，因此各专业系统的调试必须细致且完善。从安全和施工顺序考虑，调试安排为水—风—强电—弱电—其他服务功能的专业顺序。在管道安装完成后，消防水系统管道首先进行强度及严密性试验，确保水管道的运行安全。在确定水系统管道的使用安全性后，其他系统即可各自进行测试。消防水系统根据规范要求进行消火栓试射、水炮试射，通风空调系统进行风量测试和调整，配电箱柜送电、电气各系统通电试运行。各弱电系统进行功能性测试及联动调试。

## 四、点评

首都机场 3 号航站楼机电功能末端单元集成技术的实施跳出了传统施工做法，开拓了机电安装工程的视野，提高了机电安装工程多专业施工中组织、管理、配合的能力，改变了以往单一工种独立施工的传统做法，丰富了国内机电施工经验，使机电安装工程在施工方法和工艺上取得了创新性的进展，提高了国内机电安装工程的整体技术水平，为国内超大型机电安装工程积累了经验。

深化设计是机电施工中高端的服务，通常，业主在招投标时主要注重综合图纸的绘制，还没有重点考虑各类设备、管道、线路安装的碰撞，系统在综合调整中发生的变化，以及设计参数的确定要参考经验值确定等问题，因此专业技术人员要及早掌握管线综合布置技术。

对深化设计人员的要求：

① 丰富的施工经验，以及设备运行、使用、维护方面的经验。

② 基本的专业知识及对设计、施工规范的了解，如系统校核、技术处理和分析；通过自身的技术能力和对规范的理解给工程各方提出建议，以保证工程的技术质量。

随着工程技术的发展，项目管理水平的进步，机电安装工程中的管线综合布置技术在建筑机电安装工程中的重要意义，已经引起建设单位、施工单位和监理单位的广泛重视，目前在大型建筑安装工程中已经得到推广和应用，随着它的重要性的凸显和经济效益的扩大，结合 3D 技术的推广应用，管线综合布置技术必将向标准化、规模化发展。

# 第三节　北京电视中心机电安装工程

## 一、工程概况

北京电视中心（北京电视台新台址）是北京奥运会配套项目和北京市重点工程，位于北京市朝阳区，地处北京商务中心区（CBD），总用地面积 44 900 $m^2$，一期工程总建筑面积 197 325.67 $m^2$，具有楼层高、建筑面积大、系统复杂、技术质量要求高、施工难度大等特点。

地下共分三层，建筑面积 65 806.15 $m^2$。地下一层为舞台设备用房、机电设备用房、后勤办公及停车库，层高 4.9～5.2 m；地下二层和地下三层为停车库；地下三层部分为五级和六级人防，层高均为 4.2 m，局部为通高两层的舞台制作用房及机电设备用房。

地上共分为 3 个单体建筑，分别为综合业务楼、演播楼和生活服务楼，建筑面积 131 522.52 $m^2$。主楼即综合业务大楼：建筑面积 78 830.30 $m^2$，楼层 41 层，楼顶高度 200 m，1～5 层为公共层，6 层为设备层和避难层，7～18 层为演播室和技术用房，20 层为设备层，21～24 层为五层通高的室外空中花园兼作避难层，25 层为设备机房兼避难层，26～39 层为办公用房，40 层为设备层，41 层为高空观光厅，顶部设直升机停机坪。演播楼：建筑面积 41 110.88 $m^2$，楼层 10 层，首层设有 1 250 个座席的电视剧场一座，设架空转播车车位 15 个，2～9 层设置大、中、小各类演播室和文艺录音室，10 层为设备层。生活服务楼：建筑面积 11 578.34 $m^2$，楼层 8 层，首层为电视购物商场，2 层为医务、宿舍用房，3～5 层为餐饮娱乐用房，6 层为办公用房，7 层为客房，8 层为架空层。

## 二、工程范围和主要工程量

承担施工的通风空调部分工程包括：空调风系统、通风（排风）系统、正压送风系统、排烟系统、空调水系统等。

该项目包括：冷冻机房 1 个，制冷量 2 900 kW 冷冻机 5 台，制冷量 1 406 kW 冷冻机 2 台，各类水泵 31 台；空调机房 86 个，空调机组、恒温恒湿机组等共 196 台；风机盘管 767 台，通风机 226 台，风口 15 194 个；空调水管道 86 000 m，水管保温 770 $m^2$；风管安装 97 080 m，风管保温 68 710 $m^2$ 等。

## 三、部分专业设计特点

1. 空调风系统

(1) 地下：变配电室采用仅供冷风的循环风全空气系统，分室独立设置空调机组；办公室、休息室等房间采用风机盘管加新风系统；防灾中心、中央监控室采用一次回风单风机系统；恒温恒湿库采用冷水式恒温恒湿机组。

(2) 综合业务大楼：演播室、录音室采用一次回风单风机加排风机系统，空调机组分室独立设置；一般办公系统各方位每3～6层分别设空调系统，外区采用风机盘管，内区采用变风量，大房间每一跨度设一变风量末端装置，小房间每间放一变风量末端装置；工艺机房室内设置两套空调系统，一套用于设备冷却，采用地板送风、顶部回风，多室合用空调机组，另一套用于房间空调，采用一次回风单风机系统，空调机组分室独立设置；中庭采用风机盘管加新风系统，冬季辅以地板辐射采暖；媒体存储库等采用冷水式恒温恒湿机组；电梯机房、微波天线间采用自带冷热源的分体空调机。

(3) 地下停车库：为防止冬季车库内冻结，车库送热风，设计温度为10 ℃，并配以排风系统。

2. 通风系统

空调机械室、水泵房、电气室、变电室、仓库、地下车库、厨房、发电机房、厕所、淋浴室等设置机械通风设备，强制换气，换气次数见表5-3。

**表 5-3　通风系统换气次数**

| 房间名称 | 每小时换气次数 | | 备注 |
|---|---|---|---|
| | 进风 | 排风 | |
| 冷源热源机房 | 5 | 5 | 进风夏季经空调箱冷却，冬季经空调箱加热 |
| 水泵房 | 5 | 5 | |
| 开水间、卫生间 | 负压吸入 | 10 | |
| 车库 | 5 | 6 | 进风仅冬季经空调箱加热 |
| 厨房烹调室 | 50 | 60 | |
| 厨房配膳室 | 20 | 20 | |
| 淋浴室 | 8 | 10 | |
| 中水机房 | 8 | 10 | |

换气方式：综合业务楼新风由新风机处理后，向室内送风，通过房间和厕所排风排出室外；地下停车库采用排风和排烟合用系统。

## 四、工程管理目标

(1) 质量目标。配合总包单位确保长城杯，争创建筑业最高荣誉奖——鲁班奖。

工程一次交验合格率100％，部分工程优良品率100％。

(2) 安全目标。确保工程安全、设备安全，施工人员死亡、重伤事故为零；年工伤事故率低于 6‰;无火灾与爆炸事故。

杜绝重大与生产有关的机械设备事故,杜绝同等责任交通死亡事故。

(3) 环境管理目标。杜绝重大环保投诉,噪声达标,有毒有害废弃物合法消纳。

(4) 文明施工目标。实行标准化、规范化现场管理,争创文明施工样板,树立环保意识,配合总包达到“文明安全工地”标准。

(5) 工期目标。计划 2006 年 5 月 30 日完工,配合总包单位 2006 年 9 月 30 日竣工。

## 五、应用过程介绍

1. 工程特点、重点与难点

(1) 工程主要特点和重点。北京电视中心楼层高(主楼 41 层),系统庞大复杂,工程量大,施工周期长;整体施工难度大,与其他专业的交叉、配合复杂;属于广电传媒专用场所,设备、管道的减震、降噪技术要求严格;争创鲁班奖,质量标准高。

(2) 施工重点与难点。设备数量多、体积大、重量沉,尤其进口大型设备及大口径管材、型材等的起重运输,机房设备的就位安装;主楼高层上设备、管道的垂直运输,高层竖井管道施工;管路安装支、吊点的设置以及管道的焊接、试验、消噪的施工控制等,均为该工程施工重点与难点。近十万平方米风管的制作和安装,在施工准备阶段即被列为该通风空调工程的重点课题。

2. 技术应用情况

原设计要求采用传统角钢法兰风管方式,由于金属矩形风管薄钢板法兰连接技术,在生产效率、产品精度和质量稳定等方面的优势,在数项大型工程的实际应用中已得到充分验证。为充分体现公司组合法兰风管加工的优势,凭借北安集团多年的实践经验,在北京电视中心工程风管正式加工之前的施工准备阶段,积极邀请工程建设、监理和总包等单位相关负责人员考察参观公司流水线车间,通过自动化加工演示配合细致讲解,让每位参观人员都有了很直观的认识。

消防排烟等中压系统风管严密性要求相对较高,为了验证机械化加工的组合法兰风管的强度及其连接的密封可靠性,由公司技术负责人主持,在流水线车间现场进行了超标准的专项强度和严密性试验,结果证明,组合法兰钢板风管及其管口连接的强度、严密性完全满足功能需要。

最终,北京电视中心工程空调送回风管、新风管、通风管、正压送风管以及厚度≤1.5 mm 的消防排烟管、排风兼消防排烟管、厨房排油烟管等的加工方式,全部由专用流水线设备加工成型,采用金属矩形风管薄钢板法兰连接技术。

3. 部分施工工艺

风管采用美国进口专用流水线加工成型,应用金属矩形风管薄钢板法兰连接技术。风管加工所使用的钢板为优质卷材,现场安装时采用专用连接件连接。

为使此项工艺在该项目中得以充分、严谨地实施,在参考《通风与空调工程施工质量验收规范》(GB 50243—2002)等标准中有关条文的基础上,结合专用流水线多年的成品加工经验及北京电视中心工程风管系统的内容和特点,编制了“制作安装专项方案”,其内容在原企标的基础上进行了适当的补充或调整,实践效果良好。

(1) 风管制作

① 风管制作用钢板厚度按设计要求执行，车间根据委托加工任务单内容和要求安排生产，连体法兰管段可用全自动生产线制作。

② 镀锌钢板风管板材厚度 0.5 mm(或 0.6 mm)，采用 1 000 mm 幅宽卷板，标准管长 905 mm；板材厚度 0.75～1.2 mm，采用 1 250 mm 幅宽卷板，标准管长 1 160 mm；板材厚度 ≥1.5 mm，标准管长 1 250 mm。冷轧(普通)钢板风管的管长依据钢板幅宽尺寸确定。

③ 管长小于 500 mm 的风管其板面不做轧筋处理。

④ 风管长边长大于 2 000 mm 时，采用 TDF 法兰；长边长大于 2 500 mm 时，还需采用角钢法兰(普通钢板板厚 2.0 mm 的风管一律采用角钢法兰连接)。

⑤ 流水线加工风管还具有一定的灵活性，可根据现场的特别需要加工半成品到场。如：在现场合口或在风管穿越狭窄部位时，个别管段根据实际需要，一端加工好成品法兰，一端在风管上位后，现场加装法兰角，形成连体法兰后再行与其他管段接驳。

(2) 风管配件制作

① 风管配件包括三通、弯管、变径管、来回管、短管等，其加工尺寸确定后，交车间生产。

② 风管系统中的防火调节阀、消音器、止回阀等部件与风管连接采用角钢法兰螺栓连接，按国标 GB 50243—2002 风管法兰规格大小选取；为满足薄钢板法兰风管与阀部件连接之所需，系统中风阀两侧的风管加工成“过渡管”，即风管一端采用 TDC 或 TDF，而另一端为普通角钢法兰，与风阀部件配套一致。

③ 为满足车间的实际加工和现场安装需要，小口径风管的小边长一律≥120 mm；风管加工时，三通、弯头等管件与直管段连接时采用 TDF 法兰连接。

④ 引风叶(导流叶片)宽度控制在 300 mm 左右，间距 200～250 mm。变径弯头不加导流叶片。

(3) 风管安装

① 现场收到车间加工好的风管或风管配件，应及时进行现场检验并报监理验收，办理好相关验收手续之后方可进行安装。

② 薄钢板法兰风管连接安装前务必做好四角的密封检查，风管两端法兰四个触面角务必用密封胶将缝隙封闭，如有遗漏或不足应及时加补。

③ 消防排烟系统采用 3 mm 厚橡胶石棉板，空调和其余系统采用 8501 胶条，安装时不能漏垫、突出管外或脱落在管内。

④ 管段连接时 4 个法兰角用 M8～M10 螺栓，TDC 法兰四条边框用弹簧夹连接，弹簧夹长度为 150 mm，弹簧夹之间的间距以不大于 150 mm 为原则，最外端的弹簧夹离风管边缘一律为 150 mm。

⑤ 主风管安装的走向和标高应符合施工图要求及满足现场实际需要，支吊架也应符合要求。布置吊架时，除了要遵守最大的间距规定外，还应注意吊架离法兰或者风口等的距离不应小于 100 mm。

⑥ 主干风管连接安装完毕并经严密性检测合格后，可进行支风管安装，其安装方法和要求同主干风管。

(4) 风管严密性检验

① 风管系统安装完毕后，必须按系统类别进行严密性检测。采用金属矩形风管薄钢板法兰连接技术，漏光法检测和漏风量测试同样根据 GB 50243—2002 中 6.2.8 条款进行，具

体按 GB 50243—2002 中附录 A 执行，其中，允许漏风量的计算应符合 GB 50243—2002 中 4.2.5 条款的规定。

② 风管系统严密性检验以主、干风管为主。低压风管系统，可在支风管与主干风管安装后进行漏光检测；中压风管系统，应在主干风管的漏风检测合格后再安装支风管。

4. 应用效果及评价

（1）金属矩形风管薄钢板法兰连接技术在北京电视中心工程中的推广应用，是对该技术的又一次成功实践，规范了加工制作和施工安装各环节，同时获得了良好的应用效果，对于该工程各项目标或指标的实现起到了重要作用。

（2）该项技术的应用，大大提高了加工生产效率，充分满足了现场安装的需要，确保了各阶段施工进度计划的实现。

（3）流水线加工风管的高质量及其质量的稳定性是传统加工方式所无法达到的，不仅避免了人为因素造成的质量问题，且大大减少甚至避免了因加工质量造成的整改或返工，为现场的安装质量奠定了良好的基础，也为该通风与空调工程的整体质量发挥了重大作用。该工程终获 2008 年北京市建筑长城杯金质奖和 2009 年中国建筑工程鲁班奖。

（4）北京电视中心通风空调工程在 2008 年 9 月整体竣工时完成产值约 11 000 万元，风管系统体量大，占有其中相当比例。金属矩形风管薄钢板法兰连接技术的推广应用，大大减少了型钢的使用，节约材料、降低成本，经济效益显著。

（5）该项技术的应用，减少了金属资源的消耗，实现了低碳经济；风管系统整体重量减少，降低了建筑结构承重负荷，有利于结构安全；加工制作的自动化和现场安装的便捷，减少了人工使用，较传统角钢法兰风管重量轻，便于搬运吊装，也降低了施工人员的安全风险。

## 六、点评

北京电视中心通风空调工程是成功推广、应用了金属矩形风管薄钢板法兰连接技术的代表项目之一，这项新技术在其他很多项目的实践效果也同样令人满意，对于获评鲁班奖或其他高级别质量奖项也起到了重要或关键作用。

矩形风管加工流水线的使用，具有速度快、效率高、风管质量稳定、外表美观、尺寸准确、互换性强等优点，对减轻操作工人劳动强度、提高工效、节约材料起到很大的作用。按照流水线的设计速度 12～22.5 m/min，日产量可达 800～1 600 $m^2$，设备操作人员正常只需 2～4 人。薄钢板法兰风管与型钢法兰风管相比，在节约材料、降低人工成本同时，可提高工效约 10 倍，大大降低了风管加工安装综合成本。

矩形风管流水线由于使用卷筒钢板，其材料的损耗比板材制作风管下降 5%～8%。薄钢板法兰风管与型钢法兰风管相比可降低风管系统的重量，以边长 1 250 mm×1 000 mm 的风管为例，两者重量相差约 30%，这不仅节约了风管加工材料，还可适当调整减小风管支吊架型钢的选用，降低了材料成本。

通过在北京电视中心及其他众多项目的实际应用，可以证明金属矩形风管薄钢板法兰连接技术较传统方式在很多方面都具有优势，经济效益、社会效益明显，是一项先进而成熟的安装技术。

# 第四节　上海世博会中国馆机电安装工程

## 一、工程概况

中国馆(如图 5-9 所示)是中国 2010 年上海世博会的核心建筑之一,由国家馆和地区馆两部分组成,国家馆居中升起、层叠出挑,成为凝聚中国元素、象征中国精神的造型主体——东方之冠;地区馆水平展开,平台基座以舒展的形态映衬国家馆,成为开放、柔性、亲民、层次丰富的城市广场,共同组成表达盛世大国主题的统一整体。

图 5-9　上海世博会中国馆

中国馆位于上海世博园的核心区域,北起北环路,南至南环路,西起上南路,东至云台路,占地面积约 65 200 $m^2$,总建筑面积 160 000 $m^2$,其中国家馆地上 16 层、地下 2 层,建筑高度约 68 m,33 m 以上部分为全钢结构,33 m 以下部分为混凝土包钢结构;地区馆地上 2 层、地下 2 层,建筑高度约 13 m,其地上部分为全钢结构。

## 二、工程内容

中国馆机电安装工程包括给排水系统、中水系统、雨水系统、消防栓系统、消防喷淋系统、空调通风系统、动力照明系统和弱电系统、变配电系统、高压细水雾灭火系统、景观照明等工程。给水系统采用薄壁不锈钢管卡凸式连接方式。

## 三、给水系统简介

中国馆在地下室的南区及北区各设置生活水泵房一座,其中南区的水泵房内设置 202 t 生活贮水池一座、国家馆生活给水加压泵二台及南区地区馆生活给水变频泵组;北区电话水泵房内设置 78 t 生活贮水池一座及北区地区馆生活给水变频泵组;在国家馆屋顶设置 40 t 生活水箱一座及国家馆屋顶生活给水增压泵二台。

中国馆地下室利用市政给水管网的水压直接供水;所有地区馆的地上部分及国家馆首

层至 14.4 m 以下的部分，由设于生活水泵房内的恒压变频供水设备及市政给水管网联合供水；国家馆 14.4 m 以上采用水池—加压水泵—水箱的联合供水方式供水，其中 60.3 m 以上的用水点由屋顶设置的给水增压泵供水，以下各层由屋顶水箱重力供水。

生活给水管道系统全部采用材质为 SUS304 的薄壁不锈钢管材和管件，卡凸式连接方式。管材公称直径为 15～32 mm 的管道与阀门和其他管材连接时必须采用卡套外螺纹或卡套内螺纹转换接头过渡连接；管材公称直径为 40～50 mm 的管道与阀门和其他管材连接时可采用上述方法，也可以采用法兰连接(PN1.6)；公称直径为 65 mm 以上的管道与阀门和其他管材连接时必须采用法兰连接(PN1.6)。

给水系统不锈钢管实物工程量见表 5-4。

**表 5-4　薄壁不锈钢管道主要工程量**

| 序号 | 材料名称 | 规格型号 | 工程量/m |
|---|---|---|---|
| 1 | 保温不锈钢管 | DN20 | 24 |
| 2 | 保温不锈钢管 | DN25 | 12 |
| 3 | 不锈钢管 304 | DN15 | 1 440 |
| 4 | 不锈钢管 304 | DN20 | 1 164 |
| 5 | 不锈钢管 304 | DN25 | 3 810 |
| 6 | 不锈钢管 304 | DN32 | 1 248 |
| 7 | 不锈钢管 304 | DN40 | 672 |
| 8 | 不锈钢管 304 | DN50 | 2 034 |
| 9 | 不锈钢管 304 | DN65 | 516 |
| 10 | 不锈钢管 304 | DN80 | 1 092 |
| 11 | 不锈钢管 304 | DN100 | 696 |
| 12 | 不锈钢管 304 | DN125 | 816 |
| 13 | 不锈钢管 304 | DN150 | 90 |
| 14 | 不锈钢管 304 | DN200 | 12 |

## 四、给排水工程特点

(1) 施工场地狭小，周边环境复杂，文明施工形象要求高。

(2) 大型设备多，吊装过程中协调事宜多。

(3) 对机电设备运行噪声控制要求高。

(4) 确保展览大厅空调效果和节能的技术难度大。

(5) 钢结构上安装机电管线支架的技术要求高，施工难度大。

(6) 绿色节能环保技术在工程中运用多。

(7) 工程界面复杂、工作衔接和协调配合多、确保工期的难度极大。

(8) 施工图纸深化设计和管线的综合管理要求特别高。

(9) 与布展单位和商业模块的接口施工和配合服务要求高。

(10) 对机电工程保驾护航的服务要求极高。

## 五、给排水工程目标

(1) 工程质量。工程质量达到合格等级,并符合国家专业质量检验评定标准的合格条件及设计标准或通过国家有关管理部门验收。按照国家工程施工质量验收标准达到一次验收合格率100%。

(2) 工程安全。安全生产严格按照国务院令第393号《建设工程安全生产管理条例》进行施工,确保无重大责任事故、无重大伤亡事故以及火灾事故的发生。

(3) 文明施工。对本工程实施全过程的安全文明标准化管理,确保获得"市文明工地"称号。

(4) 工期要求。中国馆于2007年12月18日开工打桩,于2008年8月完成国家馆地下部分的土建施工;2008年12月完成地区馆地下部分的土建施工,2009年1月结构封顶,2009年11月底竣工。机电部分开工日期为2008年7月1日,竣工日期为2009年11月30日。

## 六、应用过程

1. 薄壁不锈钢管卡凸式连接特点和难点

中国馆给水系统的不锈钢管采用卡凸式连接工艺,需要在薄壁不锈钢管端的一定位置,由内壁向外辊压使管子形成一道凸缘环。扩环是保证接口不漏水的重要工序,过度辊压,会使管端形成喇叭口,使管子不能插入管件。压轧高度过低的凸环会影响管件的密封性能和连接强度。

2. 关键技术特点

在轧压凸环的过程中,一定要保持管子与上下压轮和管子相平行。如果管子歪斜,会使轧出的凸环尺寸不精确,外观会有螺旋形划伤线。

3. 施工工艺和流程

工艺流程如图5-10所示。工艺过程:

(1) 施工准备

① 施工技术准备

a. 施工前收集施工图纸(有效版本)、合同文件、施工规范和标准等技术资料。

b. 熟悉图纸和有关技术规范,参加施工图设计交底,并做好记录。如图纸有局部变化或局部修改,应及时办理施工技术核定。

c. 依据施工图编制施工预算。

d. 编制施工方案和材料需用计划。如有外加工的材料需填写外加工委托单。

e. 对施工班组进行施工技术交底,并签发施工任务单。

② 作业人员的准备

a. 根据工程进度计划要求,编制劳动力需用计划,以劳动力计划为依据组织好施工人员进场。

b. 对参与施工的人员进行薄壁不锈钢管道卡凸式连接安装工艺的技术培训。

③ 施工机具和计量器具的准备

a. 按施工进度计划和施工机具需用计划,分阶段组织施工机具进场,并确保其完好,能

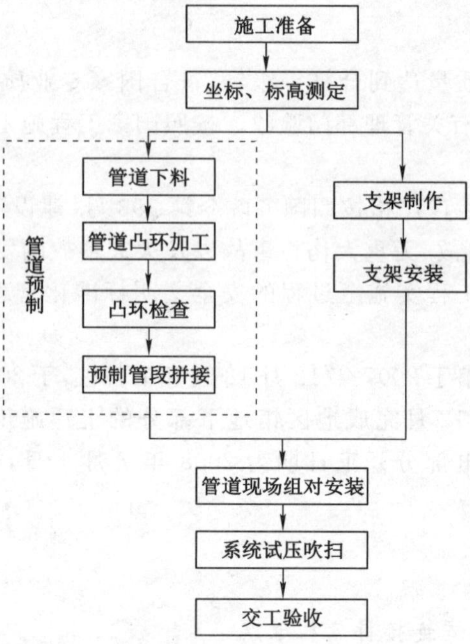


图 5-10　施工工艺流程图

满足施工需要。主要的施工机具见表 5-5。

b. 按施工进度计划和计量器具需用计划，分阶段组织计量器具进场，并确保其在规定的周检期内。主要的计量器具见表 5-6。

**表 5-5　主要施工机具表**

| 序号 | 名称 | 型号规格 | 备注 |
|---|---|---|---|
| 1 | 直流电焊机 | ZX7-400 | 包括电缆线、焊钳(支架焊接) |
| 2 | 角向砂轮机 | $\phi$100～$\phi$150 mm | 根据工程需求选用(支架加工) |
| 3 | 砂轮切割机 | $\phi$400 mm | 根据需用配备(支架下料用) |
| 4 | 砂轮切割机 | $\phi$400 mm | 根据需用配备，专用切割 DN65～DN200 不锈钢管道 |
| 5 | 氧乙炔割具 | 包括皮带、表、轧头、气割枪 | (支架下料) |
| 6 | 电动试压泵 | 2.5 MPa | 管道试压 |
| 7 | 手动扩凸机 | DN15～DN50 | 根据需用配备 |
| 8 | 电动扩凸机 | DN65～DN200 | 根据需用配备 |
| 9 | 管子割刀 | DN15～DN50 | 根据需用配备 |
| 10 | 活络扳手 | 8～12 in | 根据需用配备 |
| 11 | 台钻 | Z4125 | 根据需用配备 |
| 12 | 冲击钻 | GSB 20-2RE | 根据需用配备 |

**表 5-6　主要计量器具表**

| 序号 | 名称 | 型号规格 | 备注 |
|---|---|---|---|
| 1 | 钢卷尺 | 2～15 m | 根据需用配备 |
| 2 | 水准仪 | J2 | 根据需用配备 |
| 3 | 水平尺 | 8～12 in | 根据需用配备 |
| 4 | 压力表 | Y-100，0～2.5 MPa | 根据需用配备 |
| 5 | 环规 | DN15～DN200 | 根据需用配备 |

④ 材料的准备

a. 根据工程进度要求，制订要料计划，并按要料计划组织好材料的采购工作。

b. 进入现场的材料要进行检验，材料检验要求见表 5-7。材料检验合格后，运入仓库指定位置堆放。

**表 5-7　材料检验对照表**　　单位：mm

| 公称通径(DN) | 管道外径($\phi$) | 外径允许偏差 | 壁厚($\delta$) | 壁厚允许偏差 | 外观检查内容 |
|---|---|---|---|---|---|
| 15 | 16 | ±0.1 | 0.6 | 名义壁厚的±10% | 水管焊缝表面应无裂缝、气孔、咬边、夹渣，内外面加工良好，不应有超出水管壁厚负公差的划伤、凹坑和矫直痕迹等缺陷。断口应无毛刺 |
| 20 | 20 | | 0.6 | | |
| 25 | 25.4 | | 0.8 | | |
| 32 | 35 | ±0.12 | 1.0 | | |
| 40 | 40 | | 1.0 | | |
| 50 | 50.8 | ±0.15 | 1.0 | | |
| 65 | 67 | ±0.18 | 1.2 | | |
| 80 | 76.1 | ±0.23 | 1.5 | | |
| 100 | 102 | ±0.4%$DW$ | 1.5 | | |
| 125 | 133 | | 2.0 | | |
| 150 | 159 | | 2.0 | | |
| 200 | 219 | | 2.5 | | |

c. 运输和储存。搬运管材和管件时，应小心轻放，避免重压、敲击、碰撞、抛掷、折弯等易造成管材变形、开裂损伤等行为，严禁剧烈碰撞、抛摔滚地。

管材和管件应存放在室内，并应避免与油污接触。不得露天存放。

管材应水平堆放在平整的地面或水平支垫上。放在支垫上时，外悬端部分不得超过0.5 m，堆放高度不超过 1.5 m；管件应按箱逐层码放，堆高应小于 6 箱。

(2) 坐标、标高的测定

① 测定是利用空间三轴坐标的原理，测量在 $X$、$Y$、$Z$ 轴三个方向必要的尺寸和角度。

a. 在坐标和标高的测定前，首先熟悉施工图纸，了解图纸上标注的是什么尺寸，是相对尺寸还是绝对尺寸。

b. 坐标和标高的测定首先要选择正确的基准点，正确的基准点选择是进行测量工作的基础。

② 坐标和长度的测定采用钢卷尺，从结构上（如梁中心、柱中心、墙中心）拉出测量需要的尺寸。

③ 标高测定采用水准仪或简便测量方法（液位塑料管），从已知结构上的标高线引出，测出管道敷设高度。

④ 角度测定采用经纬仪或简便测量方法（量角器或活动角尺），测量确定管道变向的位置。

(3) 支架制作、安装

① 支架制作

a. 根据支承的管道大小选择合理美观，有足够强度和刚度的支吊架形式。

b. 管道支吊架制作前，确定管架标高、位置及支吊架形式，同时核对其他专业图纸，在条件允许的情况下，尽可能地采用共用支架。

c. 支吊架型钢开孔必须使用机械钻孔。

d. 支吊架焊接不得存在漏焊、欠焊、裂纹、咬肉等缺陷，焊接变形应予矫正。支架制作后应进行防锈处理。

② 支架安装

a. 管道支架间距要求见表 5-8。

**表 5-8　支架间距要求**

单位：mm

| 公称直径 | 水平管 | 立管 |
|---|---|---|
| DN15 | 1 000 | 1 500 |
| DN20 | 1 500 | 2 000 |
| DN25 | 1 800 | 2 200 |
| DN32 | 2 000 | 2 500 |
| DN40 | 2 200 | 2 800 |
| DN50 | 2 500 | 3 000 |
| ≥DN65 | 3 000 | 3 500 |

注：在距离各管件或阀门的 100 mm 以内必须用管卡牢固固定，特别在干管支管处。

b. 管道支吊架的固定位置，应尽量选择设置在梁、柱、墙等部位，采用膨胀螺栓法固定。

c. 支架横梁必须保持水平，每个支架均与管道接触紧密。

d. 如采用管卡的形式，可采用金属和非金属材料。

e. 如采用碳钢支吊架时，必须在不锈钢管道与支架接触处加装橡皮板、塑料板等非金属衬垫，如图 5-11 所示。

(4) 管道安装

薄壁不锈钢管道卡凸式连接主要有螺纹式卡凸连接和法兰式卡凸连接两种方式，如图 5-12 所示。螺纹式卡凸连接，适用于管径 DN15～DN50；法兰式卡凸连接，适用于管径 DN65～DN200。

① 螺纹式卡凸连接

根据设计图纸选择所需规格管材，按所需长度裁剪，然后放入紧固螺母，接着辊压凸环，

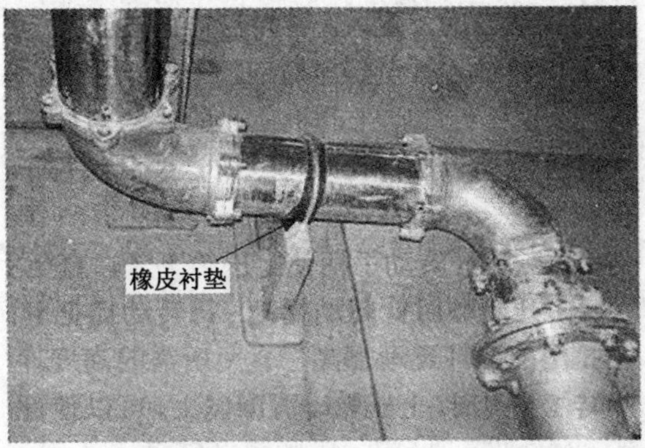


图 5-11　非金属衬垫

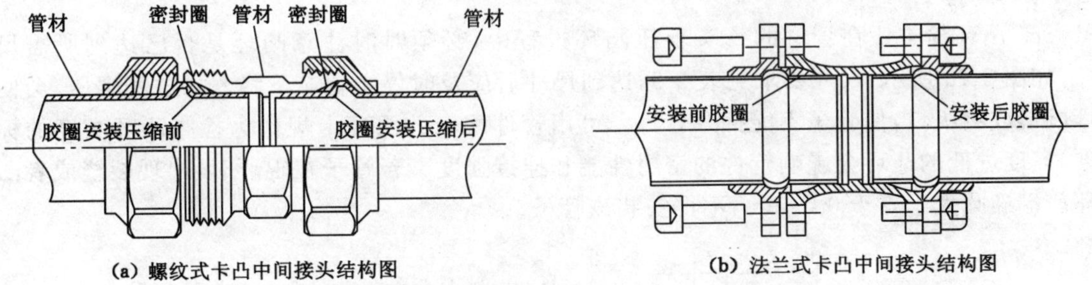


图 5-12　薄壁不锈钢管道卡凸式连接结构图

再套入聚四氟乙烯密封胶圈，插入管件承口并锁紧螺母，最后固定管路。

a. 管材下料。按管路安装的实际需要选择相应规格的管材，并根据安装位置计算测量所需管材的长度。

使用切管器或者切管机等切管工具将管材切至适合的长度，如图 5-13 所示。裁切长度应是安装长度加上两头管件螺纹长度，还要考虑管道扩凸后缩短的缩率。在辊压凸环处套上螺母时必须注意方向正确，螺母上有螺纹的一端朝向管口。

b. 辊压凸环(使用手动扩凸机，如图 5-14 所示)。

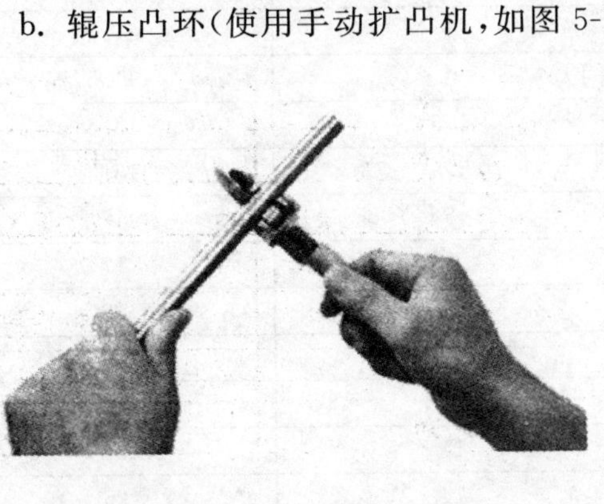

图 5-13　管道切割

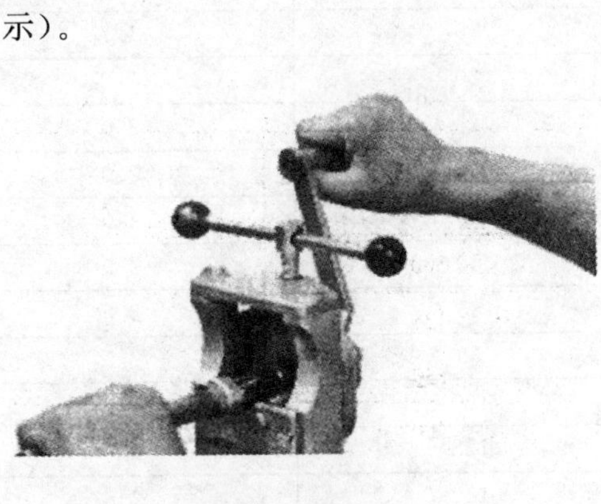

图 5-14　辊压凸环

根据所需扩环的管材直径，选出相应的压轮。将对应的上压轮轴装入滑块套筒内，装上摇把并紧后面螺帽。

逆时针转动压紧螺杆手柄，把滑块升高到适当的位置，旋转转盘。把对应的一组下压轮对准上压轮轴，并反转压紧螺杆手柄，使上压轮轴下行至轻压对应的一组下压轮，并紧转盘螺帽以固定转盘。

逆时针转动扩凸机上面的压紧螺杆转把，升高上压轮离开下压轮至合适距离。将已套好管件锁紧部件（螺母或者法兰）的管子套入扩凸机的上压轮，管端顶住上压轮轴的限位截面。

顺时针转动手柄使上压轮转下降，直至上压轮带动管子轻压住下压轮。

开始顺时针转动摇把，每转动摇把 5 圈，压紧螺杆转动 1/4 圈。以此类推可使管子上扎出的凸环逐渐加高，直至所需的高度。当凸环已轧压到所需尺寸后，要让转把逆时针回转 1/4 圆周，上压轮动 5 圈以上，可以使管子圆度均匀，然后再继续回转转把升高上压轮，取出管子。

c. 凸环检查。在管材的一头辊压凸环过程中，必须时时注意凸环是否已达到所需尺寸，如图 5-15 所示，尺寸要求见表 5-9，达到尺寸后应及时停止辊芯下降。如过度辊压，会使管端形成喇叭口，使管子不能插入管件。可用管件配套的凸环卡规作为检查凸环高度的标准，高度过低的凸环会影响管件的密封性能和连接强度。若管子在辊环时，出现裂缝或者凸环前端椭圆大于等于 0.2 mm，不得安装该管子。

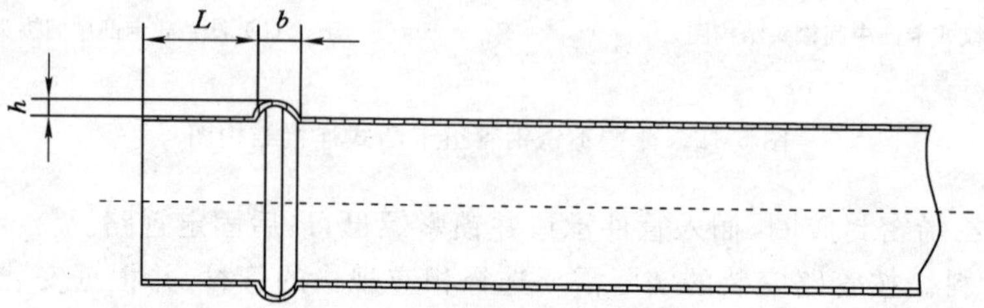


图 5-15　凸环加工尺寸图

**表 5-9　凸环加工尺寸要求**

单位：mm

| 公称直径(DN) | 扩环高度($h$) | 扩环宽度($b$) | 承口长度($L$) |
|---|---|---|---|
| 15 | 1.7 | 4 | 11.5 |
| 20 | 1.8 | 4 | 11.5 |
| 25 | 2.0 | 5.5 | 13.5 |
| 32 | 2.0 | 5.5 | 13.5 |
| 40 | 2.0 | 6 | 17 |
| 50 | 2.5 | 6 | 17 |
| 65 | 2.5 | 8 | 18 |
| 80 | 2.5 | 12 | 22 |
| 100 | 2.5 | 12 | 22 |
| 125 | 2.8 | 14 | 25 |
| 150 | 2.8 | 14 | 25 |
| 200 | 2.8 | 16 | 25 |

d. 管道连接。

将聚四氟乙烯密封圈按正确的方向套入管端，密封圈厚的一端靠近管子的凸环，薄的一端靠近管口。将套好密封圈的管子插入管件，把锁紧螺母旋上管件，如图 5-16、图 5-17 和图 5-18 所示。

图 5-16　安装密封圈

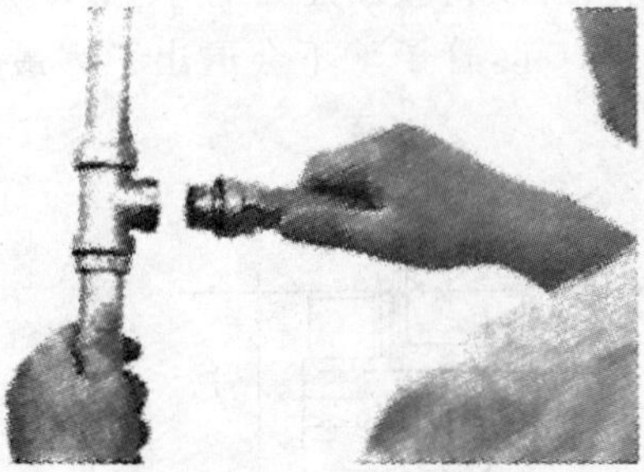

图 5-17　插入管件

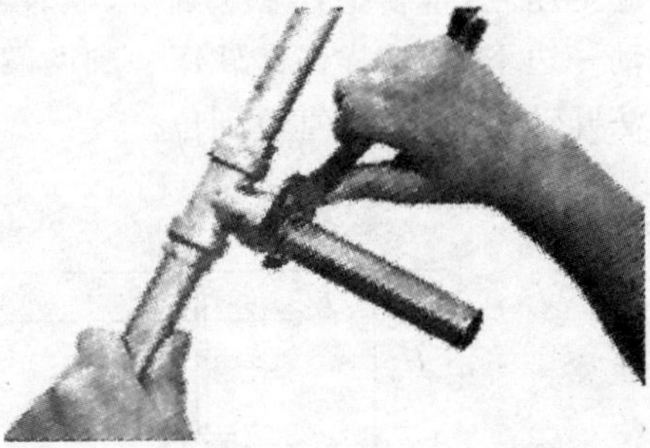

图 5-18　螺母锁紧

将套好密封圈的管子插入管件时，应使密封圈的后缘与管件的端口平行，否则会影响密封性能，然后锁紧螺母。在管道组对拧紧一头管件螺母时，要注意另一端的螺母随管子转动而松动，此时应让其他操作者同时用扳手卡住另一端管件的螺母以拧紧。

② 法兰式卡凸连接

根据设计图纸选择所需规格管材，按所需长度裁剪，然后放入紧固法兰盘，接着辊压凸环，再套入聚四氟乙烯密封胶圈，插入管件承口并锁紧法兰盘螺栓，最后固定管路。

a. 管材下料。大口径管道下料采用砂轮切割机进行切割，采用的切割片不得含有铁质成分，并且砂轮切割机不得用于其他金属材料切割。裁切长度应该是安装长度加上法兰后端凸起出的长度，还要考虑管道扩凸后拉伸和缩短的情况。

b. 辊压凸环(使用电动扩凸机)。

根据所需扩环的管材直径，选出相应的压轮。打开滑块盖板，将对应的一组上压轮装入滑块轴内，并盖上盖板，装紧螺帽，下压轮装入下主轴。

转动压紧螺杆手柄，把滑块升高到适当的位置，套上要扩环的管子，转动压紧螺栓稍用力压紧，以防轧压过程中后退。

如管子长度在 2 m 内，可拉出机床附带托架支撑(注意：调节托架高度，保证管子一定要和主轴平行)；如超出 2 m 要用外带托架支撑，注意同样要求和主轴平行。

开动顺转电机，缓缓地转动转把，可使管子上扎出的凸环逐渐加高，直至所需的高度(见表 5-9)。轧压凸环时要注意下压轮不能下降过快，必须转动 5 圈以上，才能再对辊芯的高度作调整。当凸环已轧压到所需尺寸后，要让转把逆时针回转小 1/4 圆周，下压轮转动 5 圈以上，可使管子圆度均匀，然后再继续回转转把升高上压轮，取出管子。

c. 凸环检查。凸环检查要求同螺纹式卡凸连接凸环检查中的内容。

d. 管道连接。将聚四氟乙烯密封圈按正确的方向套入管端，密封圈厚的一端靠近管子的凸环，薄的一端靠近管口。将套好密封圈的管子插入管件，把紧固法兰的螺栓锁紧（在紧固管件时，紧固法兰的螺栓紧固要对称锁紧）。

（5）质量保证措施

① 在轧压凸环的过程中，一定要保持管子与上下压轮和管子相平行，如果管子歪斜，会使辊出的凸环尺寸不精确，并且造成外观有螺旋形划伤线。若管子长度较长时，需要使用平台、脚架之类托住管子，一定要让管子和机器主轴保持平衡（$H_1=H_2$），纵向轴线要在一直线上，操作方法如图 5-19 所示。如碰到管子在轧压时会向外慢慢退出的现象，必须反转手柄抬起上压轮，重新把管子送到位，顺时针转动手柄，让上压轮重新压紧管子，点动机器，一边转动一边下压，这样慢慢轧压一到两圈，让凸环初步凸起，管子就不会退出了。最后按常规方法开动机器，轧压直至到位。

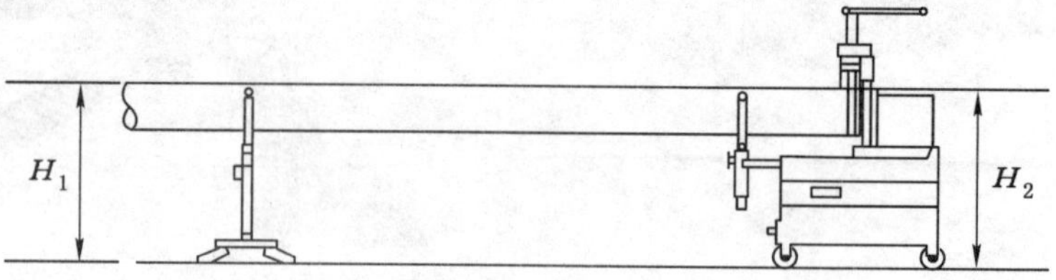


图 5-19 凸环加工管子和机械保持平行

② 如果管口因切管的原因有缩口现象，导致管子在套入上压轮的时候被上压轮上的凸筋卡住，顶不到上压轮的限位面时，可先只将管子套入上压轮的前段，用辊压凸环的操作方法将管口稍微扩大，当管口扩大到能穿过上压轮上的凸筋时，再将管子全部套入，然后按正常方法轧压凸环。

③ 轧压凸环时要注意上压轮不能下降过快，每下降少许，必须使摇把转动 5 圈以上，才能再对上压轮作调整。当凸环已轧压到所需尺寸后，要让转把逆时针回转小 1/4 圆周，转动摇把 5 圈以上，可使管子圆度均匀，然后再继续回转转把升高上压轮，取出管子。

④ 凸环的上压轮和下压轮不能互换安装。在轧压不同规格的管材时，一定要使用相应的一组上下压轮，才能轧压出符合安装尺寸的凸缘环。使用不合适的上下压轮，会造成凸环尺寸有误，甚至会损坏上压轮和下压轮。

## 七、技术经济评价及安全质量

卡凸式管道安装相对于传统焊接及丝扣安装方式，节约了大量安装时间，减少渗漏点。采用薄壁不锈钢管卡凸式连接技术，减少现场焊接工作量，有利于进行工厂化预制，提高了工作效率，减少劳动力消耗，加快工程进度，降低了管道接口的渗漏率，对渗漏点的修复和配件的更换更加方便快速。卡凸式管件可以拆卸，方便管道改造或维修，真正做到施工的安全、经济、省时、省力。

中国馆给水系统、热水系统共计 14 000 m 管道，如采用焊接连接，需 3 100 工日完成，采用卡凸式连接，实际使用 2 620 工日，节约 15.5%。

中国馆项目从建成至今，特别是经过了世博会期间大客流的考验，包括给水系统的机电各系统运行正常。

# 第五节　上海东方体育中心机电安装工程

## 一、工程概况

上海东方体育中心位于黄浦江以东、川杨河以南、济阳路以西、中环线以北 ES4 地块范围，紧邻世博园。上海东方体育中心工程包括综合体育馆、游泳馆、室外跳水馆、新闻服务中心等主要建筑。项目总用地面积 347 500 $m^2$，总建筑面积 163 800 $m^2$。

综合体育馆如图 5-20 所示，位于体育中心东北侧；建筑面积约 70 000 $m^2$，观众席容量为 18 000 座，按照体育建筑中体育馆规模分类属于特大型体育馆；建筑耐火等级为一级，建筑主体高度 48.05 m。

图 5-20　综合体育馆

游泳馆如图 5-21 所示，建筑面积约 47 479 $m^2$，建筑高度 23 m。

图 5-21　游泳馆

室外跳水馆如图 5-22 所示，总建筑面积约为 10 500 $m^2$，分地下一层和地上二层，屋面最高高度为 33.56 m。该项目地下室主要为设备用房，地上主要为商业、办公用房及看台。

图 5-22　室外跳水馆

新闻服务中心如图 5-23 所示，位于体育中心东北侧体育馆西侧，建筑面积约 10 000 $m^2$，建筑物内设置体育博物馆、媒体中心、办公区等，设地下一层及地上 15 层。

图 5-23　新闻服务中心

## 二、工程范围

上海东方体育中心机电工程包括给排水系统、中水系统、消防栓系统、消防喷淋系统、空调通风系统、动力照明系统、弱电系统以及变配电系统、虹吸式雨水系统、消防给水系统、自动喷水灭火系统、气体灭火系统等工程。主要工程实物量见表 5-10。

**表 5-10　主要工程实物量**

| 序号 | 名称 | 规格 | 数量 | 备注 |
|---|---|---|---|---|
| 一 | 给排水、消防系统 | | | |
| 1 | 给水系统 | | | |
| | 钢塑复合管 | DN15～DN100 | 4 628 m | |
| | 不锈钢管 | DN15～DN100 | 3 350 m | |
| | 沟槽配件 | DN100～DN200 | 7 543 m | |
| | 镀锌无缝钢管 | DN100～DN200 | 388 m | |
| | 球墨铸铁管 | DN100～DN400 | 425 m | |
| 2 | 污废水系统 | | | |
| | 焊接钢管 | DN80～DN200 | 2 865 m | |
| | U-PVC 管 | DN50～DN160 | 278 m | |
| 3 | 雨水系统 | | | |
| | 虹吸雨水管 | DN100～DN200 | 7 260 m | |
| | U-PVC 管 | DN100～DN150 | 4 588 m | |
| 4 | 屋顶生活水泵房 | | | |
| | 镀锌无缝钢管 | DN100～DN200 | 2 231 m | |
| | 镀锌钢管 | DN15～DN80 | 4 256 m | |
| 5 | 自动喷淋系统 | | | |
| | 镀锌无缝钢管 | DN100～DN150 | 33 260 m | |
| | 镀锌钢管 | DN25～DN80 | 56 780 m | |
| 6 | 消火栓箱消防系统 | | | |
| | 镀锌无缝钢管 | DN100～DN150 | 33 482 m | |
| | 镀锌钢管 | DN25～DN80 | 15 885 m | |
| 7 | 屋顶生活消防泵房 | | | |
| | 镀锌无缝钢管 | DN100～DN150 | 122 m | |
| | 镀锌钢管 | DN25～DN70 | 256 m | |
| 8 | 地下室消防泵房 | | | |
| | 镀锌无缝钢管 | DN100～DN150 | 286 m | |
| | 阀门 | DN20～DN200 | 86 m | |
| | 沟槽配件 | DN100～DN200 | 264 m | |
| | 支架型钢 | | 22.6 t | |

表 5-10(续)

| 序号 | 名称 | 规格 | 数量 | 备注 |
|---|---|---|---|---|
| 9 | 水喷雾系统 | | | |
| | 雨淋阀组 | DN100 | 12 m | |
| | 高速水雾喷头 | | 48 m | |
| | 阀门 | | 128 m | |
| 10 | 气体灭火系统 | | | |
| | 气体灭火系统 | | 388 m | |
| 二 | 通风空调、冷却水系统 | | | |
| 1 | 通风系统 | | | |
| | 镀锌薄钢板风管 | | 86 090 m | |
| 2 | 空调供回水系统 | | | |
| | 无缝钢管 | DN100～DN450 | 14 360 m | |
| | 镀锌钢管 | DN15～DN80 | 12 890 m | |
| | 各类阀门 | DN15～DN450 | 1 442 m | |
| | 支架型钢 | | 86.8 t | |
| 3 | 冷冻机房 | | | |
| | 无缝钢管 | DN100～DN450 | 1 280 m | |
| | 镀锌钢管 | DN15～DN80 | 656 m | |
| | 各类阀门 | DN25～DN600 | 268 m | |
| | 支架型钢 | | 46.6 t | |

## 三、工程主要目标

(1) 工期目标。上海东方体育中心于 2008 年 12 月 30 日开工，2010 年 12 月 28 日竣工，工程工期 24 个月。

(2) 质量目标。执行国家工程施工质量验收标准，一次性验收合格。

(3) 安全目标。确保无重大责任事故、无重大伤亡事故以及火灾事故的发生。

## 四、工程特点

上海东方体育中心项目，工程量大，技术标准要求高，工程须满足 FINA(国际游泳联合会)验收要求；工程位于 2010 年上海世博会核心控制区，施工管理应达到上海市人民政府《关于加强 2010 年上海世博会筹备和举办期间本市建设工程施工管理的通告》的要求。

该工程主要安装设备有锅炉、冷冻机组、消防水箱、水泵等，它们主要分布在地下一层，消防水箱位于屋顶层。设备的吊装时间集中，需对其供应时间、安装顺序、拖运通道、与土建的协调配合等细节认真研究，制订最佳的施工方案。

## 五、工厂化预制范围

配管预制一冷冻机房项目，位于新闻服务中心地下二层，建筑面积 400 $m^2$，主要设备有冷水机组 6 台、供回水泵 25 台、冷却塔 6 组 12 台，各类规格管道外径为 27～480 mm 共 21 496 m，其中计划采用自动焊接的管道外径为 76～480 mm 共 12 446 m，占机房设备配管总量的近 60%。

机房管道管径规格范围比较宽，泵站和机房的管道组对形式主要是短管＋短管、短管＋法兰、短管＋弯头、短管＋三通或大小头等的组对和焊接，活动口占总量的 60%～70%，有 10%～20%的固定焊口，还有不到 10%属偏心的非常规焊口。通过技术分析，如果条件具备，60%以上的短管＋短管、短管＋管配件大多数活动口可以采用工厂化预制技术来完成。经初步测算，该冷冻机房管道采用工厂化预制技术生产，其自动化焊接与全部手工焊接相比，将提高工作效率近 30%以上。

## 六、工厂化预制应用过程

1. 工程特点、难点

东方体育中心的冷冻机房、消防泵房等机房内，管道规格多，管径范围 89～630 mm，长度约 1 600 m，配件多，均为焊接连接方式，焊接工作量大。

2. 现场条件和解决方案

由于工期短，土建机房施工未交付机电安装，为保证工程进度，采取管道工厂化预制，事先将大量的焊接工作量完成，待土建作业和设备就位后，进行管道装配安装。

3. 实施情况

(1) 确定预制内容，完成图纸深化。

① 管道安装涉及的预制，主要是根据管道的不同连接方式和安装工艺，确定预制的对象和可预制的深度，通过图纸深化设计手段，将可预制件绘制成加工图，预制工厂依图加工。

② 由于是机房内的管道安装，配件多，短管多，最终确定管道预制深度在总长的 80%左右，自动焊接在总长的 60%左右。将其深化设计为管段加工图，图纸要求精确，并考虑预留合口，便于在安装时的尺寸调节。

③ 加工图样：如图 5-24 和图 5-25 所示。

④ 深化设计采用先进的"管道预制三维设计系统"软件，实现管道单线图和管段深化设计施工图的快速绘制和转换，实现设计和施工间的无缝对接。

(2) 确定预制工艺，选定需用设备。

① 碳钢管道采用火焰切割加工设备自动下料、坡口，不锈钢管采用高效切割带锯床或机械加工坡口。

② 管道焊口采用机械组对，手工钨极氩弧焊接点固。

③ 焊接采用 NZFG630×30 短管-法兰和管-管件焊接机完成。

④ 整个焊接和物流输送采用了工位架、滚轮架和电动铲车，电动铲车进行较远距离的机械物流输送，利用工位架进行工件组对、定位焊接和较近距离的工序间传递。

⑤ 预制、检验完成后的产品，运转至成品区入库保管，等待现场装配。

⑥ 预制工艺流程如图 5-26 所示。

(3) 规划预制场地，布置预制设备。

① 预制场设置在综合体育馆(B2)层 GY-3～GY-4 与 GY-V～GY-S 之间(如图 5-27 所示)，轴间跨距为 8.4 m，预制场总面积 282.24 $m^2$。根据管道预制加工的工序要求，预制场

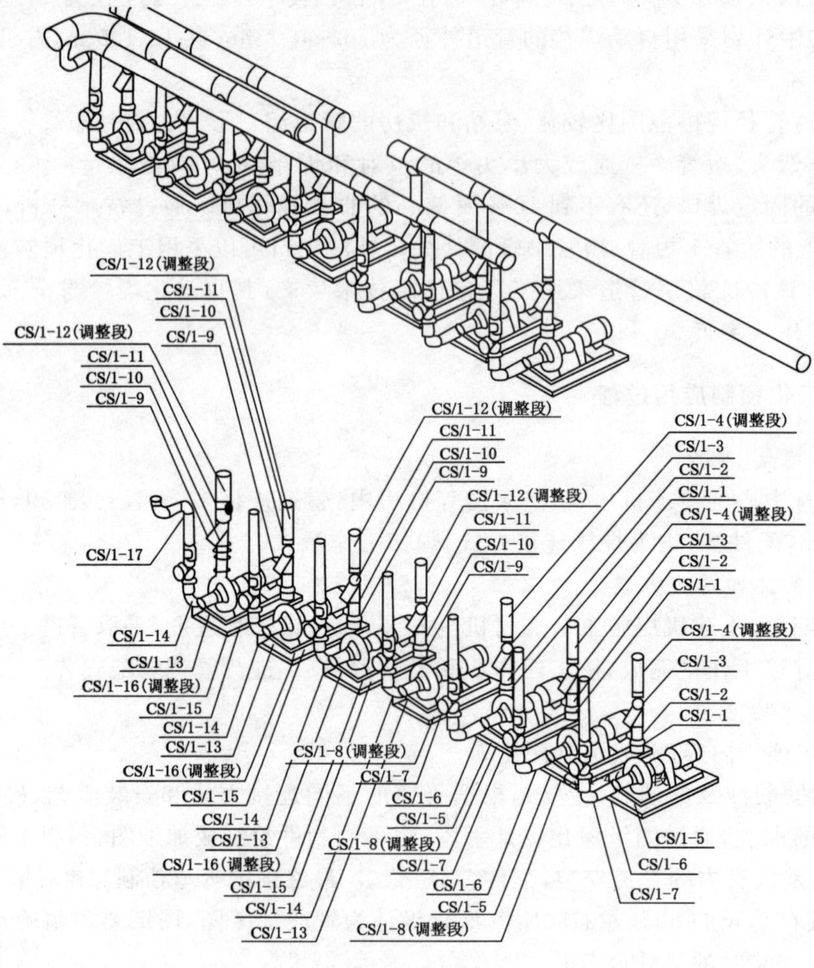


图 5-24　预制加工总图

设下料坡口区，组对、点固焊接区，自动焊接区和半成品区等。

② 根据管道预制加工工序的需要，配置相关的设备，如表 5-11 所示。

③ 根据焊接连接方式及管道预制的工序特点，确定相应规模的预制场地设备布置模块，有：原料存储复检模块、下料切割模块、焊接组对连接模块、质量检测模块、试压试验模块、标识认知模块、成品仓储模块等。

④ 根据各功能模块的需求，进行预制设备的定位布置，确定操作工位，形成流水作业线。

4. 确定操作工位，落实岗位人员

根据工艺流水作业线的布置，确定操作工位，落实岗位人员，明确岗位职责，明确操作规程，岗位人员各司其职，分工明确。建立相关的规章制度。

下料坡口：2 人，负责断管、坡口加工。

组对点固：2 人，负责焊接工件的组对，点焊固定。

自动焊操作：2 人，负责完成自动焊。

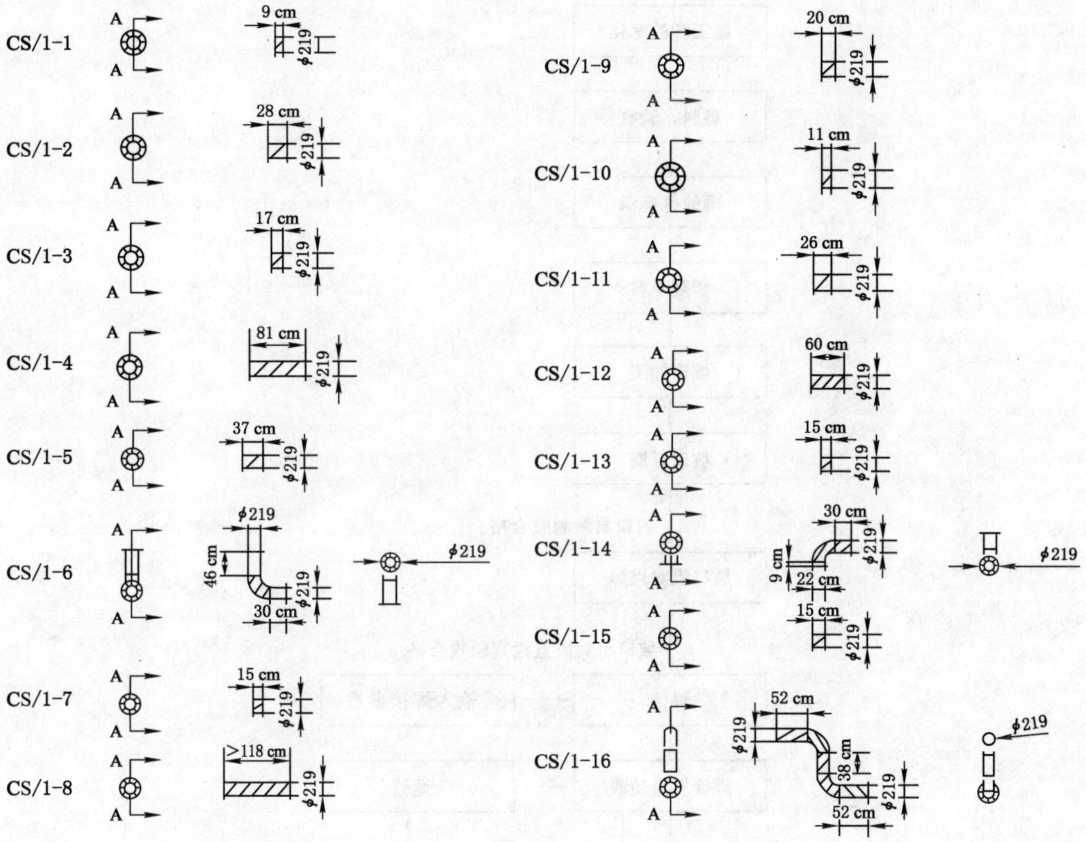


图 5-25　预制加工配件尺寸图

辅助工人：2 人，负责搬运、上架等辅助工作。

整个机房管道预制区域内固定的人员 8 名，按工位确定，各司其职。

5. 预制工作

各岗位工作人员，依据加工图纸、规范、操作规程、安全规程，实施预制工作。全过程施行质量和安全控制，保证预制质量，实现过程安全。

此项预制工作是以自动焊连接方式为主，效率高，质量好。

6. 后续工作

运输配送、现场安装。

## 七、工厂化预制应用效果分析

由于焊接技术实现了质的飞跃，逐步减少了对人工技能的依赖，同时也大大减轻了工人的劳动强度，改善了工作环境。

自动焊接和手工电弧焊接相比较，自动焊接优势明显，焊接效率可提高 3～5 倍。两者的对比可见表 5-12、表 5-13 和表 5-14。

自动焊焊缝合格率为 100%，焊接质量得到根本保证。

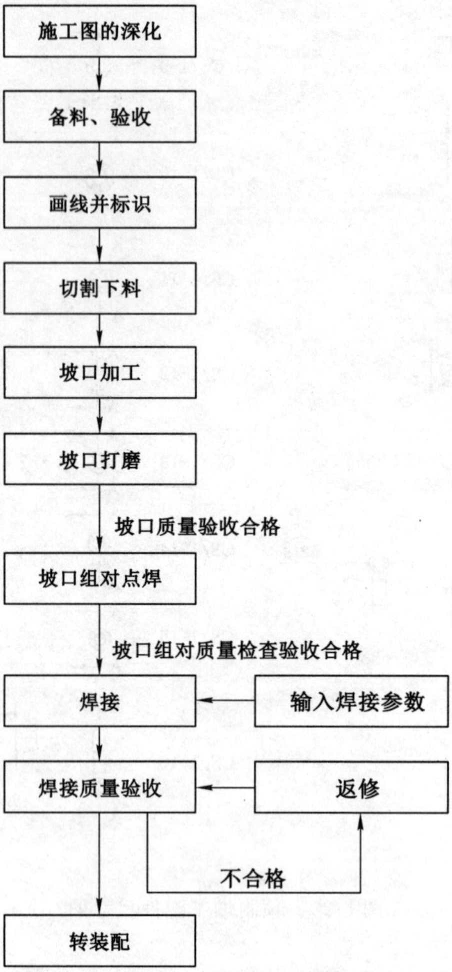


图 5-26　预制工艺流程图

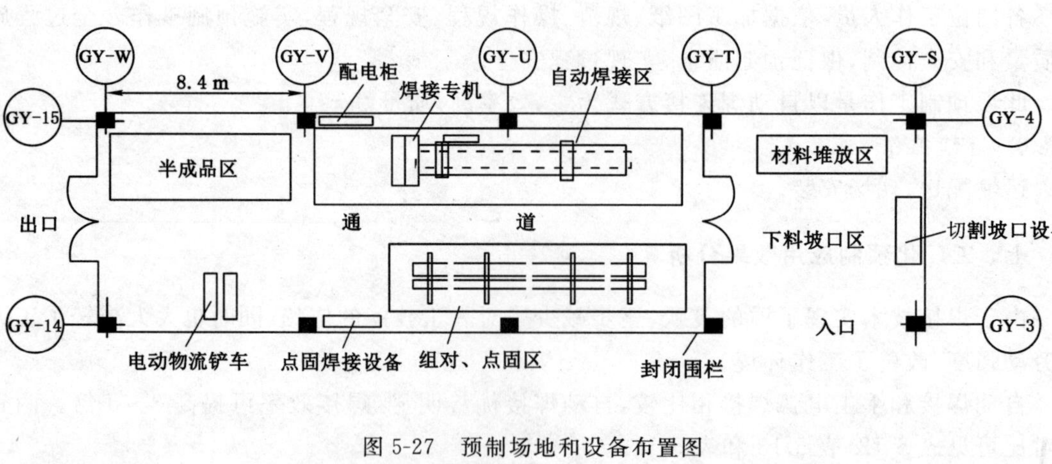


图 5-27　预制场地和设备布置图

对机房管道实施工厂化预制加工，实现了标准化生产，方便了管理，提高了施工质量，缩短了安装施工周期。

**表 5-11 机房管道预制焊接设备清单**

| 序号 | 设备名称 | 数量 | 规格 | 备 注 |
|---|---|---|---|---|
| 1 | NZFG630×30 管-法兰、管-管件预制专机 | 1(套) | $\phi$89～$\phi$630 mm | 预制自动焊接主机 |
| 2 | 自动火焰切割机(切割管道) | 2(套) | $\phi$89～$\phi$630 mm | 切割下料、坡口 |
| 3 | 移动铲车 | 2(台) | 2 t | 辅助装夹、工件搬运物流设备 |
| 4 | 砂轮打磨机 | 2 | $\phi$100 mm | 打磨坡口、修光焊缝 |
| 5 | 手工钨极氩弧焊机 | 2(台) | 300 A | 焊缝坡口组对定位点固焊 |
| 6 | 氩气瓶、$CO_2$ 气瓶、乙炔气瓶 | 各 1 | 40 L | |
| 7 | 气体流量计 | 3 | 15 L/min | |

**表 5-12 焊接加工质量对照表**

| 序号 | 施工步骤 | 手工焊接 | 自动焊接 | 比较 |
|---|---|---|---|---|
| 1 | 切割、坡口 | 手工切割，坡口质量难以保证 | 自动切割，坡口尺寸较均一 | 自动切割有优势 |
| 2 | 焊前清理 | 焊前打磨，要求一般 | 焊前打磨，要求较高 | 自动焊坡口要求高一些 |
| 3 | 组对坡口 | 组对要求一般 | 组对质量较高 | 自动焊比手工焊要求高 |
| 4 | 焊接 | 效率低，原始作业 | 方便、快捷 | 自动焊优势明显 |
| 5 | 焊接外观质量 | 依焊工水平而定，大多需打磨 | 成型美观，一般不需打磨 | 自动焊优势明显 |
| 6 | 焊缝质量 | 质量不稳定，对人的技能和工作态度依赖很大 | 质量稳定，要求焊工操作认真 | 自动焊优势明显 |

**表 5-13 焊口焊接速度对照表** 单位：min

| 工序 | $\phi$158 mm×8 mm | | $\phi$219 mm×8 mm | | $\phi$273 mm×8 mm | | $\phi$325 mm×8 mm | | $\phi$377 mm×8 mm | |
|---|---|---|---|---|---|---|---|---|---|---|
| | 手工 | 自动 | 手工 | 自动 | 手工 | 自动 | 手工 | 自动 | 手工 | 自动 |
| 切割下料、坡口 | 8 | 4 | 10 | 4 | 10 | 5 | 11 | 6 | 15 | 8 |
| 坡口打磨 | 2 | 4 | 2 | 3 | 3 | 5 | 3 | 5 | 3 | 6 |
| 工件装卡 | 2 | 3 | 2 | 3 | 2 | 3 | 3 | 4 | 3 | 5 |
| 焊接 | 30 | 7 | 35 | 8 | 40 | 10 | 50 | 11 | 60 | 12 |
| 焊后清理 | 3 | 0 | 5 | 0 | 3 | 0 | 5 | 0 | 6 | 0 |
| 时间合计 | 45 | 18 | 54 | 18 | 58 | 23 | 72 | 26 | 87 | 31 |

**表 5-14 法兰盘与管口角焊缝焊接速度对照表** 单位：min

| 工序 | $\phi$219 mm×8 mm | | $\phi$273 mm×8 mm | | $\phi$325 mm×8 mm | | $\phi$377 mm×8 mm | |
|---|---|---|---|---|---|---|---|---|
| | 手工 | 自动 | 手工 | 自动 | 手工 | 自动 | 手工 | 自动 |
| 切割下料、坡口 | 5 | 4 | 8 | 5 | 10 | 6 | 15 | 8 |
| 坡口打磨 | 3 | 5 | 3 | 7 | 3 | 8 | 3 | 9 |
| 工件装卡 | 2 | 5 | 2 | 5 | 2 | 5 | 2 | 5 |
| 焊接 | 30 | 25 | 40 | 30 | 50 | 35 | 60 | 40 |
| 焊后清理 | 10 | 0 | 10 | 0 | 10 | 0 | 10 | 0 |
| 时间合计 | 50 | 39 | 63 | 47 | 75 | 54 | 90 | 62 |

# 第六节　上海环球金融中心电气安装工程

## 一、工程概况

上海环球金融中心位于上海浦东陆家嘴，是一幢具有国际一流设施和一流管理水平的智能型、超大型综合建筑。其总建筑面积约为380 000 $m^2$，其地下建筑为3层，地上为101层，总高度达492 m；结构形式为钢筋混凝土核心筒，外框钢骨混凝土柱及钢柱。其建筑功能划分为：B3F、B1F为地下设备层，B2F设为主变电所和地下停车场，1F、2F为大堂，2F、3F为店铺，3F～5F为会议中心，6F～78F为办公层，79F～88F为酒店，89F～101F为观光设施层。

环球金融中心的供电基本上按上述建筑物的几大功能分区设置，在B1F、B2F、6F、18F、30F、42F、54F、66F、89F、90F分别设置副变电所。

该工程为35 kV高压供电，配有：

设计容量为12.5 MV·A×3＝37.5 MV·A，10 kV变电所；

设计容量为1 600 kV·A×14＋1 250 kV·A×48＝82 400 kV·A，10 kV高压电机；

设计容量为7 000 kW，10 kV柴油发电机，容量为2 500 kV·A×4＝10 000 kV·A。

强电设计范围：35 kV、10 kV、0.4～0.23 kV供配电系统；备用发电机系统；蓄电池供电系统；低压干线配电系统；照明系统；动力配电系统；防雷接地系统。

电气安装工程合同工期37个月，工程质量合格。

工程施工场地狭小；强电设备安装施工与土建、结构、装饰、空调、弱电等其他专业施工配合要求高，综合协调管理难度大；地处上海浦东繁华的商业中心陆家嘴，人流量和车流量大，交通条件复杂，对物流运输提出了较高要求；工程施工周期长，订货时间间隔长，要求设备到货时间准确。

## 二、超高层电缆敷设技术应用过程

1. 工程特点、难点

地下2层设置35 kV主变电所1座，主楼6F、18F、30F、42F、54F、66F、89F、90F设置10 kV副变电所14座，10 kV供电干线电缆从35 kV主变电所引出，经EPS1、EPS3、EPS5、EPS7电气竖井引至各副变电所。除66F的10 kV供电干线电缆为3×300 $mm^2$外，其余供电干线电缆均为3×400 $mm^2$。至90F副变电所的10 kV供电干线电缆总长708 m，垂直段长405 m，总重14 t，垂直段重8 t，为最长最重的一根。

2. 关键技术特点

(1) 电缆结构设计独特，垂直段内的钢丝绳和吊装圆盘分别起到了支撑电缆和吊装吊具的作用，不管电缆有多长、多重，都能靠其自身支撑自重，依靠吊装圆盘将其吊起。

(2) 吊装圆盘采用可调节螺栓，在起吊过程中可以调节电缆内三根钢丝绳的长度，保证电缆各部分受力均匀。

(3) 采用相互提升和分段提升方法，可使主吊绳长度由多节组成，电缆起吊高度不受卷扬机容绳量的限制，通过楼面跑绳或在电气竖井内选择合适的起重设备。

(4) 设计专用的穿井梭头，解决了吊装圆盘穿越楼层电气井口的问题，并能防止电缆吊运中卡位和划伤。

(5) 专门设置的防摆动定位装置，有效减少了电缆摆动，防止刮伤电缆。

3. 电缆及现场条件

(1) 电缆结构特殊。

(2) 电气竖井起吊高度为 405 m，现场条件限制大容绳量、大吨位卷扬机的使用，整根主吊绳的长度不能达到起吊高度。

(3) 电气井口小，宽度仅为 300 mm，吊装圆盘加钢丝绳后的最大直径部位为 326 mm，穿越楼层须做重点看护，防止电缆吊运中卡位和划伤。

(4) 该电缆不仅水平段有电缆头，而且垂直段三根钢丝上端还带有吊装圆盘，捆绑方法不同。

4. 施工工艺

工程的工艺流程如图 5-28 所示。

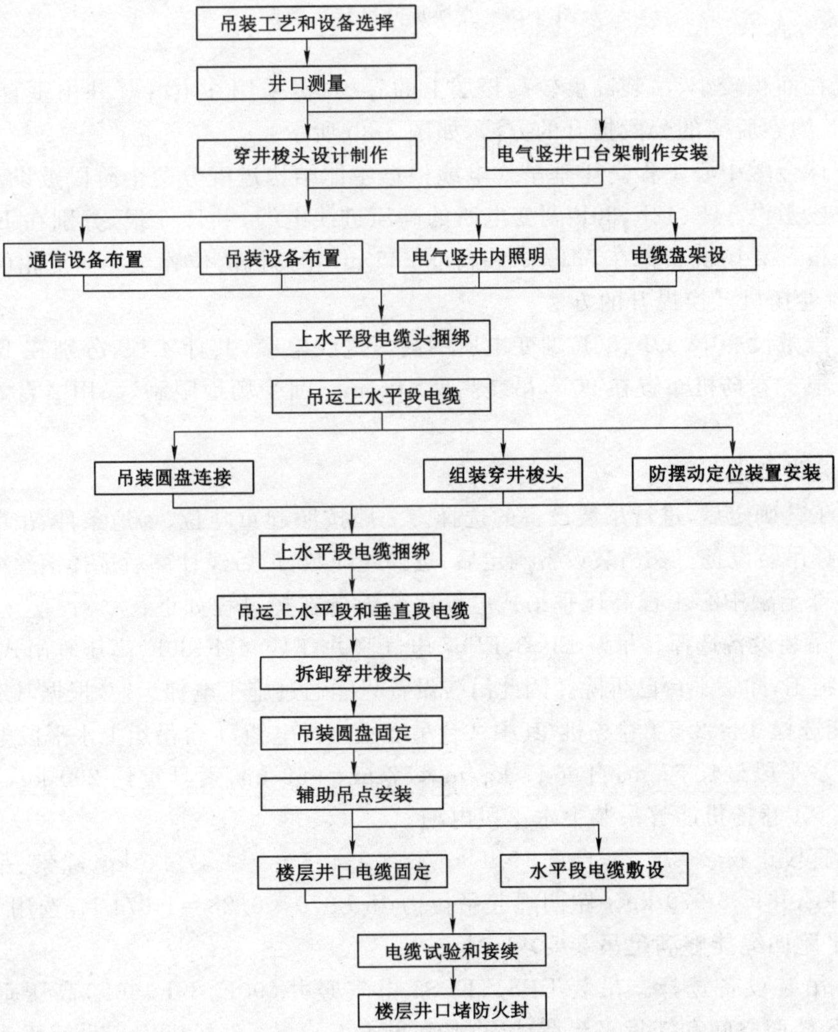


图 5-28　工艺流程示意图

(1) 吊装工艺选择

根据场地条件和吊装高度选择跑绳方式，对布置在面积较大、吊装高度较低的楼层上的卷扬机，采用水平跑绳，分别由两台主吊卷扬机互换提升的方法，如图 5-29 所示。

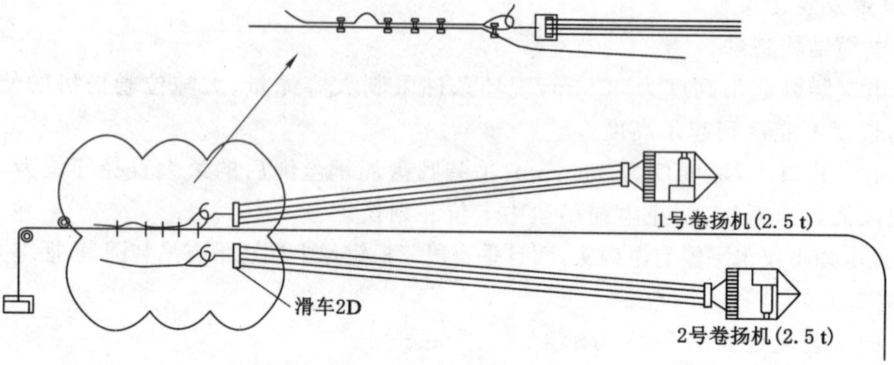


图 5-29　互换提升吊装示意图

对布置在面积较小、吊装高度较高楼层上的卷扬机，采用在电气竖井内垂直跑绳，通过主吊绳换钩、绳索脱离的分段提升的方法，如图 5-30 所示。

上海环球金融中心工程高压垂吊式电缆根据主体结构进度分两个阶段敷设。

第一阶段敷设 54F、42F、30F 副变电所的高压进线电缆，共计 6 根，分别在 EPS3、EPS7 内各吊装 3 根。卷扬机布置在 56F，吊装高度 235 m，卷扬机的位置至导向滑轮的距离约 48 m，采用两台卷扬机互换提升的方法。

第二阶段敷设 90F、89F、66F 副变电所的高压进线电缆，共计 4 根，分别在 EPS1、EPS5 内各吊装 2 根。卷扬机布置在 90F，吊装高度 405 m。因受场地限制，采用 2 台卷扬机分段提升的方法。

(2) 吊装设备选择

在吊装工艺确定后，进行吊装设备的选择。一般按照起重吨位、场地条件、吊装设备的途径等方面选择吊装设备。在吊装设备确定后，选择跑绳数，最后经计算后选择钢丝绳规格。

上海环球金融中心工程高压垂吊式电缆吊装设备选择过程如下：

① 56F 吊装设备选择。吊装 EPS3、EPS7 电气竖井(54F、42F、30F)高压垂吊式电缆时，大楼玻璃幕墙施工，卸货平台已拆除。因此吊装设备只能通过施工电梯运输，根据其载重量和空间大小，只能选择 3 台 2.5 t 卷扬机，其中 2 台吊运垂直段电缆，1 台吊运上水平段电缆。

电缆上水平段最长 57 m，自重 17 kg/m×57 m＝969 kg，索具重约 200 kg，共计 1 169 kg。选用 2.5 t 卷扬机能够吊装上水平段电缆。

电缆垂直段最长 234.5 m，自重 19.1 kg/m×234.5 m＝4 479.0 kg，绳索、吊具梭头合计约 1 500 kg，共计 5 979 kg。跑四绳起吊拉力为 5 979×0.28＝1 674 N，选用 2.5 t 卷扬机，采用水平跑四绳能够满足吊装要求。

② 90F 吊装设备选择。吊装 EPS1、EPS5 电气竖井(90F、89F、66F)高压垂吊式电缆时，因受 90F 楼面空间和卸货平台荷载限制，只能选 2 台 5 t 卷扬机用于吊运垂直段电缆，1 台 2.5 t 卷扬机吊运上水平段电缆。

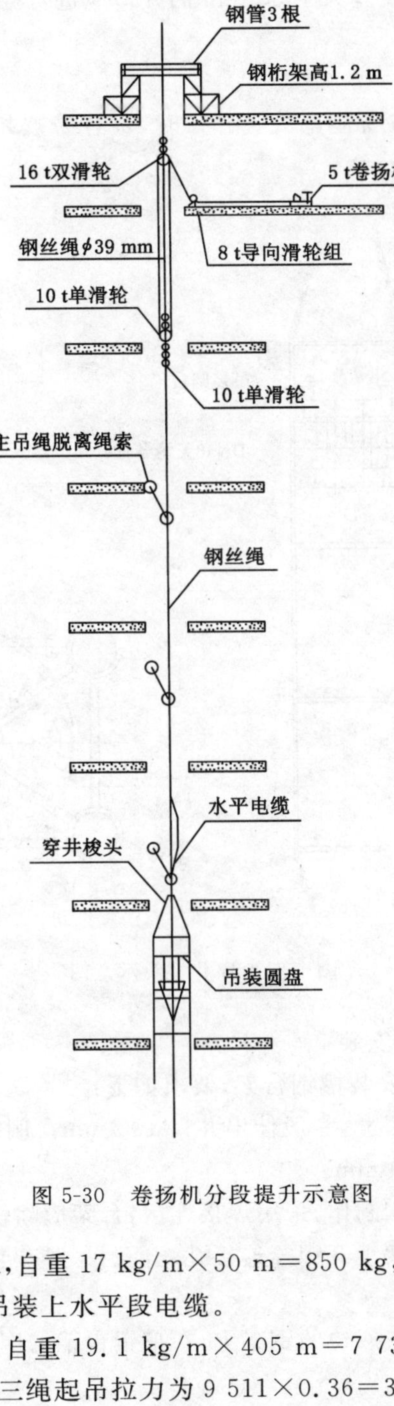


图 5-30　卷扬机分段提升示意图

电缆上水平段最长 50 m，自重 17 kg/m×50 m＝850 kg，索具重约 338 kg，共计 1 188 kg。选用 2.5 t 卷扬机能够吊装上水平段电缆。

电缆垂直段最长 405 m，自重 19.1 kg/m×405 m＝7 736 kg，绳索、吊具梭头合计约 1 775 kg，共计 9 511 kg。跑三绳起吊拉力为 9 511×0.36＝3 424 N，选用 5 t 卷扬机，采用垂直跑三绳能够满足吊装要求。

(3) 井口测量

在电气竖井具备安装条件后，对每个井口的尺寸及中心垂直偏差进行测量。方法如下：以每个电气竖井的最高层的井口中心为测量基准点，采用吊线坠的测量方法，从上往下吊线坠，测量井口中心垂直偏差，同时测量井口尺寸，以图表形式做好测量记录。对宽面尺寸在

270～280 mm 的井口或中心偏差大于 30 mm 的井口应进行标识，在吊装圆盘过井口时为重点观察对象。

(4) 穿井梭头设计制作

该结构电缆的吊装圆盘在穿越电气竖井口时，很容易被井口卡住，造成电缆受损，因此要设计穿井梭头，如图 5-31 所示。

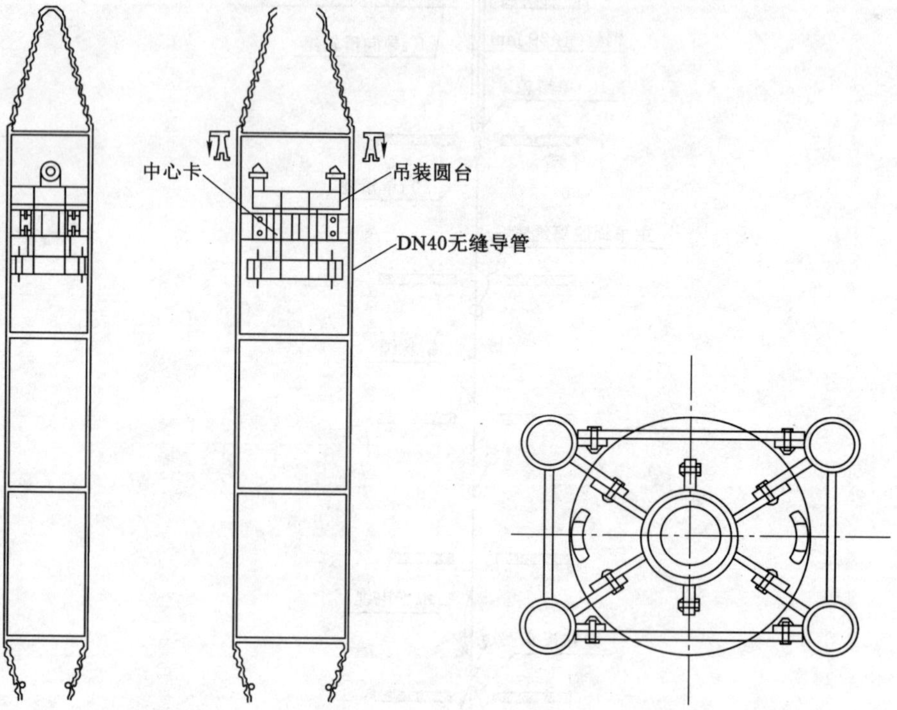


图 5-31　穿井梭头示意图

(5) 电气竖井口台架制作安装

在井口测量完成后，开始安装槽钢台架，要求如下：

① 按井口尺寸设计台架尺寸，一般伸出井口 100 mm。例如，井口 300 mm×1 200 mm 的台架尺寸为 500 mm×1 400 mm。

② 槽钢台架选用 10# 槽钢制作，采用焊接连接，台架应除锈，刷防锈漆和灰色面漆。

③ 按电缆排列顺序在台架上开螺栓连接孔，开孔尺寸应与固定电缆的卡具和固定吊装圆盘的吊装板孔径一致。

④ 槽钢台架应坐落在井口底边的钢梁上，在槽钢台架的四角处采用 $\phi$12 mm 的膨胀螺栓固定在井口边上。

(6) 吊装设备布置

① 卷扬机设置要求。吊装卷扬机布置在电气竖井的最高设备层或以上楼面，除吊装最高设备层的高压垂吊式电缆外，还要吊装同一井道内其他设备层的高压垂吊式电缆，设备布置要求如下：

a. 牵引用导向滑轮与卷扬机设于同一楼面上，导向滑轮与卷扬机配套使用。

b. 利用结构钢梁或钢柱作为卷扬机、导向滑轮的锚点；若没有可借用的锚点，预埋 $\phi$28 mm 圆钢锚环。

c. 卷扬机采用带槽卷筒，安装时卷扬机与导向滑轮之间的距离应大于卷筒宽度的 15 倍，确保当钢丝绳在卷筒中心位置时滑轮的位置与卷筒轴心垂直。

卷扬机为正反转操作，安装时卷筒旋转方向应和操作开关上的指示方向一致。

卷扬机与定滑轮组设置：高压垂吊式电缆吊装卷扬机分别设在 56F 和 90F 楼面上，56F 楼面卷扬机布置如图 5-32 所示，90F 楼面卷扬机布置如图 5-33 所示。56F 楼面卷扬机吊装 54F、42F、30F 的高压垂吊式电缆，共计 6 根。90F 楼面卷扬机吊装 90F、89F、66F 高压垂吊式电缆，共计 4 根。

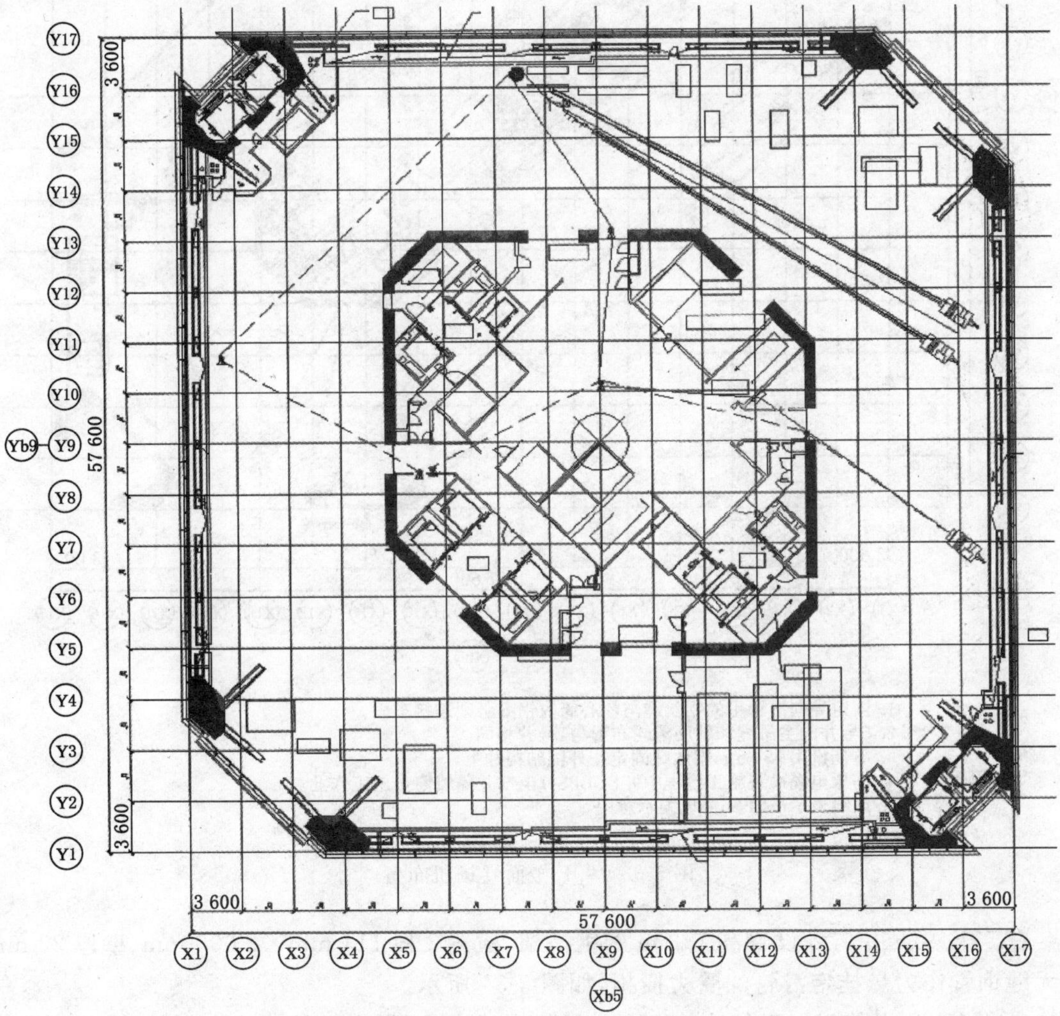


说明：1. 固定导向滑轮用的钢丝绳与核心筒内钢梁必须连接牢固。
2. 上水平段电缆吊装到位后沿桥架敷设。
3. 1号和2号卷扬机的安装位置相距800～1 200 mm。
4. 高压电缆在吊装过程中56F EPS-3、7电气井隔墙停止施工作业。
5. 各台卷扬机用 $\phi$24 mm钢丝绳固定在外围结构柱上。
6. 虚线表示吊EPS7号电缆示意图。

图 5-32　56F 楼面卷扬机布置

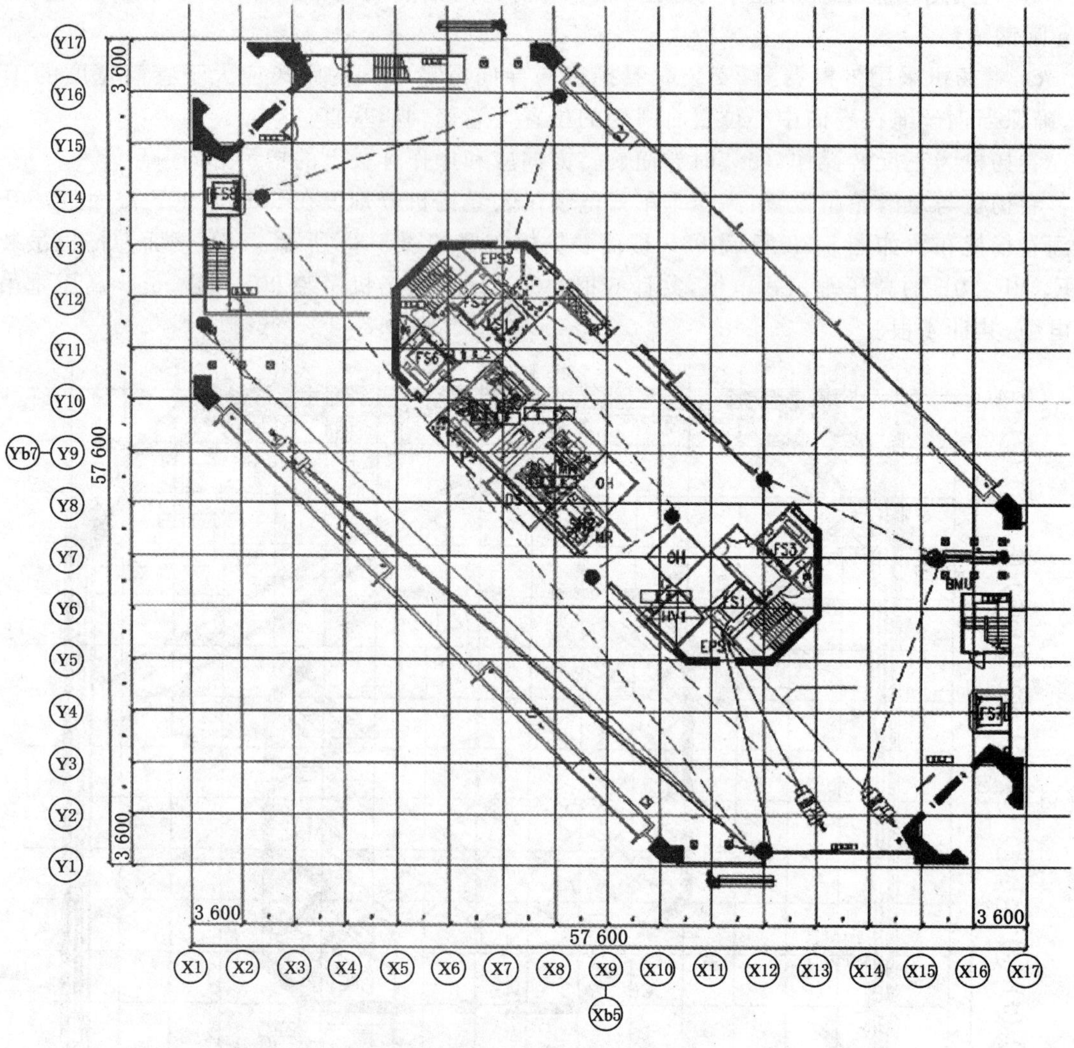


说明：1. 固定导向滑轮用的钢丝绳与核心筒内钢梁必须连接牢固。
2. 5号井的主吊绳和辅助滑轮布置与1号井相同。
3. 卷扬机用$\phi$24 mm钢丝绳固定在外围结构柱上。
4. 高压电缆吊装施工过程中90F、EPS-1电气井隔墙停止施工作业。
5. 虚线表示吊EPS5号电缆示意图。

图 5-33　90F 楼面卷扬机布置

在 57F、91F 井口处设置高 1.2 m 的钢桁架，横置 3 根 114 mm×2 000 mm、壁厚 22 mm 的无缝钢管作为悬挂定滑轮的受力横担，如图 5-34 所示。

② 卷扬机、滑轮组绳索的连接。在卷扬机布置完成后，穿滑轮组跑绳，并在电气竖井内放主吊绳。主吊绳可通过辅吊卷扬机从设备操作层放下，或由辅吊卷扬机从一层向上提升，到位后上端与主吊卷扬机滑轮组连接，构成主吊绳索系。辅吊钢丝绳较细，可将辅吊卷扬机上的钢丝绳放至 2 层井口，用于吊上水平段电缆。

（7）通信设备布置

为保证通信畅通，架设专用通信线路，从设备操作层经电气竖井敷设至一层放盘处。在电气竖井内每一层备有电话接口，便于跟随梭头的跑井人员与指挥人、卷扬机操作手联络。每台卷扬机配一部电话，操作手必须佩戴耳机，放盘区配一部电话，跑井人员每人一部随身电话。

(8) 电气竖井内照明

应保证吊装过程中电气竖井内光线充足，每层电气竖井内安装一套 36 V/60 W 的灯具照明。

(9) 电缆盘架设

上海环球金融中心工程选用 M900D 型塔吊架设电缆盘，该塔吊距电缆盘卸车点和电缆盘架设点的最大回转半径 37.5 m，起吊质量 28 t，电缆盘质量 14 t，符合塔式起重机吊装性能要求。

(10) 上水平段电缆头捆绑

为了在吊装过程中不损伤电缆本体，选用有垂直受力锁紧特性的活套型网套，同时为确保吊装安全可靠，附设一根直径 12.5 mm 的保险绳。用 2 根麻绳将吊装圆盘临时吊在二层井口上方约 0.5 m 处，用人力将电缆头从电缆盘中拖出穿入吊装圆盘后伸出 1.2 m，此时将 75～100 型金属网套套住电缆头并用卡环与 3 号卷扬机(2.5 t)吊绳连接。

(11) 吊装圆盘连接

当上水平段电缆全部吊起，且垂直段电缆钢丝绳连接螺栓接近吊装圆盘时停止起吊，将主吊绳与吊装圆盘吊索(千斤绳)用卡环连接，同时将垂直段电缆钢丝绳与吊装圆盘用连接螺栓连接。连接时，应调整连接螺栓，使垂直段电缆内 3 根钢丝绳受力均匀，调整后紧固连接螺栓，如图 5-35 所示。

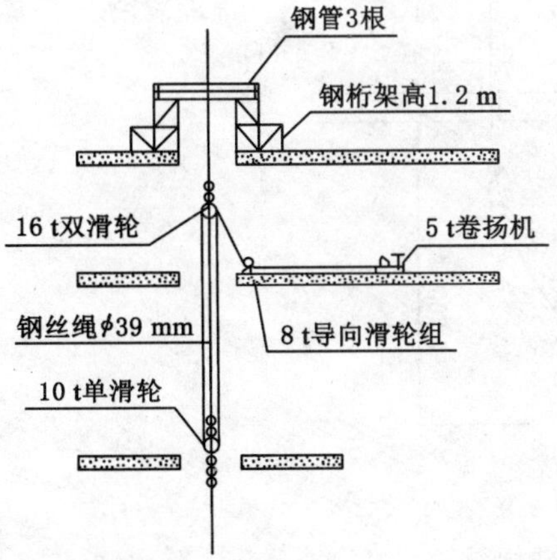


图 5-34　悬挂滑轮示意图

图 5-35　连接后的吊装圆盘

(12) 组装穿井梭头

当吊装圆盘连接后，组装穿井梭头。组装时，吊装圆盘的 2 个吊环必须保持在穿井梭头侧面的中心位置，以保证高压垂吊式电缆在千斤绳的夹角空间内，不与其发生摩擦，在穿井时吊环侧始终沿着井口长面上升，如图 5-36 和图 5-37 所示。

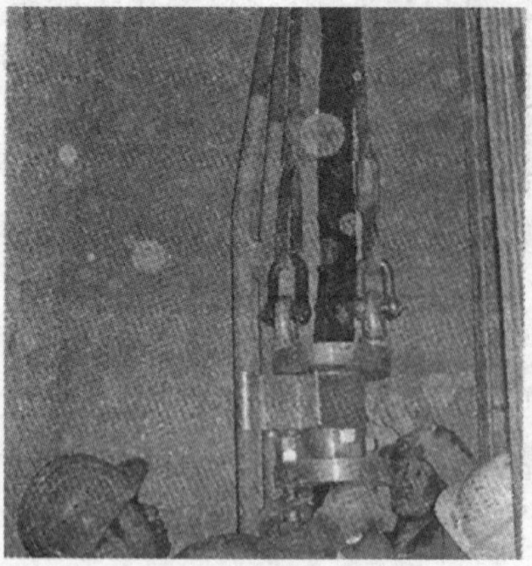

图 5-36　穿井梭头组装　　　　　　　　　　图 5-37　组装后的穿井梭头

(13) 防摆动定位装置安装

电缆在吊装过程中，由人力将电缆盘上的电缆经水平滚轮拖至一层井口，供卷扬机提升。电缆在卷扬机提升时产生摆动，电缆从地面向上方井口传递的弧度越大，在电气竖井内的摆动就越大，如图 5-38 所示。当电缆摆动较大时，将会被井口刮伤，因而必须采取措施控制电缆摆动。

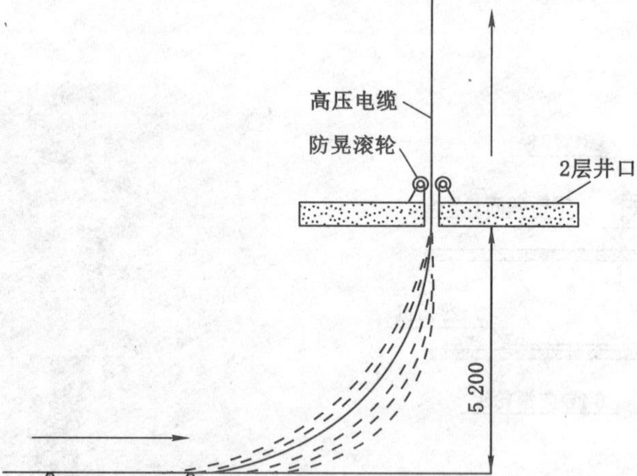


图 5-38　电缆波动曲线图

二层电气竖井井口为卷扬机摆动和人力结合部，在此处安装防摆动定位装置，可以有效地控制电缆摆动，同时起到了保持电缆垂直吊装的定位作用。防摆动定位装置安装在二层电气竖井口的槽钢台架上，如图 5-39 所示。

防摆动定位装置由两个滚轮组成，滚轮内镶装轴承，使其转动灵活。

在穿井梭头尾端离二层井口上方 2 m 处时停止起吊，安装防摆动定位装置，电缆全部吊装完后，方可拆除。

图 5-39 防摆动装置安装图

(14) 上水平段电缆捆绑

主吊绳已受力，上水平段电缆处于松弛状态，这时将上水平段电缆附在主吊绳上，并用绑扎带捆绑，应由下而上每隔 2 m 捆绑一道，直至绑到电缆头。全部捆绑完后，方可启动由主吊卷扬机提升，如图 5-40 所示。

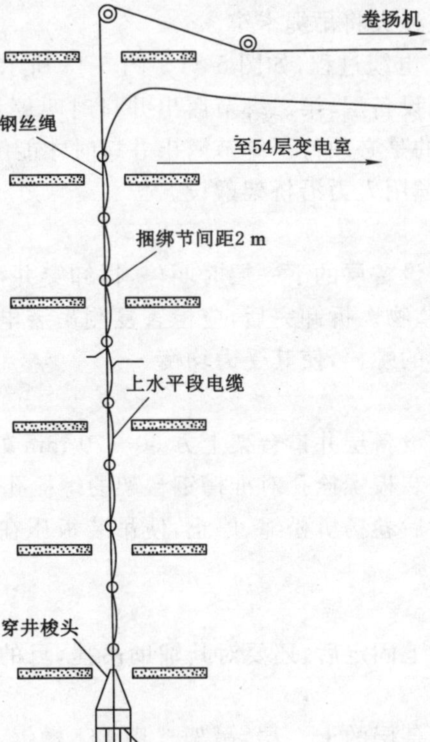


图 5-40 上水平段电缆捆绑示意图

(15) 吊运上水平段和垂直段电缆

采用2台主吊卷扬机互换提升或2台主吊卷扬机分段提升吊运上水平段和垂直段电缆。

54F以下高压垂吊式电缆吊装由2台主吊卷扬机以接力方式跑绳，当一台主吊卷扬机水平跑绳到位后，再由另一台主吊卷扬机接着水平跑绳。以此互换，直至将吊装圆盘吊到安装位置。90F、89F、66F高压垂吊式电缆吊装先由一台主吊卷扬机采用垂直跑绳，通过吊绳换钩、绳索脱离分段吊装。为使上水平段电缆能够继续随着主吊绳提升，由另一台主吊卷扬机采用水平跑绳吊完余下较短的部分。

现以90F高压垂吊式电缆吊装为例介绍分段吊装过程。当穿井梭头到达23F，吊装圆盘离井口上方约350 mm时叫停，垂直段电缆已提升100 m，第二节主吊绳上端头已提升到69F，这时将预先放置在69F的2号卷扬机主吊绳与第二节主吊绳连接，并提升300～500 mm叫停。3号卷扬机与第一节主吊绳上端头连接，1号卷扬机滑轮组与第一节主吊绳脱离，然后往下放至69F与第二节主吊绳连接，2号主吊卷扬机脱钩，第一节主吊绳由3号卷扬机放在69F，共进行3次这样的换钩脱绳。第3次绳索脱离时，垂直段电缆已提升到300 m高度，吊装圆盘已到69F，这时将2号卷扬机主吊绳与吊装圆盘吊索连接，并提升300～500 mm叫停，解除捆绑在第3节主吊绳上的上水平段电缆，同时再将其捆绑在2号卷扬机主吊绳上。由2号卷扬机水平跑绳三次，即能把吊装圆盘吊到90F，在水平跑绳过程中，每次锁绳必须用三个骑马式绳夹将吊绳卡牢。

吊装90F高压垂吊式电缆过程，如图5-41～图5-48所示。

当上水平段电缆吊至设备层，第二绑节露出井口时叫停，解除第一绑节，以下绑节都以这种方式解除，需要注意的是必须待下绑节露出井口时才能解除上绑节，避免电缆与井口摩擦，解绳后的上水平段电缆用人力沿桥架敷设。

(16) 拆卸穿井梭头

当穿井梭头穿至所在设备层的下一层时叫停，拆卸穿井梭头(见图5-49)。拆卸时要将该层井口临时封闭，以防坠物。拆卸完后，应检查复测吊装电缆3根钢丝绳的受力情况，必要时调整与吊装圆盘连接的螺栓，使其受力均衡。

(17) 吊装圆盘固定

当吊装圆盘吊至所在设备层井口台架上方60～70 mm处时叫停，将吊装板卡进吊装圆盘的上颈部。此时应使吊装板螺栓孔对准槽钢台架的螺栓孔，用M12×80的螺栓将吊装板与槽钢台架连接固定。然后卷扬机松绳、停止，使吊装板压在槽钢台架上，至此电缆吊装工作完成，如图5-50所示。

(18) 辅助吊索安装

吊装圆盘在槽钢台架上固定后，还要对其辅助吊挂，目的是使电缆固定更为安全可靠，起到加强保护作用。

辅助吊点设在所在设备层的上一层，吊架选用14#槽钢，用M12×60螺栓与槽钢台架连接固定。吊索选用$\phi$20 mm钢丝绳，通过厚10 cm钢板固定在吊架上。

辅助吊装点与吊装圆盘中心应在同一垂直线上，两根吊索应带有紧线器，安装后长度应一致，并处于受力状态。

辅助吊索安装，如图5-51所示。

(19) 楼层井口电缆固定

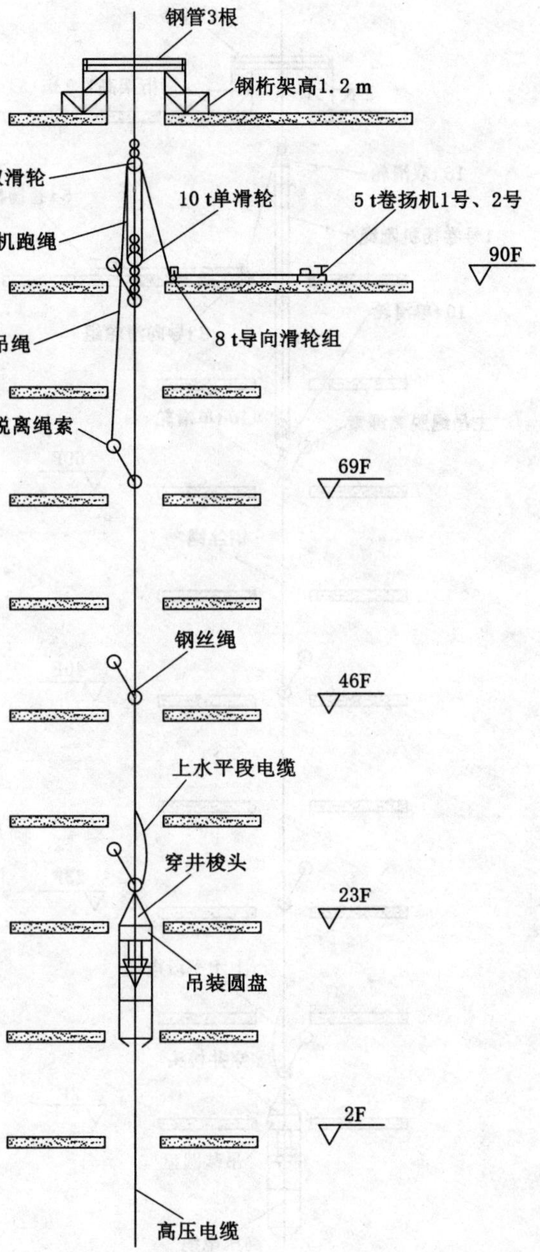


图 5-41　吊装 90F 电缆过程 1

在吊装圆盘及其辅助吊索安装完成后，电缆处于自重垂直状态下，将每个楼层井口的电缆用抱箍固定在槽钢台架上，电缆与抱箍之间应垫有胶皮，以免电缆受损伤，如图 5-52 所示。

(20) 水平段电缆敷设

上水平段电缆在提升到设备层后开始敷设。

下水平段电缆在上水平段电缆和垂直段电缆敷设完成后进行。先把地面清扫干净，垫两层彩条纤维布，再将电缆盘上的电缆盘拖出，呈 8 字形摆放在上面，然后对其进行敷设。

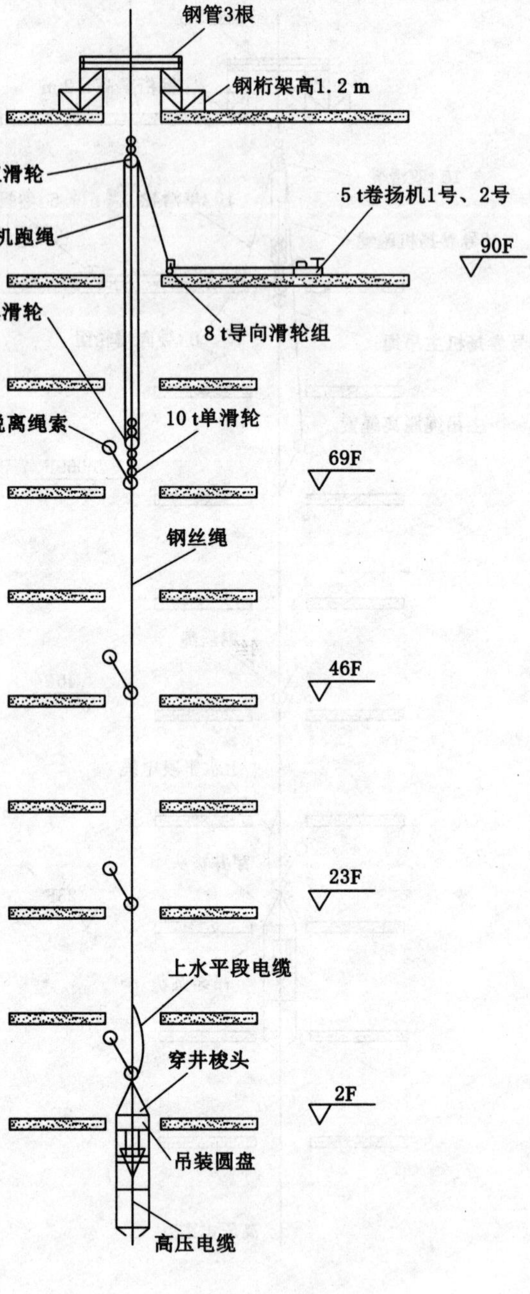


图 5-42　吊装 90F 电缆过程 2

通常采用人力敷设水平段电缆。为减轻劳动强度，提高效率，在桥架水平段每隔 2 m 设置一组滚轮。

电缆敷设完成后，应排列整齐，绑扎牢固，按要求挂电缆标识牌。

(21) 电缆试验和接续

高压垂吊式电缆安装固定后，应做电缆试验，试验合格即可制作电缆头，通常采用 10 kV 交联热缩型电缆终端头制作工艺。电缆头制作完成后，再次做电缆试验，试验合格进行

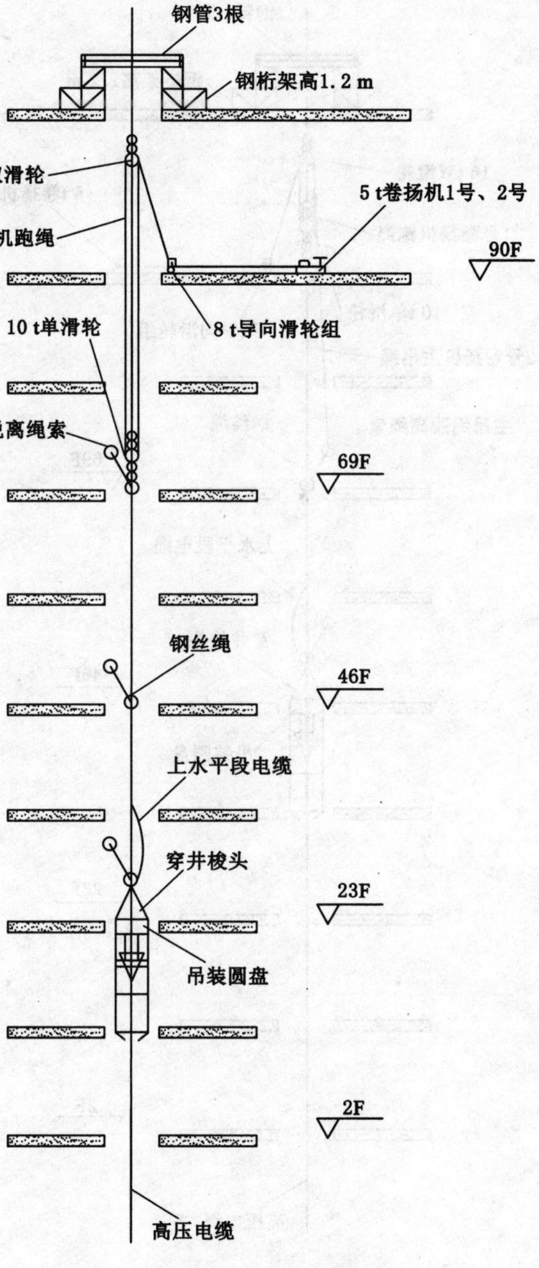


图 5-43　吊装 90F 电缆过程 3

电缆头的安装。

电缆试验应进行绝缘电阻、直流电阻、直流耐压、泄漏电流等试验项目。试验结果符合《电气装置安装工程　电气设备交接试验标准》(GB 50150—2016)，即为合格。

(22) 楼层井口防火封墙

在高压垂吊式电缆敷设完成后应进行防火封墙，楼层井口防火封堵采用膨胀螺栓将防火板固定在井口下，然后在防火板上堆砌防火包，在井口上方四周采用无机防火材料砌 50

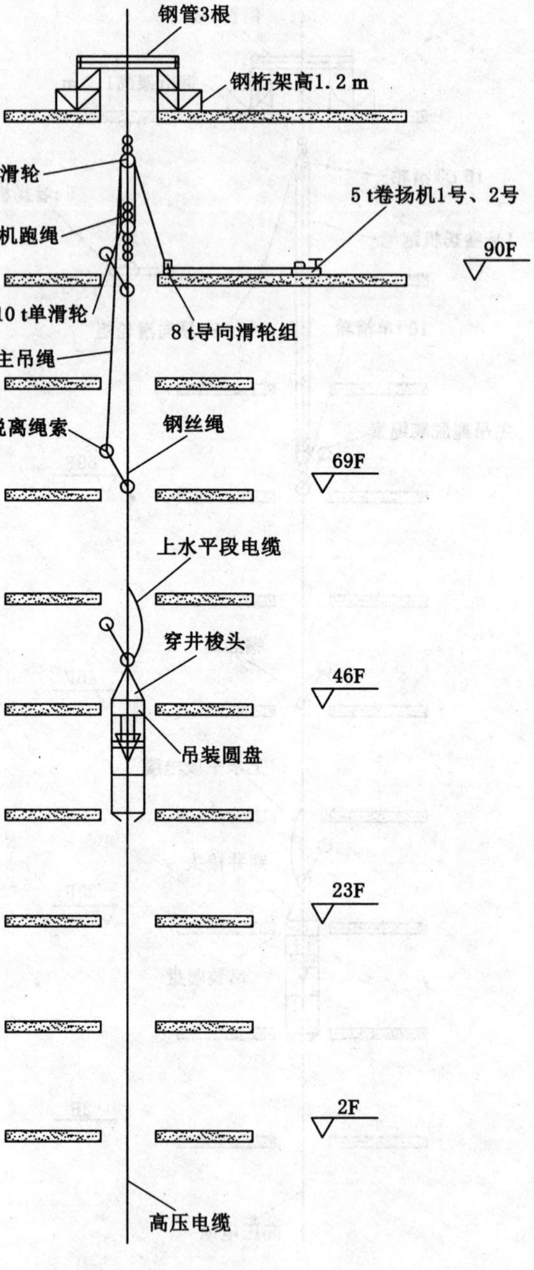


图 5-44　吊装 90F 电缆过程 4

mm 高的防火导墙，最后用防火泥将防火包抹平。楼层井口电缆防火封堵，如图 5-53 所示。

5. 编制依据

(1)《电气装置安装工程　电缆线路施工及验收标准》(GB 50168—2006)。

(2)《建筑电气工程施工质量验收规范》(GB 50303—2015)。

(3)《电气装置安装工程　电气设备交接试验标准》(GB 50150—2016)。

(4)《建筑机械使用安全技术规程》(JGJ 33—2012)。

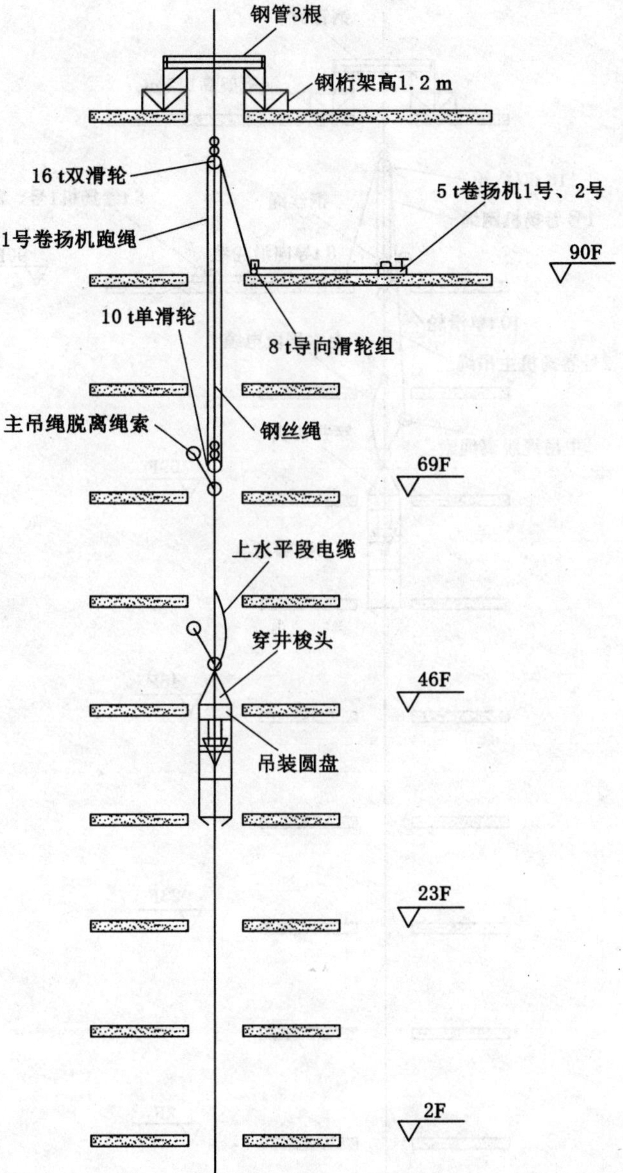


图 5-45　吊装 90F 电缆过程 5

(5)《施工现场临时用电安全技术规范》(JGJ 46—2005)。

## 三、社会效益分析

(1) 该电缆生产和安装均为国内企业自主完成，电缆和专用吊具、安装用具均申请了国家专利，通过在上海环球金融中心工程的成功应用，扩大了国内企业的知名度和影响力。

(2) 吊装工艺独特，在超高层建筑电气竖井内，采用互换提升和分段提升方法吊装高压

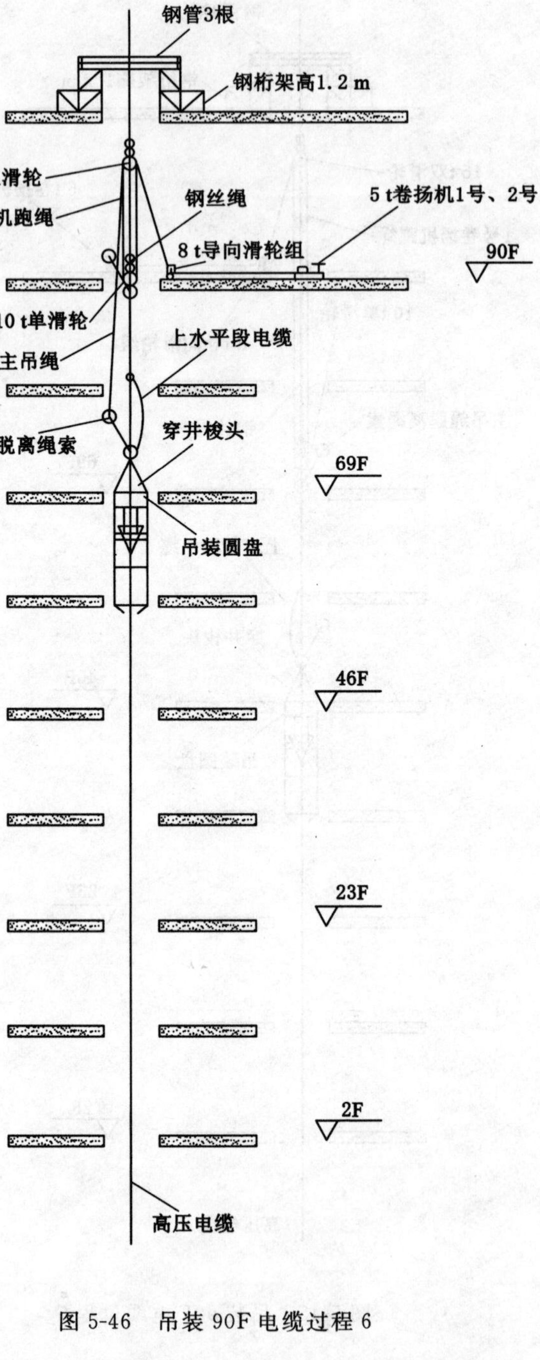


图 5-46　吊装 90F 电缆过程 6

电缆技术，提高了企业生产技术水平和企业的总体实力，积累了宝贵的施工经验，为今后承接类似工程打下了坚实基础。

(3) 高压垂吊式电缆的安装技术，施工快捷，占用竖井空间少，加快了工程进度，维护成本低，节约了工程投资，将会得到广泛的应用。

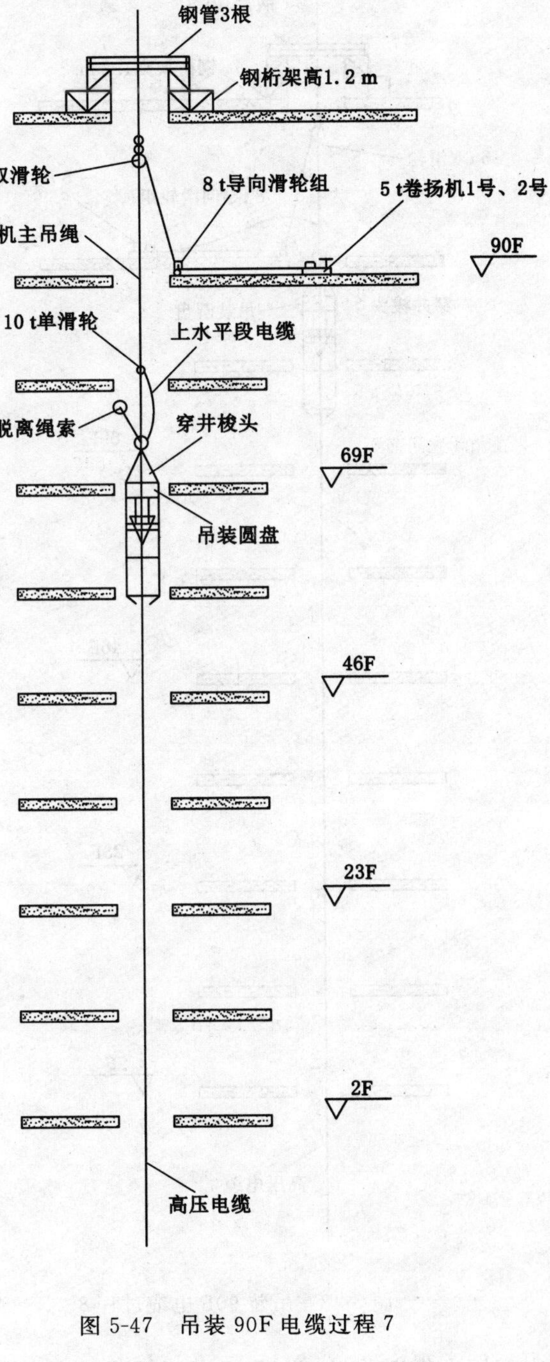


图 5-47　吊装 90F 电缆过程 7

## 四、点评

下面从工期、质量和成本等几个方面进行效益分析。

1. 工期

高层垂吊式电缆在电气竖井内安装，依靠其钢丝绳和吊具承载自重，施工快捷，效率高。

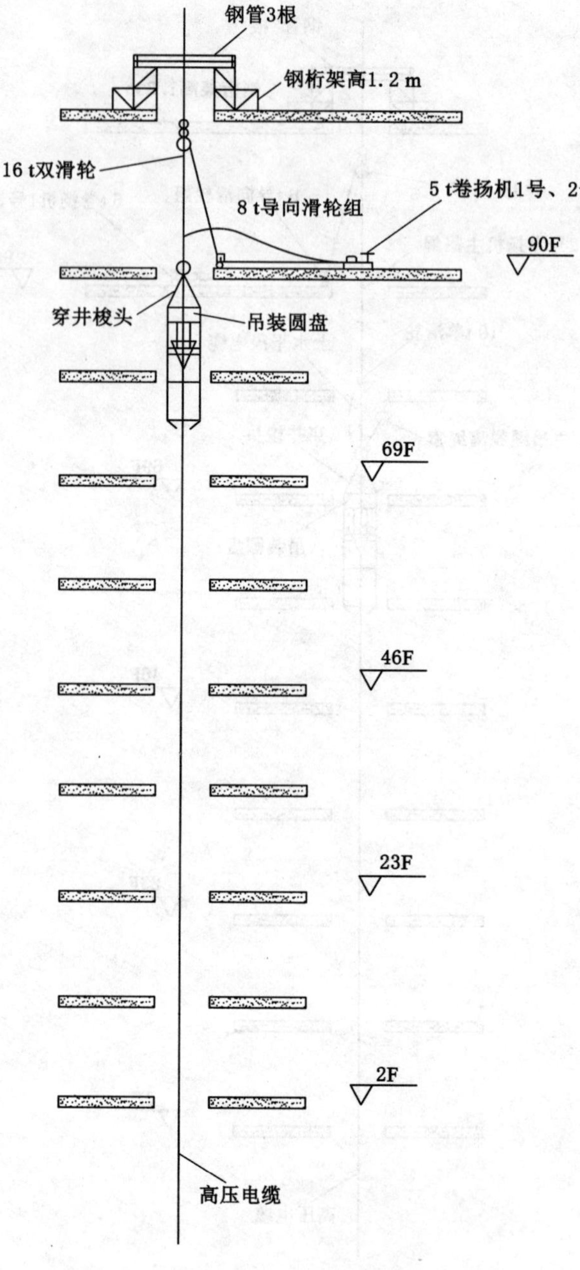


图 5-48　吊装 90F 电缆过程 8

以在 30 层电气竖井内高压电缆敷设为例，采用高压垂吊式电缆，井道内电缆施工时间为 7 天，如用普通电缆，井道内电缆施工需 12 天，工期可缩短 42%。

2. 质量

(1) 由于高压垂吊式电缆本身带有钢丝绳，因此不易拉伤，施工质量得到保证。所有敷设后的高压垂吊式电缆外表无破损，检验合格。

(2) 不管电气竖井内起吊高度有多高，不受电缆长度限制，所有电缆都为整根电缆，避

图 5-49　拆卸穿井梭头

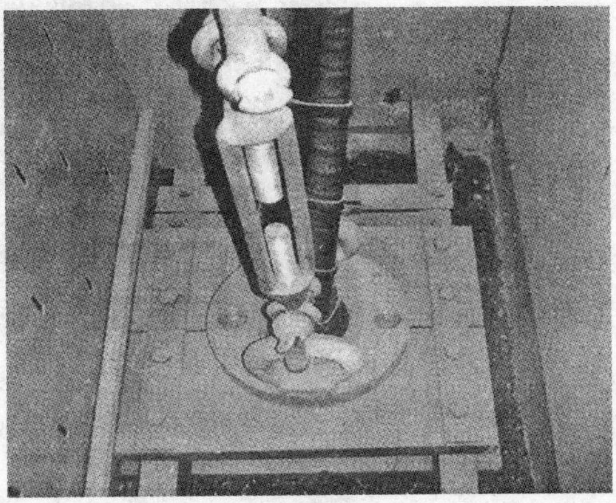

图 5-50　吊装圆盘安装在电气竖井槽钢台架上

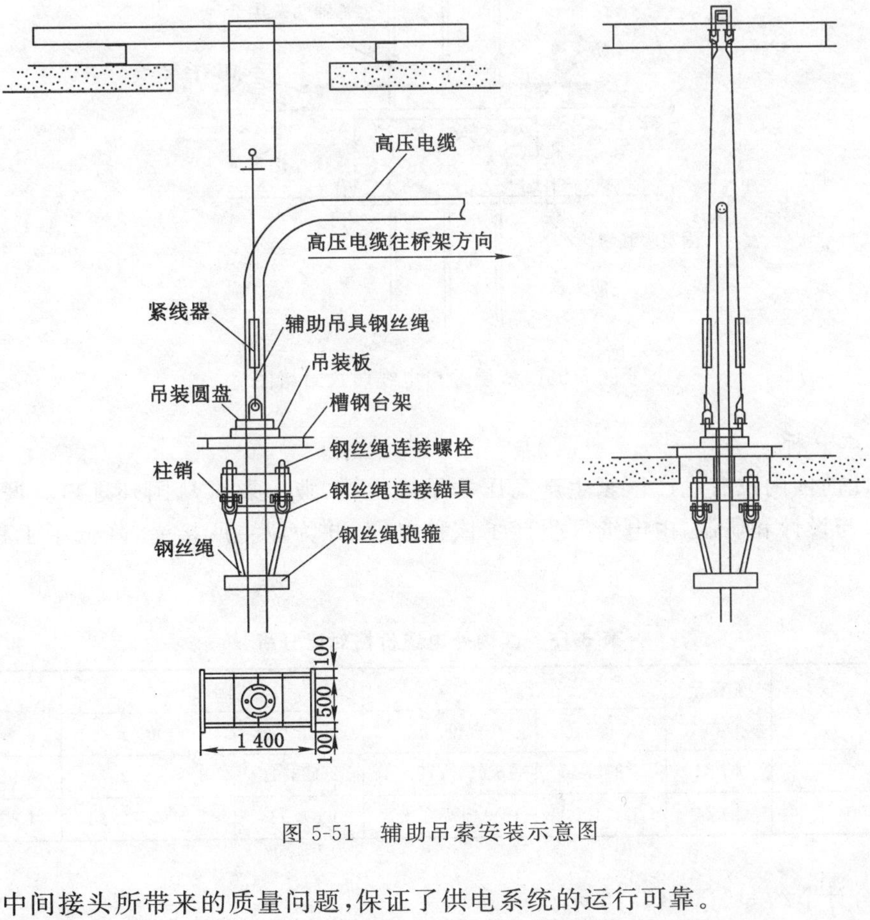


图 5-51　辅助吊索安装示意图

免了由于中间接头所带来的质量问题，保证了供电系统的运行可靠。

(3) 所有电缆都能整根吊装，避免了由于中间接头所带来的质量问题，保证了供电系统的运行可靠。

图 5-52　楼层井口电缆固定

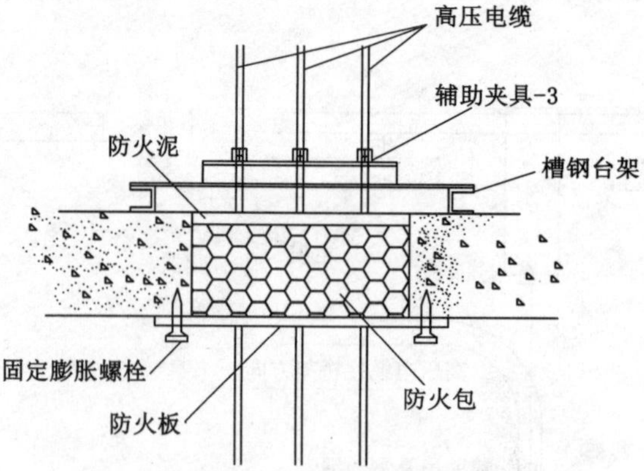


图 5-53　楼层井口电缆防火封堵图

3. 成本分析

由于此前国内没有生产厂家生产高压垂吊式电缆，业主要求从国外进口。通过我们提供资料，参与设计和研制，由电缆厂生产了该种电缆，并为业主所接受，降低了工程成本，见表 5-15。

**表 5-15　国内外电缆价格对比分析**

| 电缆规格/mm² | 工程量/m | 国外 | | 国内 | | 节约资金/元 |
|---|---|---|---|---|---|---|
| | | 单价/元 | 合价/元 | 单价/元 | 合价/元 | |
| 3×400 | 4 083 | 3 833.40 | 15 651 772.20 | 2 123.16 | 8 668 862.28 | 6 982 909.92 |
| 3×300 | 1 024 | 3 271.00 | 3 349 504.00 | 1 676.34 | 1 716 572.16 | 1 632 931.84 |

电缆合计节约 8 615 841.76 元。

另外国外进口电缆需设中间接头，附加附件费用 211 309.22 元。因此，该工程共计节约了 8 827 150.98 元。

# 第七节　天津117大厦机电安装工程

天津117大厦以巍峨壮丽的形象、高耸而富有节奏感的空间布局,凸显典雅尊贵的独特气韵(见图5-54)。大厦建筑方案由国际著名建筑大师暨巴马丹拿集团主席兼首席建筑师李华武先生设计,在整个建筑方案设计中融合了中国传统文化与现代美学。

图5-54　天津117大厦效果图

117大厦方方正正,取四平八稳之意,4个立面略带弧度,美观大方。在设计上,大厦建筑外立面应用极简主义美学理念,整个建筑高耸云霄,犹如太阳冉冉升起。中西方文化的碰撞,激发出"无限生机"的设计灵感,寓意117大厦的蓬勃发展以及对未来的美好希冀。

117大厦建筑立面经过精心设计,幕墙的竖挺线条由入口开始一分为二并在空中大堂重新汇合,通过立面线条的变化加强建筑垂直的节奏感,在尺度上给人以高耸的感觉。大厦外观以银色反光玻璃与幕墙相互映衬,宏伟优雅,突出反映出它在世界超高层摩天大楼中的显著位置。

大厦建筑形体自下而上逐渐收缩,顶端呈钻石形,设计灵感采用古代天圆地方的理念,大楼整体方方正正,代表"方";塔楼顶部为巨大的钻石造型,代表"圆",钻石造型则象征着尊贵无比的至高荣誉。

117大厦是高银中央商务区的核心建筑,该CBD还设有精品商业、金融企业总部大楼、双子塔办公大楼、会展中心、服务式公寓、高端住宅与别墅,总长达338 m的商业廊将117大厦和金融企业总部大楼连通起来。6个钻石造型圆厅成为商业廊的入口,既与典雅别致的117大厦主塔楼钻石顶造型遥相呼应,又共同合为"7"颗钻石。

## 一、项目11项世界之最和中国之最

天津117大厦建成时为中国结构第一高楼，由中铁建设三局建设，创造了当时11项世界之最和中国之最。

1. 596.5 m——中国结构第一高楼

在1972年召开的国际高层建筑会议上，总高度100 m以上建筑物被称为超高层建筑。天津117大厦是当时中国超高层建筑中结构高度最高的建筑物，其结构高度为596.5 m。所谓结构高度，不包括建筑附属物，如天线、钢架、塔冠等，是指钢筋混凝土楼板的高度，即屋面高度。基础施工见图5-55。

图5-55 基础施工

2. 597.45 m——单井道运行高度世界之最

117大厦垂直输送的高效顺畅，得益于设计安装的85部垂直电梯，各区段电梯分工明确，有效保障通勤需要，刷新了哈利法塔保持的单体建筑56部垂直电梯数世界纪录。其中，编号为TF-3和TF-4的两部电梯，设置在单井道中，从负一层(－9.9 m)可直达位于587.55 m的大厦顶层。597.45 m的单井道运行高度一举超越哈利法塔504 m的运行高度，创造了单井道运行高度世界之最。

针对大厦垂直输送的速度及平稳性要求，中建三局同电梯制造商进行了有针对性的技术攻关。井道导轨采用韧性强的新型合金材料，显著降低电梯高速运行中导轨与轿体刚性接触产生的噪声，同时通过优化设计克服了超高层电梯井道的烟囱效应和活塞效应。电梯曳引机配备智能控制系统，通过轿厢及对重侧配备滚动防振动导靴和补偿装置的作用，最大限度降低电梯晃动，使电梯运行更加平稳顺畅。

3. 120 m——房建领域桩基长度中国之最

近600 m的超高层建筑，桩基工程常规设计规范和经验数据已经没有直接参考价值，为确保整个设计的科学性和安全性，设计院特设计了桩基直径为1 m的4根超长桩(2根100 m、2根120 m)试桩和10根100 m长锚桩。施工过程中，天津117项目团队根据过程数据和成桩检测数据是否满足设计要求来调整工程桩的设计参数，以满足117大厦结构受力的安全要求。120 m长桩是国内房建领域最长桩基。

中建三局通过一系列技术攻关，试桩取得圆满成功，直接节省建造成本5.64万元，取得工期效益5 400万元，共计节约工程成本5 405.64万元。培养锻炼了一大批超长桩施工技术与管理人才，为全面提高工程复杂桩基施工能力、推动整个建筑行业进步起到了积极的促进作用。

《天津117项目超大长径比全钢筋笼关键技术研究》等成果通过湖北省住房和城乡建设厅组织的专家鉴定，专家一致认为，117大厦超长工程桩施工技术达到国际先进水平。

4. 847 000 $m^2$——摩天大楼建筑面积世界之最

天津117大厦建筑面积847 000 $m^2$，是当时世界超高层建筑中建筑面积最大的。

在全球知名摩天大楼中，广州周大福金融中心(东塔)建筑面积508 000 $m^2$，深圳平安国际金融中心建筑面积约460 000 $m^2$，上海中心大厦建筑面积约410 000 $m^2$，上海环球金融中心建筑面积约381 000 $m^2$，台北101大厦建筑面积357 000 $m^2$，武汉绿地中心建筑面积约320 000 $m^2$，哈利法塔建筑面积约310 000 $m^2$。

5. 65 000 $m^2$——民用超高层建筑底板混凝土方量世界之最

2011年12月29日晚，经过连续82 h作业，117大厦项目一次性浇筑完成65 000 $m^2$大底板混凝土，创民用建筑最大体积底板混凝土世界之最。

65 000 $m^2$C50、P8高强混凝土一次性顺利浇筑成功，为中建三局在行业史上树立了全新的里程碑。施工中，项目团队编制的《6.5万方高标号超厚超大体积混凝土综合施工技术研究与应用》荣获2013年度中国施工企业管理协会科学技术奖科技创新二等奖，为项目减少直接建造成本351.25万元，取得工期效益600万元，共计节约工程成本951.25万元，为全面提高工程超大体积混凝土施工能力，推动整个建筑行业进步起到了积极作用。

资料显示，北京中信大厦(中国尊)大底板浇筑量62 000 $m^2$、上海中心大厦大底板混凝土浇筑量61 000 $m^2$、深圳平安国际金融中心大底板浇筑量44 400 $m^2$、武汉绿地中心大厦大底板浇筑量38 000 $m^2$、广州西塔大底板浇筑量29 100 $m^2$，均未超越117大厦大底板混凝土体量。

6. 3 MPa——超高层建筑水管压力世界之最

天津117大厦空调水系统采用分区供回水设计方案，办公区及酒店区域经过两次换热将空调水供至系统末端，其中部分立管垂直高度达239 m、系统压力达到中承压3.0 MPa。

世界范围内建筑、结构高度超过500 m的超高层建筑屈指可数，中承压管道系统设计与施工技术更是空白。天津117大厦项目专门成立课题研究组，对超高层空调水系统中承压管道的设计与施工技术展开深入研究，确保系统运行安全可靠且实现预期的功能，研究取得了重大成果。2015年5月13日，117大厦机电安装项目部经过缜密策划，决定进行大厦地下室制冷机房管道试压。一系列的准备工作就绪，项目管理人员有序打开各处阀门，压力表指针开始转动，压力表指针按预期稳定至3.0 MPa，这标志着117大厦地下室制冷机房管道3.0 MPa压力试验一次性顺利通过，创超高层水管压力世界之最。

7. 210 t——单根最重防屈曲钢支撑重量中国之最

超高层摩天大楼的防屈曲变形支撑作为抗侧力构件，辅助4根巨型钢柱，可为大厦整体结构提供强大的抗侧刚度和承载力。当大风和地震出现，大厦受到巨大冲击时，防屈曲支撑不会弯曲变形，只会出现短距离位移，从而起到保护主体结构、减小相邻构件受力的作用，使大厦抗震性能成倍增加。

天津117大厦防屈曲支撑是由芯材和套筒两部分组成的双层箱体结构，安装在第一道环带桁架下方，共设 8 根，单根长度约 48 m、质量 210 t，为国内超高层领域防屈曲钢支撑之最。相关资料显示，国内其他超高层建筑均未使用过防屈曲支撑，117 大厦的超大防屈曲支撑可谓首屈一指。

8. 500.61 m——通道塔高度世界之最

通道塔即单独建设于 117 大厦东侧的“钢塔”，其标准层平台尺寸为 5 m×9 m，一侧与主楼附着，其余 3 面共附着 5 部双笼施工电梯，共计 10 部梯笼，实现了建筑材料、机械设备、作业工人的快速垂直运输，为大厦“成长”提供营养补给。

通道塔的设计符合施工电梯支撑体系“轻量化、集中化、工业化”的发展新趋势，实现了人、机、料的垂直运输，从过去的分散分布变为集中管控，便于动态分析和调配，其占用现场场地少，节约现场有限场地资源。

117 大厦通道塔自 2014 年 1 月 1 日开始搭建，边使用边与主体结构同步“成长”，2015 年 7 月 8 日完成所有安装工作，最终定格在 101 层，其 500.61 m 的总高度成为全球最高通道塔。

9. 564 m——室内游泳池高度世界之最

大厦在 115 层即 564 m 处将设有豪华游泳池，将成为世界最高的室内泳池。

上海环球金融中心曾拥有世界最高游泳池，位于大厦的 85 层，高度仅为 366 m。

10. 579 m——观景平台高度世界之最

117 大厦将在 116 层的夹层处设置世界最高的观光厅，观光厅在钻石造型内部，高度为 579 m，它将打破由上海环球金融中心于 2009 年创造的 474 m“世界最高观光厅”吉尼斯世界纪录，成为世界最高观光厅。

相关资料显示，广州电视塔观景台高 488.8 m；上海世贸中心大厦观景平台在 100 层，高 474 m；哈利法塔观光台位于 124 层，高 452.1 m；东京天空树的最高观景平台高 451.2 m；台湾 101 大厦观景平台位于 91 层，高 391.6 m。

11. 584 m——旋转餐厅高度世界之最

大厦将在 117 层设置世界最高的旋转餐厅，同样位于 117 大厦钻石造型内部，高 584 m，它将打破由广州塔于 2014 年创造的 422.8 m 的“建筑物中最高的旋转餐厅”的吉尼斯世界纪录，成为世界最高的旋转餐厅。

## 二、天津 117 大厦机电施工关键技术

天津 117 大厦机电施工关键技术有多项，下面介绍以下三项。

1. 超高层中承压管道设计与施工

(1) 中承压管道设计与施工的系统优化。对系统进行优化，将水泵设置在接近中间位置。

(2) 中承压管道设计与施工的施工关键要素。管道材质和壁厚选择、支吊架设计、管道补偿、管道连接。

2. 超高层电梯活塞效应防治

电梯总共 255 部，其中垂直电梯 147 部，自动扶梯 108 部，垂直电梯最快速度 12 m/s (43 km/h)，最大载重为 4.2 t，是全球最大电梯单笔合同。

(1) 活塞效应的起因：空气具有黏性和可压缩性，高速电梯在井道中运行时，吸入与电

梯运行方向相反的空气，压缩电梯前进方向的空气往任意一处可能的缝隙高速挤出。

(2) 活塞效应的影响：引起电梯运行噪声，产生啸叫声；引起电梯振动，造成乘梯人心理恐慌；火灾时会将火苗或浓烟引入其余楼层；对井道墙体形成压力。

(3) 防治分析。

噪声强度分析：声学建模，确定噪声主因；双外壳轿厢密封有效性分析；轿厢内部噪声映射。

空气动力学分析：计算机流体动力学建模辅助空气动力学设计；风洞测试；导流罩优化设计。

烟囱效应：由于温度的不同而产生空气的密度及压力梯度，导致产生气流在井道及建筑中垂直流动。

(4) 防治措施：取消井道隔墙，提高井道与轿厢的比值——占空比；在井道上下端增设泄压孔；灵活的三种操作模式＋模糊逻辑＋双层电梯界面，提供舒适的乘坐体验。

3. 超高层建筑抗摆沉降措施

大厦在结构施工完成后，结构总压缩量约为 20 cm，同时在大厦受气候风力的作用下摆动，建筑物根据模拟实验得到结果，在最不利的条件下，建筑物的摆幅能够达到建筑物高度的 1/500，对于 597 m 的超高层建筑物，最大摆幅将达到 1.2 m。这个摆动对机电竖向管线及设备层的设备稳定带来严重的破坏，导致管道在承压状态下断裂，设备位移。

超高层建筑物在风力的作用下，变形和摆动的形态有多种，通过对管道伸缩量、建筑物的变形特点进行模拟分析，模拟出管道在各个楼层的变形量及压缩量，在变形量最大部位设置柔性连接装置，该装置既能够满足系统压力，同时又满足由于建筑物的摆动带来的挤压和拉伸，保证管道的安全使用。

机电设备安装的抗摆措施是在合适的位置设置弹簧和橡胶垫。

## 第八节　京沪高铁虹桥站机电安装工程

### 一、工程概况

京沪高速铁路上海虹桥站位于上海虹桥交通枢纽的核心区域，是京沪高速铁路的终点站，是上海虹桥综合交通枢纽的重要组成部分。

高铁虹桥站用地面积为 224 200 $m^2$，站房总建筑面积为 239 717 $m^2$，无站台立柱雨棚建筑面积为 68 842 $m^2$，南北辅助办公楼建筑面积为 17 814 $m^2$，客站设高速和城际以及普速两个车场，总规模按 16 台 30 线(含正线)设计。其中高速场 10 台 19 线(含正线)，城际、普速 6 台 11 线(含正线)。

### 二、工程范围

高铁站房和南北辅楼的机电安装工程，包括站房给水排水、暖通空调、消防、电梯及强弱电工程；无站台柱雨棚的排水(雨水)及南北辅助办公楼的给水排水、暖通空调、消防、电梯及强弱电工程。

该站房消防系统安装各类管道 40 多万米，喷淋管道全部采用涂塑镀锌钢管，工程中部分喷淋管道采用了预制加工厂的管道预制产品，预制各类管道总长度 7 000 m，各类管道支架合计 33 t，主要规格为 DN25～DN80(螺纹连接)。

## 三、工程目标

虹桥站站房，站场工程竣工日期与京沪高速铁路沪宁段通车同步。

开工日期：2008 年 9 月 30 日。

竣工日期：2010 年 5 月 19 日。

安装工程总造价 63 417 万元。

项目的质量目标为合格。

## 四、消防喷淋管道预制工程应用过程

1. 工程特点

京沪高速铁路上海虹桥站站房工程，工程量较大，工期紧，技术准备中认为消防喷淋系统喷淋头布置较为规则，比较适合管道工厂化预制，喷淋管道 DN100 以下的管道接口为丝接，三通、弯头、大小头等配件较多，每个喷头之间的距离基本相同，比较适合管道预制工厂化生产。

2. 工程难点

(1) 绘制出准确的预制加工图的工作，是管道预制的一关键点。预制加工图是管道预制工作的依据，预制产品能否按施工图要求在施工现场装配到位，预制加工图中组件的相关尺寸的准确性是关键，需要项目部技术人员在预制委托加工之前，做好细致的前期技术准备工作。

(2) 预制产品组件的标识。管道预制组件的编号标识是管道预制工程中的一项缜密的重要工作，一个系统要出现 100 多个编号，编号标识应简洁、明了、统一。

3. 技术关键点

(1) 对预制加工图进行深化设计。绘制出准确的预制加工图是工厂化预制的关键，在绘制出准确预制加工图的同时，管道技术人员应与通风、电气专业进行图纸会审，对图纸中相互交叉矛盾的地方进行沟通协调与解决，尤其是通风管的走向位置，管道安装必须让出位置。在深化设计时考虑周全，减少甚至杜绝预制完成的半成品运送到现场发生与实际不符出现返工情况。

(2) 组件标识的要求、方法。管道组件的标识从绘制预制加工图开始，必须给予明确规定，加工图应详细标明图纸号、管线编号、管段编号、管道材质、预制尺寸、加工数量、材料列表、质量要求以及支架图、支架编号、支架数量、防腐要求等内容。

(3) 预制管道组对完成后还要进行管段编号标识，编号标识按预制加工图的编号要求进行。

(4) 标识清楚的预制加工管段，登记、造册、入库，分类码放整齐。

4. 管道预制施工工艺

(1) 管道预制工艺流程，如图 5-56 所示。

(2) 预制加工厂在接到订单后，技术人员根据项目部要求编制材料预算、预制件工艺流程卡，根据预制工艺卡(见表 5-16)对生产班组进行工作量、技术、安全交底。

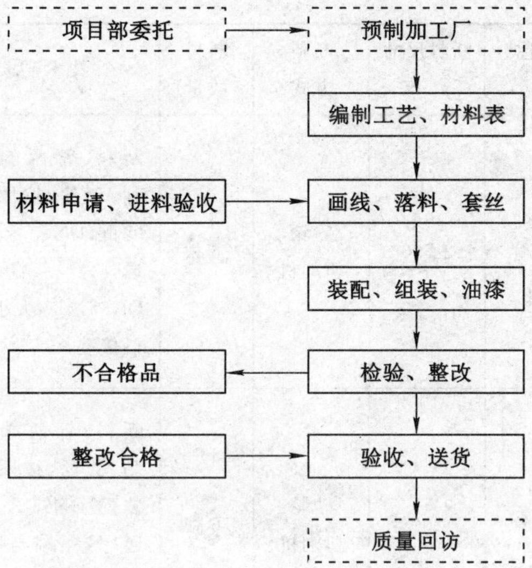


图 5-56　预制工艺流程

**表 5-16　预制件工艺流程卡**

项目名称：京沪高铁　　产品名称：虹桥地铁西站付费区喷淋管预制　　第 1 页 共 X 页

| 编号 | 名称 | 图号 | 材料名称、规格 | 断料尺寸/mm | 断料方式 | 断料数量 | 技术要求 | 工时 | 合计工时/min |
|---|---|---|---|---|---|---|---|---|---|
| 3 | 喷淋管 | 1# | DN32 镀锌钢管（$\phi$43） | 2 745 | 砂轮切割机 | 138 根 | 断料、管两端去毛刺、套丝，按图一端装配 DN32×25 三通，另一端装配 DN40×32 大小头小口 | 8 min/根 | 1 104 |
| 3-1 | 喷淋管 | 1# | DN40 镀锌钢管（$\phi$48） | 200 | 砂轮切割机 | 138 根 | 断料、管两端去毛刺、套丝，按图一端装配 DN40×25 三通，另一端与（编号 3）管上 DN40×32 大小头大口接装 | 7 min/根 | 966 |
| 4-1 | 喷淋管 | 1# | DN50 镀锌钢管（$\phi$61） | 200 | 砂轮切割机 | 84 根 | 断料、管两端去毛刺、套丝，按图一端装配 DN50×25 三通，另一端与（编号 4）管上 DN50×40 大小头大口接装 | 7 min/根 | 588 |

**表 5-16(续)**

| 编号 | 名称 | 图号 | 材料名称、规格 | 断料尺寸/mm | 断料方式 | 断料数量 | 技术要求 | 工时 | 合计工时/min |
|---|---|---|---|---|---|---|---|---|---|
| 6 | 喷淋管 | 1# | DN50 镀锌钢管($\phi$61) | 2 730 | 砂轮切割机 | 76 根 | 断料、管两端去毛刺、套丝,按图一端装配 DN50×25 三通,另一端装配 DN65×50 大小头小口接装 | 8 min/根 | 608 |
| 6-1 | 喷淋管 | 1# | DN65 镀锌钢管($\phi$76) | 200 | 砂轮切割机 | 76 根 | 断料、管两端去毛刺、套丝,按图一端装配 DN65×25 三通,另一端与(编号6)管上 DN65×50 大小头大口接装 | 8 min/根 | 608 |
| 7 | 喷淋管 | 1# | DN65 镀锌钢管($\phi$76) | 2 724 | 砂轮切割机 | 60 根 | 断料、管两端去毛刺、套丝,按图一端装配 DN65×25 三通,另一端装配 DN80×65 大小头小口 | 9 min/根 | 540 |
| 7-1 | 喷淋管 | 1# | DN80 镀锌钢管($\phi$89) | 200 | 砂轮切割机 | 60 根 | 断料、管两端去毛刺、套丝,按图一端装配 DN80×25 三通,另一端与(编号7)管上 DN80×65 大小头大口接装 | 9 min/根 | 540 |

编制人:　　　　日期:　　年　　月　　日　　　　操作人:　　　　日期:　　年　　月　　日

验收人:　　　　日期:　　年　　月　　日

(3) 生产车间(班组)按预制加工图、工艺卡定额要求安排操作工人进行管道预制,从每一根支管最末端算起,依次向主干管方向加工,按管道水流方向,管道终点侧(端)的每个丝口与管件连接。管道预制在保证质量的前提下,以最快的速度按加工清单的要求分批预制、交货。

① 下料(如图 5-57 所示)。

a. 根据材料表领用材料。

b. 根据下料表进行下料,下料时应根据配件(弯头、三通等)的实际尺寸进行管道下料尺寸的修正。

d. 下料完成后的管子和配件均根据相关工艺卡进行外表面去除毛刺和杂物。

图 5-57　下料及管口保护

② 套丝(如图 5-58 所示)。根据工艺卡进行套丝,严格按管道预制加工图、工艺卡参数执行,不得更改参数。

图 5-58　切割及套丝

套丝采用套丝机加工,为了保证螺纹的质量,套丝时宜在低速运转中进行,螺纹的切削分 1～3 次进行,以免损坏扳牙或螺纹产生烂牙。

螺纹的加工长度与配件内螺纹相配,螺纹的加工做到端正、清晰、完整光滑。

③ 组对。根据单线图进行组对。组对完成后进行自检,根据单线图复核管段尺寸及所装管件是否符合。

螺纹连接,填料采用白厚漆麻丝或生料带,拧紧后留有螺纹 2～3 圈。

管道连接后,把挤到螺纹外面的填料清理干净,同时对裸露的螺纹进行防腐处理。

④ 试压。注水时应将管内的空气排净,并缓慢升压,达到试验压力后,稳压 30 min,应无泄露和变形,并且压力降不小于 0.05 MPa,进行详细检查,并做记录。

试验压力应和该工程项目管道的压力一致。

⑤ 检验。根据单线图检验预制成形管道的相关尺寸,如发现尺寸不符合的,要及时进行返修。

a. 检验外观质量,如发现外观质量不符合的,要及时进行返修。

b. 经管道尺寸外观检验合格的,应做管口(丝扣)封闭保护。

c. 经检测发现不合格的，填写返修单，所有返修记录及报告存档。

d. 所有自检和质检员专检报告交资料室与其他资料合并存档。

⑥ 标识。组对完成后的管段进行编号，编号必须按项目部预制加工图的编号要求标识。经过编号的管段按工程项目各系统各层面分别堆放整齐，如图 5-59 所示。

图 5-59 编号、堆放

⑦ 不合格品管理。经检验不合格的，全部要求返修。预制管道经检验全部合格后才能进入施工场地。

⑧ 产品交接管理。经检验合格的管道组件，及相关资料转交京沪高铁上海虹桥站现场安装方进行安装。

产品交接时，签收交接记录，该记录归口资料室存档。

5. 技术经济评价

管道预制完成经检验合格后，分批及时送到施工现场，因预制的管道和配件组合在一起，管件运到现场后，立即进行安装，减少现场预制的时间，保证了施工质量，大大提高了工效，确保了施工工期。

在封闭付费区和站房候车层西南模块共完成 DN20～DN80 各类管道 7 000 m，主材损耗降低 2%，辅材损耗降低 16%，预制加工厂人工成本控制在 30%左右，较好地控制了施工成本。

(1) 材料分析

在对高铁主站房 10 m 层西南模块喷淋管道预制加工施工过程中，对 DN25～DN80 的管道全部实行工厂化预制，无论是主材还是辅材，在施工现场几乎没有发生过工程材料费。而 DN25 和 DN80 部分工厂化预制的管道、三通、弯头等材料，材料的损耗量明显增大，现场查看，高铁站房西南模块消防施工时各专业人员众多，施工单位太多，施工人员组成复杂，零星丢失现象不时出现，而预制的管道和配件组合在一起，相对来说并不规则，其他兄弟单位随手使用也不方便，无论看管还是零星存放，都容易得多。工厂化预制对降低施工单位材料无谓的损耗意义很大，尤其是各施工单位交叉施工的高峰期。

(2) 工程质量

工厂化预制，因套丝及丝口连接均在车间进行，工作环境相对来说方便安全，丝口的连接质量得到一定的保证。切割、套丝、丝口连接均在加工厂流水施工，连接工作在现场由施工班组完成，分工明确，如出现质量问题均可追溯。从实施效果来看，试压一次性成功，质量得到较为可靠的保证。

(3) 工程安全

预制加工厂相比施工现场而言，现场减少了切割、套丝、管道连接等工程内容，坠落、电击、火灾等安全事故发生的概率较低，安全管理比较容易落实到位，给安全施工现场管理减轻了压力。

(4) 工期目标

工厂化预制将部分施工任务搬离了施工现场，在现场机电工作面还没有的时候，预制即可开始，对于工期紧、任务重的机电安装工程可节省较多的施工工作时间。站房西南模块面积近 10 000 $m^2$，业主提供的工期只有 45 天，预制工作提前进行，相当于在不具备施工条件的前提下提前在现场外组织施工，基本保证了后期装饰施工工作的时间。

(5) 经济效益

小口径管道工厂化预制所带来的经济效益是非常明显的，主材、辅材的损耗明显减少，因现场切割、套丝不规范所带来的返工现象也几乎杜绝，人工、材料费减低明显。唯一增加的运输和人工装卸成本，是因预制加工量不大突显运输费用较大，但可以考虑整车预制和运输，适当减低此项成本的增加。从本工程实施效果来看，管道工厂化预制对工程整体成本降低率为 5%左右。

## 五、点评

采用工厂化生产的技术手段和工艺(生产工厂和现场加工)进行预制加工，将成品或半成品送至施工现场进行装配式组合安装，可大量节约原材料，节省施工机械，减少现场施工作业人员，提高机械设备利用率，提高安装工效，大幅度降低施工成本。

管道工厂化预制技术的运用，大大减少了施工时对现场环境的影响，诸如焊接产生的烟气、套丝产生的油污等，符合目前发展低碳经济、节能减排、绿色施工的要求。

根据管道连接方式的不同，建立不同的预制加工模块，以工厂式的生产管理方式，进行管道的预制加工，可以灵活地满足不同项目的需求。关键是要设计预制加工工艺和相应的标准，以标准作为生产依据，这样就可达到工厂化生产的目的和效果。

从民用建筑工程的管道工程来分析，涉及的管道材质主要有铜管、不锈钢管、碳钢管、塑料管、铸铁管等；主要的连接方式有焊接、螺纹、卡压、沟槽、黏结、熔接等；主要涵盖的工程部位有机房、管廊(沟)、管井、楼层等。根据上述的工程需求和管道的不同特性，我们都可以建立相应的标准的预制加工模块，根据工厂化预制技术内容，实施管道工厂化预制：

① 确定预制内容，完成图纸深化；

② 确定预制工艺，选定需用设备；

③ 规划预制场地，布置预制设备；

④ 确定操作工位，落实岗位人员；

⑤ 实施预制工作，保证质量安全；

⑥ 后续运输配送，现场装配安装。

通过应用实例可以证明：管道的工厂化预制技术切实可行，对工程质量、安全、工期均有帮助，对提高工程管理水平和降低工程成本都有好处，应该加以推广应用。在今后的应用过程中，我们应不断地改进传统施工工艺，比如自动焊代替手工焊，半自动或自动化生产代替手工操作，以标准化、先进性、创新性、高效性作为发展目标，将管道工厂化预制技术不断完善和发展。

## 第九节　澳门东亚运动会体育馆钢结构主桁架整体提升、滑移工程

### 一、工程概况

澳门东亚运动会大型多功能体育馆为半椭球形钢结构屋盖，总质量 14 000 t，长轴 328 m、短轴 224 m、最大高度约 54 m，内含主场馆、训练馆、多功能展览馆、行政办公楼等混凝土建筑物，总建筑面积约 100 000 m²。该项目是当时澳门最大的综合性市政建筑，建成后作为主场馆成功举办了 2005 年东亚运动会，并成为澳门新的城市地标建筑和旅游观光景点。

### 二、主桁架情况

拱形钢结构，跨度 340 m，拱顶高度 54 m，质量约 2 800 t。主桁架构件为空间三维弯曲管桁架结构，断面高度约 112 m、上口宽 4 m、下口宽 2 m，弦杆为 4 层，多节点腹杆连接。

### 三、施工工艺

将主桁架分成左右两榀在地面拼装，在中部两榀之间设立提升塔架，采取计算机控制液压提升技术，每榀桁架一端整体提升，一端在地面滑移，最后在空中合龙，最大提升、滑移质量 1 400 t。

### 四、工程特点

结构复杂，提升重量大；为亚洲最大跨度（340 m）的钢结构构件整体提升；提升钢绞线斜吊，钢绞线与铅垂线的最大夹角达 2°；主桁架一端提升、一端落地滑移，滑移与提升同步协调；中部不设嵌补段，主桁架空中两段对口难度大，构件拼接尺寸要求高；构件整体弹性变形大，空中合龙定位精度要求高。提升、滑移施工参见图 5-60。

(a) 主桁架提升　　(b) 落地端滑移

图 5-60　主桁架结构与施工图

# 第六章　工业安装工程案例分析

## 第一节　东方电机厂 550/250 t 桥式起重机安装工程

### 一、工程概况

550/250 t×33 m 桥式起重机，是当时国内机械工厂内最大双梁桥式起重机，安装于东方电机厂水轮机分厂重型装配车间，工期 80 天。重型装配车间为钢结构厂房，纵向长度 192 m、跨度 36 m、柱距 12 m、梯形屋架间距 6 m，屋顶最高点 35.5 m，屋架下弦高度 31 m，车间内行车为双层布置(轨道标高分别为 23 m、16 m)。该桥式起重机安装于上层轨道上。

550/250 t×33 m 桥式起重机由大连起重机厂制造，全部散件到货。起重机外形尺寸为 34 m×14 m×7.04 m，总重约 475.2 t(其中大车 250 t、小车 217.5 t、电气部分 7.7 t)。

### 二、吊装工艺流程

吊装工艺流程见图 6-1。

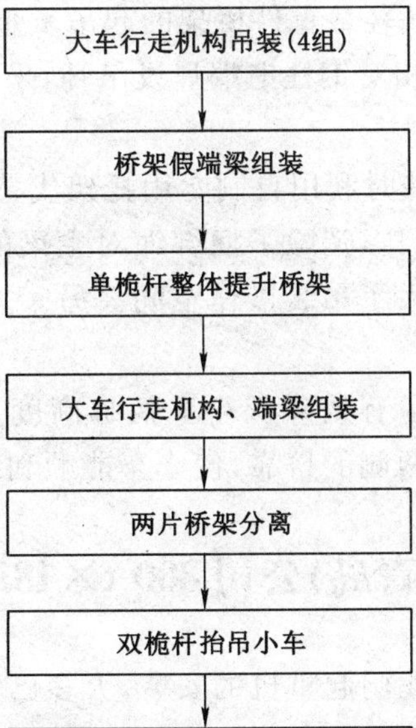


图 6-1　吊装工艺流程图

### 三、关键技术

（1）采用自制假端梁：为减小桥架外形尺寸，便于空中转位，桥架吊装时两主梁临时用自制假端梁刚性连接（原端梁为柔性连接），见图 6-2。

图 6-2　550/250 t×33 m 桥式起重机吊装

（2）夺吊大车行走机构：为减轻最重件桥架的起吊重量，将大车行走机构和桥架分别进行吊装。利用厂房钢结构，在两相对钢柱上端焊设吊耳，采用夺吊法预先将 4 组大车行走机构吊装到行车轨道上。

（3）采用专用托架：桥架吊装时利用自制专用托架代替传统的钢丝绳捆绑主梁的方法，这种新工艺简化了繁重的捆绑工作，消除了捆绑绳对主梁的水平分力，避免主梁侧弯变形，有效地降低了捆绑点的高度，增大了吊装操作空间。另一方面，采用专用托架后，捆绳夹角减小，钢丝绳的受力亦相应减小。

（4）设置小车捆绑支撑：为了有效降低小车捆绑高度，在小车架两侧加设刚性捆绑支撑，同时也避免了滑车组与小车两侧的挤靠，使小车能顺利提升。

## 第二节　海洋石油工程（青岛）公司 800 t×185 m 龙门起重机安装工程

目前，国内造船所用的大型龙门起重机的安装，大多已采用双门式塔架结合液压提升装置来完成超大构件的吊装，最大吊装质量可达数千吨，如图 6-3 所示。

### 一、工程概况

海洋石油工程（青岛）有限公司 800 t 龙门起重机，为双主梁、超大吨位、超大跨度门式起重机，建成后用于厂内造船作业。该龙门起重机主要由门架结构，上、下小车，起重机运行

图 6-3　双门式塔架安装龙门起重机

机构，电气设备和维修用悬臂回转吊等组成，其中门架结构主要由双主梁、单箱型刚性腿、人字形圆管柔性腿和行走机构四大部分组成，见图 6-4。主梁结构通过焊接与刚性腿连接，通过柔性铰与柔性腿 A 字头连接。刚性腿下端通过销轴与行走机构连接；柔性腿的两根圆管通过法兰与 A 字头连接，下端与下横梁也为法兰连接，下横梁通过销轴与行走机构连接；维修吊安装于刚性腿顶部，司机室固定在刚性腿上。该起重机的额定起重能力为：上小车 2×400 t，下小车为 400/50 t，下小车可穿越上小车。龙门吊轨距为 185 m，起升高度 76 m，大梁梁高为 12 m，自重 4 750 t。本应用实例重点介绍该龙门吊门架结构部分的吊装。

## 二、技术指标

龙门吊主要部件外形尺寸如图 6-5 所示，质量如下：

大梁：2 680 t。

刚性腿：512 t（刚性腿 291.4 t＋刚腿下横梁 220.6 t）。

柔性腿：243 t（A 字头 28 t＋支腿管两根 144 t＋下横梁 71 t）。

上小车：290 t（不包括钢丝绳和吊钩）。

下小车：125 t（不包括钢丝绳和吊钩）。

维修吊：45 t。

大车行走机构：482 t。

其他质量：78 t。

合计质量：4 750 t。

## 三、安装方法

在距主梁两端头附近分别竖立两副龙门提升塔架。主梁现场拼接，拼接完成后，将上、下小车和维修吊吊装在主梁上。然后，采用先进的计算机液压同步提升技术提升主梁，刚性腿上分段通过铰链随同大梁提升到标高，刚性腿下横梁以及行走机构穿轴销后，用支撑和临时轨道配重固定在轨道上，等大梁起吊到标高后，滑移至刚性腿上分段下端，与刚性腿上分

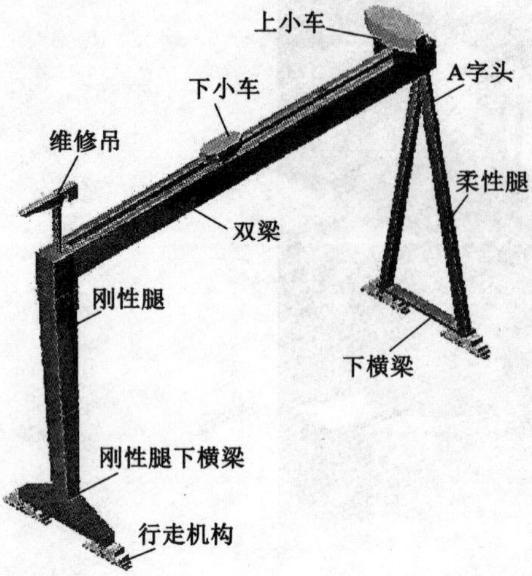


图 6-4　800 t 龙门吊主要部件

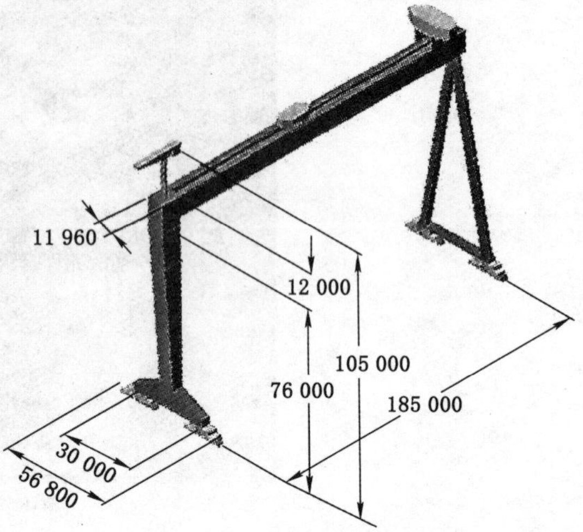


图 6-5　800 t 龙门吊主要部件外形尺寸

段对位焊接连接，完成刚性腿上下两分段的整体连接。柔性腿结构 A 字头随主梁吊装到一定高度，首先将一根柔性腿管上口与 A 字头铰链，下口与下横梁铰链，接着另外一根柔性腿管下部和船形滑移装置连接好，上口与 A 字头铰链，大梁到位时，先调整两根柔性腿管与 A 字头的接口（上接口），调整好后可先完成焊接。之后调整大梁的高度、水平调整行走机构的位置，使柔性腿管下口对正并焊接。通过该工艺方法完成整台龙门吊结构的安装。

### 四、提升塔架

两副门式提升塔架，其设计原理参照塔式起重机，采用液压自升结构，由塔身（标准节）、底节、顶节、顶升套架、油顶、泵站、计算机控制系统、过渡节、塔身平台、提升大梁、油顶支承梁、红外线测距仪、导线架、塔身扶梯和塔顶吊机等组成。提升塔架塔身断面为 4.2 m×4.2 m 的正方形，标准节长度为 6 m；塔架基础节采用法兰盘与地面基础埋件连接，连接螺栓为 $\phi$52 mm×12 mm。塔架总标高 110 m、有效工作高度 105.5 m，每副门架设计安全承载能力为2 500 t，两副塔架的总提升能力为 5 000 t，如图 6-6 所示。刚性腿侧塔架的中心距轨道中心线 12.4 m，柔性腿侧塔架的中心距轨道中心线 11.6 m，两副塔架间距为 161 m。门式塔架的中心间距为 18 m，800 t 龙门吊轨道面至主梁上平面的高度为 88 m，加扶手栏杆总标高约为 90 m，塔架底面到提升梁的上平面总高度为 95.3 m，有效高度为 92.3 m。本次提升构件最大质量为 3 900 t，载荷系数约为 1.3，因此塔架的承载能力和提升高度完全满足本次龙门吊的吊装工作。

### 五、液压提升系统

液压同步提升技术常用于超大型结构的提升安装。它采用柔性钢绞线承重、提升油缸集群、计算机控制、液压同步提升的原理，结合现代施工工艺，将成千上万吨的结构在地面拼装后，整体提升到预定安装位置，实现超大吨位的大型结构整体同步提升安装。

图 6-6　2 500 t 塔架效果图

## 第三节　2 500 t 门式液压提升系统吊装丙烯精馏塔

### 一、工程概况

某 100 万 t/a 乙烯装置及配套工程项目，其工程特点之一是大型设备吊装多，最大设备直径达 12.6 m（汽油分馏塔），最高塔器的筒体长度为 94.1 m（2# 丙烯精馏塔），80 t 以上设备 44 台。根据设备特点和现场情况，确定其中 2 台超重、超高设备（主要参数见表 6-1）的吊装采用 2 500 t 门式液压提升系统来完成，本实例仅对 2# 丙烯精馏塔的吊装进行简要叙述，如图 6-7 所示。

表 6-1　两台设备主要参数

| 序号 | 设备名称 | 外形尺寸/mm | 质量/t | 备注 |
|---|---|---|---|---|
| 1 | 乙烯精馏塔 | $\phi$6 000×97 000 | 1 032 | |
| 2 | 2# 丙烯精馏塔 | $\phi$7 800×114 000 | 1 526 | |

### 二、吊装工艺

采用门式桅杆提升吊车递送抬吊工艺，即采用 1 套 2 500 t 门式桅杆液压提升系统作为主吊工具，采用 LR1750 型履带吊车配合抬吊设备尾部滑移递送的方法进行吊装。为了解决设备主吊耳部位难以运输到设备基础中心的问题，采取在设备基础上进行现场组对、焊接、试压，然后再进行吊装的工作。提升油缸、液压泵站及计算机控制系统见图 6-8。

### 三、吊点确定

采用塔上部的管式吊耳作为主吊吊点，底座环处的板式吊耳作为溜尾吊点。

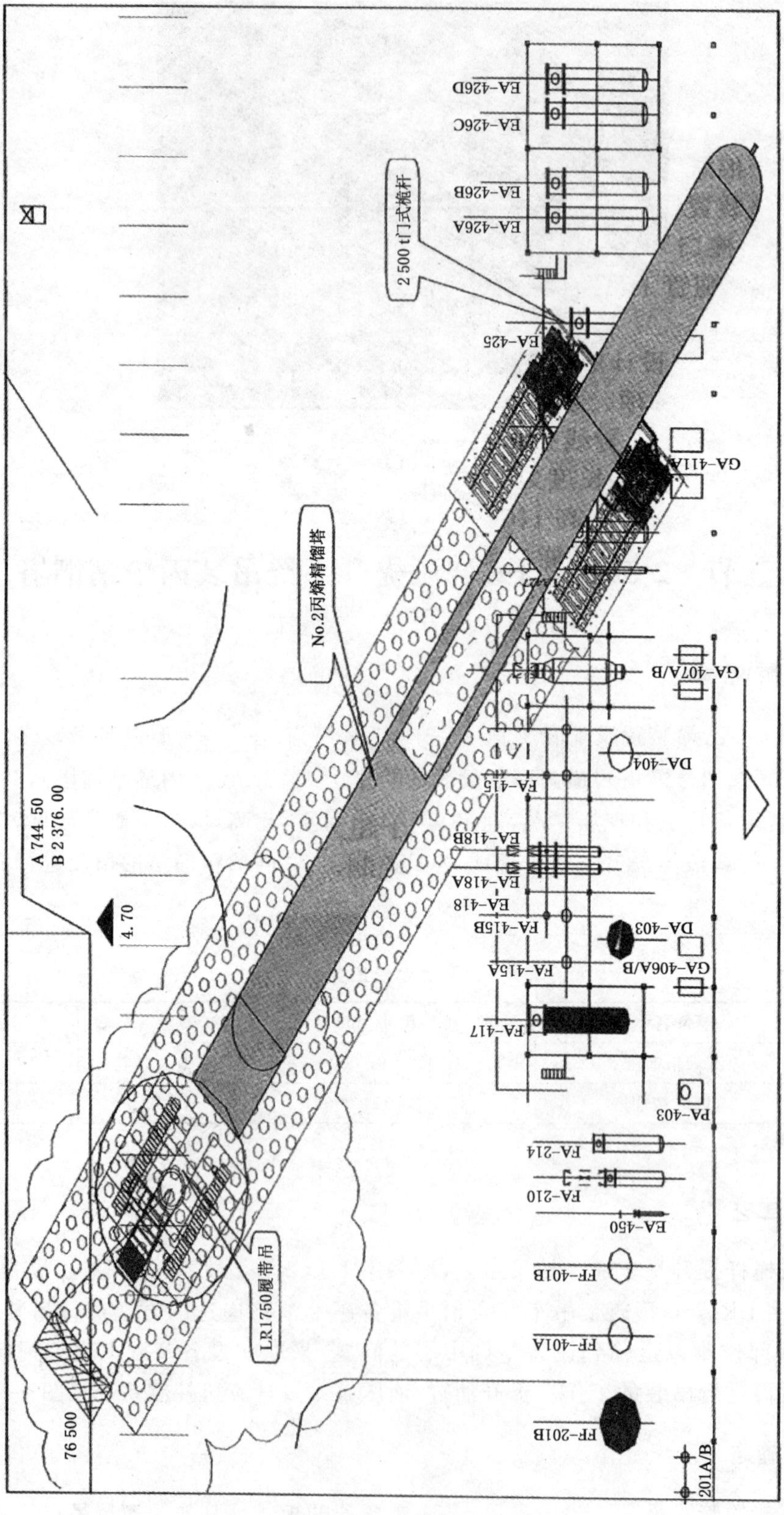


图6-7　丙烯精馏塔吊装平面图

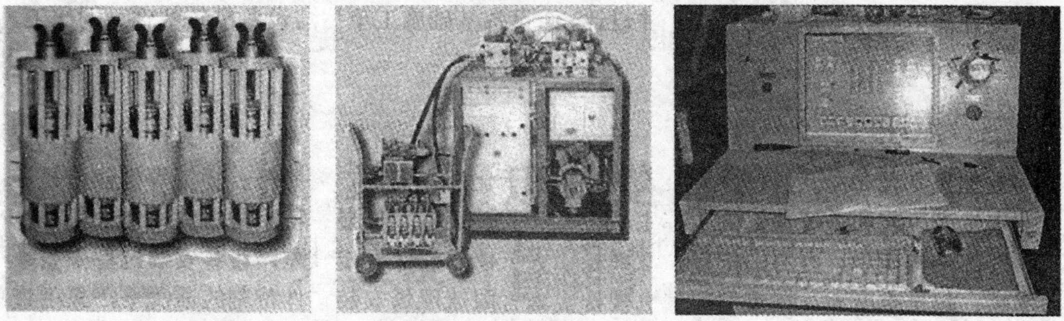

（a）提升油缸　（b）液压泵站　（c）计算机控制系统

图 6-8　提升油缸、液压泵站及计算机控制系统

## 四、桅杆站位处基础处理

按照平面布置，桅杆站位基础处与设备基础承台两侧需额外增加补充桩若干根，与设备基础做成连体基础（承台受压面积 5 m×6 m，承台承受压力，位置如图 6-9 所示）。该基础处理需由原设备基础设计院一并设计，由设备基础施工单位与设备吊装基础一同施工。

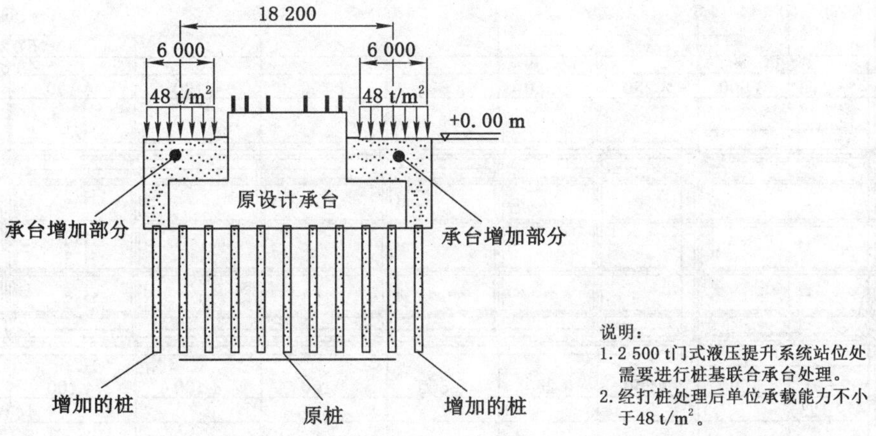


图 6-9　桅杆与设备承台联合基础示意图

## 五、点评

大型直立设备尤其是塔、罐类设备，多用于化工、石油、天然气、轻工等行业，是该行业中生产工艺和系统装置的主要生产设备和关键设备。其显著特点是单件重量大、高度高、外部结构简单、内部结构复杂、细长比大；由于整体稳定性差，设备安装过程中要求技术高、起重难度大。在重型起重机设备资源有限或现场安装条件苛刻的情况下，采用直立双桅杆（门式塔架）滑移法的吊装工艺来进行设备安装是安全、可靠、适用的吊装技术。

# 第四节 闵浦大桥支模桁架整体提升工程

## 一、工程概况

闵浦大桥为双层斜拉桥，主跨跨度为 708 m、主索塔高度为 214.5 m。其主索塔的上横梁高度高(167 m)、跨度大(43 m)，上、下横梁间距离大(净空达 115.5 m)。一方面，上、下横梁为混凝土结构，若采用传统的模板支撑方法施工，支撑体系太高，稳定性难以解决，搭设、拆除时间长，施工难度极大。另一方面，由于计划工期很紧，主索塔必须与桥面同时施工才能满足进度要求，如采用传统的满堂架支模法施工，势必造成二者相互影响，导致工期延误。鉴于上述特点，经过反复论证，决定索塔上横梁采用设置支撑桁架的方法进行施工，上横梁的钢筋、模板、混凝土等施工都在依托于支撑桁架形成的作业平台上进行。这样既解决了架管支撑体系的稳定性问题和搭拆周期问题，也使上横梁与桥面可以平行施工，为工程总体进度按期完成创造了有利条件。本应用实例主要针对支模桁架的整体提升工艺进行说明。

## 二、支撑桁架结构

整个支撑桁架体系的主构件由六榀桁架组成，结构形式分为 HJ1、HJ2、HJ3 三种，最外侧两榀桁架为 HJ1，中间四榀桁架分别为 HJ2 与 HJ3，如图 6-10 和图 6-11 所示。

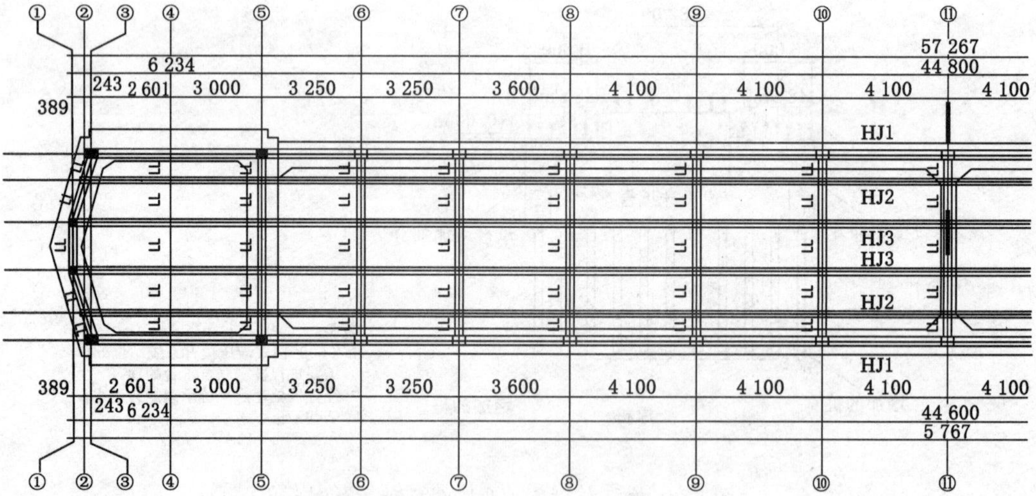


图 6-10 支撑桁架体系平面图(左右对称)

## 三、简要施工工艺

支模桁架的安装采用计算机控制的穿芯式液压千斤顶进行整体提升，总的提升高度约为 110 m，根据现场工艺流程安排，索塔与桥面为平行施工，部分时段需穿插进行，为避让桥面施工，采取分两次提升的方法。共 4 组 200 t 液压穿芯式千斤顶，2 台油泵站联合控制，利用计算机控制荷载平衡进行提升。

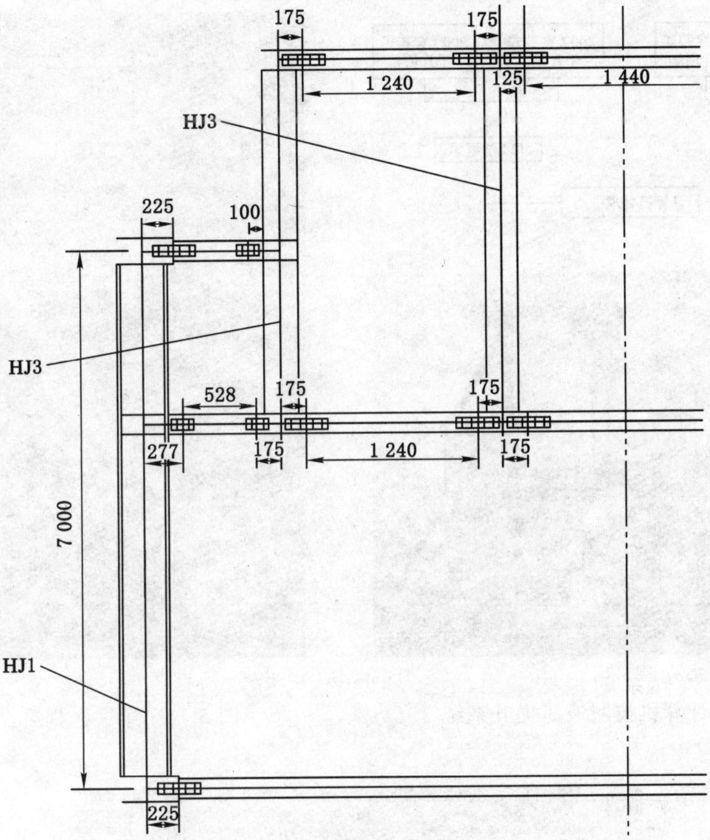


图 6-11　支撑桁架剖面图(左右对称)

钢桁架在工厂加工制作预拼后散件运送到场,在塔柱外侧塔式起重机(FO/23B)区域地面上设置拼装胎架,每榀桁架分 3 段进行平面拼装。桁架平面拼装完成后,用 150 t 履带吊分别将每榀桁架吊起竖直拼装成一整体,然后将其移送到下横梁处进行支撑桁架体系的整体组装。

为避让边跨桥面钢梁滑移施工,整个钢桁架组装完毕后,在塔架中部 100.55 m 处设置吊架,用 2 组(4 只)穿芯式液压千斤顶,由计算机多参数自动控制(见图 6-12),将支撑桁架整体提升至 84.55 m 标高处并临时固定好,如图 6-13 所示。待塔架施工到上横梁位置时,组装塔架内的桁架单元,在桁架单元上设置吊架,采用 2 组(4 只)穿芯式液压千斤顶将支撑桁架整体提升就位,如图 6-13 和图 6-14 所示。

## 四、技术创新点

(1) 桁架设计技术。根据索塔上横梁的结构与位置,专门进行了支撑桁架的系统性设计。设计当中考虑了桁架刚度与自重之间的协调,针对上横梁与索塔连接处结构的特殊性,又对支撑桁架的结构形式作出改进,保证了桁架在承担荷载的同时能够满足上横梁节点的浇筑要求。

为方便桁架的吊装施工,设计出塔柱顶吊装支架。此支架体系预埋于桥梁主塔之中,当

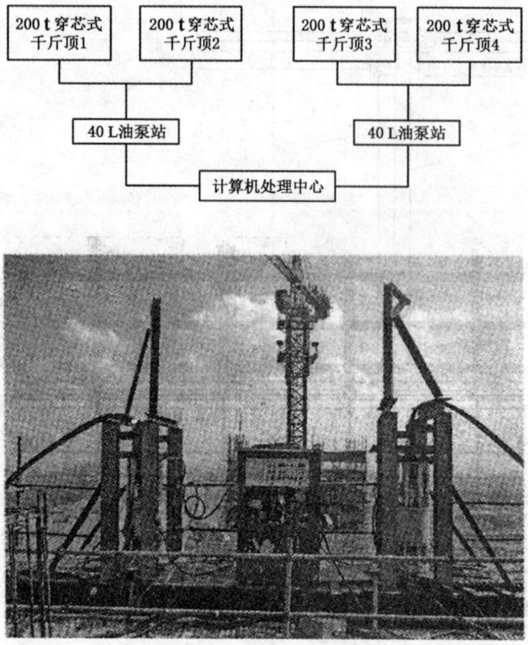


图 6-12　计算机控制液压提升系统

图 6-13　第一次提升至 84.55 m

图 6-14　第二次提升到位

桁架吊装就位后通过增加连接件可以与桁架连为一个整体，增加了桁架的整体稳定性与结构刚度。同时，桁架拆除后，支架直接埋入索塔混凝土当中，免除了超高空拆除的一系列麻烦。

(2) 桁架安装技术。简化安装工序，实现安装效率的最大化。支撑桁架在地面整体拼装完成后采用整体提升的方法，最大限度地避免高空散拼误差，提高了安装精度，确保了工程进度和施工安全。设计出临时提升支架，采取二次提升的工艺，较好地解决了上横梁与桥面不能平行穿插施工的矛盾。

### 五、点评

计算机控制液压提升(滑移)技术近年来得到广泛应用，其他工程实例也比较多，如：海洋石油工程(青岛)有限公司 800 t×185 m 龙门起重机(4 750 t)整体提升，首都机场 A380 飞机维修库屋盖钢结构(10 500 t)整体提升，广州丫髻沙大桥主拱(2 000 t)竖转合龙，国家图书馆主体钢结构(10 800 t)整体提升安装工程等。

计算机控制液压提升(滑移)技术，是我国安装领域中的一个突出的正在不断发展的起重安装技术，现在已经应用于我国部分高、大、精、尖等结构(设备)件的安装工程项目。其发展潜力较大，在计算机、电子、机械等行业不断发展的条件下，此项技术还将有大的突破和发展。

## 第五节　北汽集团冲压自动线 FAGOR 压机顶梁吊装工程

### 一、工程概况

该工程内容为北汽集团顺义生产基地从澳大利亚引进的冲压自动线 FAGOR2400t 压机安装，其中，顶梁吊装是压机安装的重点，具有重量大、高度高、安装位置和空间受限等特点。压机位于跨度为 9.15 m 的基坑上，顶梁质量约为 200 t。

### 二、吊装方法选择

由于受基坑影响和车间高度限制，无法采用大型吊车进行吊装，根据以往类似工程经验和企业装备情况，决定采取龙门架移动吊装的方法，即利用进口 500 t 和 300 t 液压龙门吊大梁，架设成“井”字形，组合为一台龙门架完成顶梁吊装，如图 6-15 所示。

图 6-15　组合龙门架示意图

## 三、受力及强度校核

(1) 500 t 龙门吊大梁受力校核计算。如图 6-16 所示。

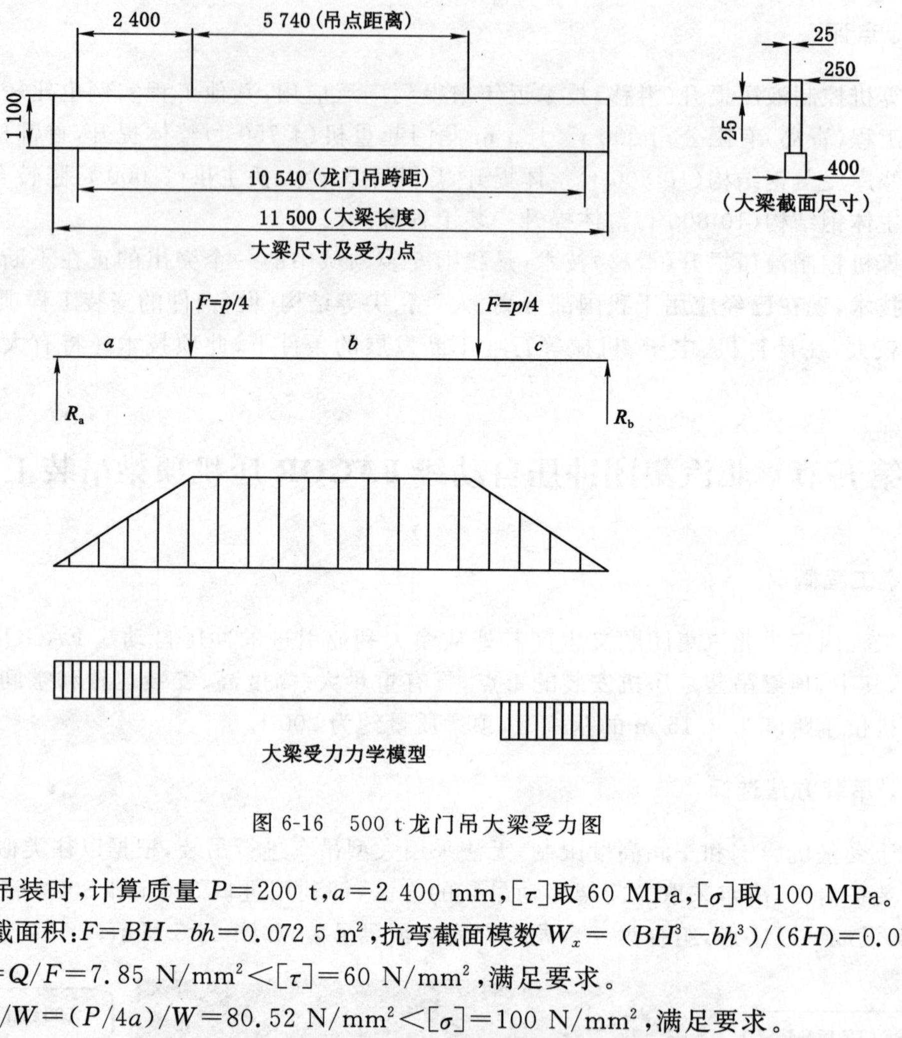


图 6-16 500 t 龙门吊大梁受力图

顶梁吊装时,计算质量 $P=200$ t,$a=2\ 400$ mm,$[\tau]$取 60 MPa,$[\sigma]$取 100 MPa。

大梁截面积:$F=BH-bh=0.072\ 5\ \text{m}^2$,抗弯截面模数 $W_x=(BH^3-bh^3)/(6H)=0.019\ \text{m}^3$。

则 $\tau=Q/F=7.85\ \text{N/mm}^2<[\tau]=60\ \text{N/mm}^2$,满足要求。

$\sigma=M/W=(P/4a)/W=80.52\ \text{N/mm}^2<[\sigma]=100\ \text{N/mm}^2$,满足要求。

(2) 其他主要部件受力校核计算。其他主要受力部件有:300 t 龙门吊主梁、临时支撑过梁和转换梁(如图 6-17 所示),其受力分析和计算校核方法与 500 t 龙门吊大梁相同,在此不再一一列举。经强度校核计算,这些部件受力均满足本工程顶梁吊装要求。

(3) 吊装高度核算,如图 6-18 所示。

顶梁安装就位高度为:$H_2+200\ \text{mm}+H_3+640\ \text{mm}+200\ \text{mm}=10\ 470\ \text{mm}$。

龙门吊起升所需高度为:$10\ 470\ \text{mm}-1\ 050\ \text{mm}-600\ \text{mm}=8\ 820\ \text{mm}<9\ 100\ \text{mm}$(龙门吊顶升装置最大顶升高度)。

则龙门架起升高度能够满足顶梁安装要求。

吊装过程,如图 6-19、图 6-20、图 6-21 所示。

图 6-17　龙门架下部支撑示意图

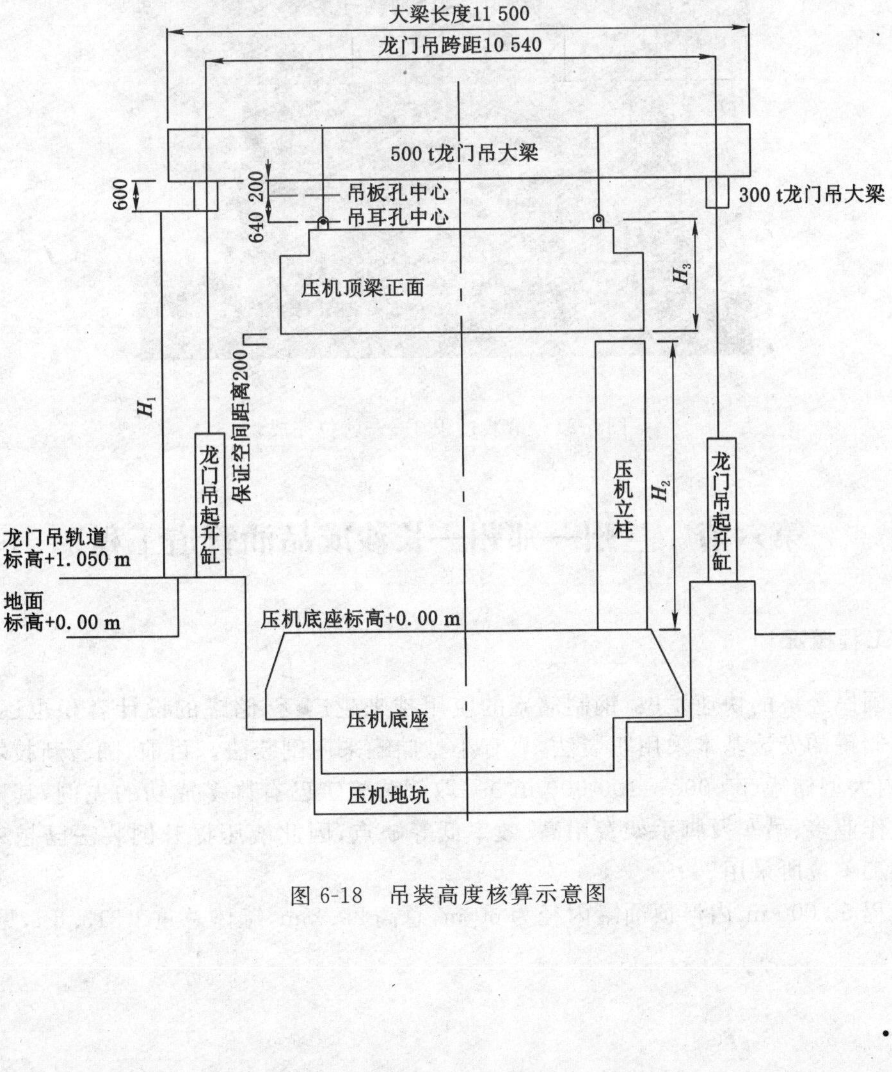


图 6-18　吊装高度核算示意图

图 6-19 吊装过程 1——顶升

图 6-20 吊装过程 2——水平移位

图 6-21 吊装过程 3——就位完成

## 第六节 兰州—郑州—长沙成品油管道工程

### 一、工程概况

随着国民经济的快速发展，钢制储罐的应用越来越广泛，储罐的设计容积也逐渐增大。以往大型储罐的安装基本采用正装法，只有小型储罐采用倒装法。目前，随着新技术的推广应用，国内大型储罐(50 000～100 000 $m^3$)采取倒装施工已有许多成功的先例，其避免了正装法高空作业多、吊车及脚手架费用高、效率低等缺点，因此液压提升倒装法已越来越多地被建筑施工单位所采用。

该工程 50 000 $m^3$ 内浮顶油罐内径为 60 m，总高 29.2 m，罐体总重 1 313.8 t，见图6-22。

图 6-22　50 000 $m^3$ 钢制内浮顶油罐倒装法施工

## 二、液压提升机构的组成

液压提升机构由液压站、油路管线和提升系统三部分组成。提升架由两根槽钢构成；千斤顶为穿心式双作用松卡液压千斤顶，型号为 QD-160，额定载荷 16 t，步进行程为 100 mm；上下卡头为穿心自锁式卡头；液压控制柜选用 BY-60 型作为液压动力站。

系统整体结构简单，几何尺寸小，重量轻，安全可靠。

## 三、液压提升机构数量的确定

(1) 罐体最大提升载荷的计算：

$$P_{max}=(Q_1+Q_2)K$$

式中　$K$——摩阻系数，取 $K=1.3$；

$Q_1$——罐体最后提升载荷；

$Q_2$——胀圈、提升架等附加载荷(约 10 000 kg)。

经计算，$Q_1=738\ 233$ kg；$Q_2=10\ 000$ kg；$P_{max}=(738\ 233+10\ 000)\times1.3\times9.8/1\ 000=9\ 532$ kN。

(2) 液压提升机数量的确定：

$$n>P_{max}/Q$$

式中　$n$——液压提升机数量(圆整后取双数)；

$Q$——液压千斤顶额定载荷。

则 $n=9\ 532/160=59.58$，取 $n=60$ 个。

(3) 液压提升机间距确定：为满足罐壁提升起重时，不产生失稳变形及胀圈刚度的需要，液压提升机间距 $b\leqslant4\sim5.5$ m。

而 $D\pi/n=60\times3.141\ 6/60=3.14\ \text{m}<b$，符合要求。

## 四、操作注意事项

(1) 施工前对液压提升系统进行检查，确保液压部分无漏油，卡头性能良好。

(2) 在插入提升杆时，将千斤顶处于松卡位置时进行。

(3) 工作时不准超压(即提升重量不得超过提升机构的额定载荷)。

(4) 液压千斤顶使用的液压油不允许不同牌号混用。

(5) 在提升壁板过程中，为便于观测到每层板的提升高度和控制罐体的提升速度，壁板围板前应将上一层板的高度尺寸标注在靠近提升架的壁板上。

其他应用实例：深圳新鸿光油库 2 台 20 000 $m^3$ 拱顶油罐安装工程、南海石化 30 000 $m^3$ 过滤水罐安装工程(见图 6-23)、九江石化总厂成品油罐安装工程 3 台 30 000 $m^3$ 浮顶罐液压提升、独山子千万吨炼油百万吨乙烯工程中 100 000 $m^3$ 原油储罐安装工程、大连石化公司新增原油库 100 000 $m^3$ 油罐安装工程等。

图 6-23　30 000 $m^3$ 过滤水罐安装工程

## 五、点评

大型储罐的安装技术已臻完善。这里所介绍的是液压提升(顶升)倒装大型储罐安装技术，适用于大型罐体的施工项目，原理简单，易掌握易实施，施工技术难度低，具有较多的优势。液压提升(顶升)系统可以设置在罐内或罐外，对外部周边场地、环境要求不高。该系统可采用计算机控制，自动化水平高，操作简单、可靠。使用中，罐体提升同步、平稳，速度、行程可控；施工中，劳动强度低、速度快、安全可靠、工作效率高，起重能力大，可用于大吨位、大体积罐体的施工。

# 参考文献

[1] 机电工程专业一级注册建造师继续教育教材编委会.建筑业十项新技术机电安装工程技术应用实例[M].北京:中国城市出版社,2012.

[2] 解读天津117大厦:中国结构第一高楼[N].天津日报,2015-09-09.

[3] 潘健.上海中心大厦机电工程建造技术综述[J].安装,2014(11):22-27.

[4] 汤毅,潘健,陈晓文,等.机械化施工在上海中心大厦机电安装工程中的应用[J].安装,2015(8):61-64.

[5] 中国建材工业出版社.建筑业10项新技术(2017版)[M].北京:中国建材工业出版社,2018.

[6] 注册建造师继续教育必修课教材编写委员会.机电工程[M].北京:中国建筑工业出版社,2012.